本书由河南省高校哲学社会科学“教育与区域经济”创新团队支持计划，河南省高校人文社科“职业技术教育与经济社会发展”重点研究基地资助。

生态城镇化发展之路

以苏豫两省为例

冯霞◎著

SHENGTAI CHENGZHEN HUA FAZHAN ZHILU:
YI SUYU LIANGSHENG WEILI

中国社会科学出版社

图书在版编目（CIP）数据

生态城镇化发展之路：以苏豫两省为例／冯霞著．—北京：中国社会科学出版社，2017.12

ISBN 978－7－5203－1602－6

Ⅰ.①生…　Ⅱ.①冯…　Ⅲ.①城市化—生态环境—研究—中国
Ⅳ.①X321.2

中国版本图书馆CIP数据核字（2017）第288409号

出 版 人　赵剑英
责任编辑　赵　丽
责任校对　赵雪姣
责任印制　王　超

出　　版　中国社会科学出版社
社　　址　北京鼓楼西大街甲158号
邮　　编　100720
网　　址　http://www.csspw.cn
发 行 部　010－84083685
门 市 部　010－84029450
经　　销　新华书店及其他书店

印　　刷　北京明恒达印务有限公司
装　　订　廊坊市广阳区广增装订厂
版　　次　2017年12月第1版
印　　次　2017年12月第1次印刷

开　　本　710×1000　1/16
印　　张　18.75
插　　页　2
字　　数　269千字
定　　价　76.00元

凡购买中国社会科学出版社图书，如有质量问题请与本社营销中心联系调换
电话：010－84083683

序　言

城镇化，是经济发展进程中必然面临的重大问题之一，是指以农业为主的传统乡村型社会向以工业和服务业等非农产业为主的现代城市型社会逐渐转变的历史过程，主要包括人口职业的转变、产业结构的转变、土地及地域空间的变化。据国家统计局公布，我国2016年中国城镇化率达到57.35%，与2012年相比，常住人口城镇化率提高4.78个百分点，年均提高1.2个百分点。在城镇化率提高的背后，城镇化质量也在不断改进。城镇基础设施水平明显提升，居民生活质量得到改善，市民化制度性障碍逐步消除，城市包容性得到提高，但目前仍然面临很多突出问题，最主要表现在城镇化发展规模与资源环境承载力之间的矛盾，比如交通拥堵、空气污染、垃圾围城等诸多“城市病”。

冯霞博士曾参与“中西部快速城镇化地区生态—环境—经济耦合协同发展”国家社科基金项目的研究，积累了丰富的理论基础和学术思维。同时她参与“农牧系统耦合原理与资源循环利用及协同机制”国家自然科学基金项目研究，拓展了关于耦合协同发展的研究思路和方法。源于对城镇化问题的兴趣，她综述了若干国内外的相关文献，发现从生态环境与城镇化耦合协同角度，探索生态城镇化发展的理论成果较少。

基于经济学、系统科学、地理学等相关理论，她运用宏观和微观分析相结合的方法，对比分析两个典型省份城镇化与生态环境耦合协同发展状况，从序参量角度分析入手，在源头探索各区域城镇化发展速度和资源环境承载力相协调的可选择路径。

四年来，她收集了1996—2015年我国大陆31个省区市（不包含港澳台）、江苏省13个地市、河南省18个地市的33个指标，3万多个数据，分别使用熵值法、耦合法、象限分类识别法、结构方程模型等方法，进行上万次数据的运算，从动态时间序列和静态空间格局相结合的角度，详细分析了城镇化与生态环境系统耦合协同的演化机理及路径选择，探求各地区根据地域特点，以低碳、和谐、宜居、方便为目标，全面建设绿色的环境、消费、经济及社会的生态城镇，探索城镇健康可持续发展道路。

本书切入点比较新颖，分析方法比较独特，具有重要的现实意义，结论具有较大的参考价值，但从整体研究内容来看，缺少县域层面的质性分析，期待她在本领域进行更深入的研究。

马恒运

2017年6月于郑州

目　　录

第一章　绪论

第一节　研究背景与意义

一　研究背景

纵观过去的20世纪，城市化是人类社会产生、发展起最大影响的地域演化过程之一，是一个全球性的社会经济转型现象，是经济发展进程中必然面临的重大问题。城镇化也称城市化，一般是指人口向城市地区集中，乡村地区扩展为城市空间、产业非农化等全球性社会经济转型现象及复合过程。城镇化过程包含了人口流动、职业转变、土地转移和产业结构转变等。不同学科以不同理论视角，对此概念有着截然不同的解释，基于人口学视角的城镇化主要表现为进入城市的农村剩余人口越来越多，从而导致城市人口比例上升；基于地理学角度的城镇化则表现为城市数目的增加以及城市建成区的扩展，等等。自18世纪中期开始，世界各国都经历了不同形式和程度的城镇化建设，许多发达国家已经进入了人口城镇化率超过70%的成熟阶段①。

中国随着改革开放的不断推进，逐步放开了对人口流动的控制，政府引导力度和市场资源配置力度越来越大，城镇化经历了一

---

① 根据城市化率的变化，城市化过程大致分为三个阶段。城市化初期：城市化水平低于30%，城市化速度比较慢；城市化中期：城市化水平为30%—70%，城市化速度非常快，属于加速阶段；城市化后期：城市化水平高于70%，城市化速度比较慢，属于成熟阶段。

个起点低、速度快的发展过程。中国城镇化率从1978年的17.92%提高到2016年的57.4%，年均增长速度为3.11%，高于世界平均水平。

2010年1月，《中共中央国务院关于加大统筹城乡发展力度，进一步夯实农业农村发展基础的若干意见》指出："积极稳妥推进城镇化，提高城镇规划水平和发展质量，当前要把加强中小城市和小城镇发展作为重点。深化户籍制度改革，加快落实放宽中小城市和小城镇，特别是县城和中心镇落户条件的政策，促进符合条件的农业转移人口在城镇落户并享有与当地城镇居民同等的权益。"在2014年3月，中共中央、国务院颁布的《国家新型城镇化规划(2014—2020年)》中要求"把生态文明理念全面融入城镇化进程，着力推进绿色发展、循环发展、低碳发展，节约集约利用土地、水、能源等资源，强化环境保护和生态修复，减少对自然的干扰和损害，推动形成绿色低碳的生产生活方式和城市建设运营模式"[①]。自党的十八大以来，国家就深入推进新型城镇化建设，作出了一系列重大部署。在2016年2月，习近平总书记做出重要指示强调，"城镇化是现代化的必由之路"[②]。由此可知，中国正在经历着有史以来最大规模的城镇化。作为世界上第一人口大国，中国城镇化的进程必将会间接影响到世界经济的发展趋势，因此，中国城镇化建设引起了国内外学者的高度关注。

中国30多年的城镇化历程取得了良好效果，主要解决三大问题。第一，提供了工业化发展的载体。城镇是工业发展的最好载体，而工业化发展同样会加速城镇化的发展，中国城镇化与工业化是相互促进、共同发展的。第二，提供了产业集聚的空间。由于产业集聚，城镇逐步成了扩大内需和招商引资的重要地区，同时也改善了投资环境，提升了产业综合竞争力。第三，提高人民生活水平

① 中共中央、国务院：《国家新型城镇化规划（2014—2020年）》，中国政府网(2014-3-16)，http://www.gov.cn/gongbao/content/2014/content_2644805.htm。

② 新华社：《习近平对深入推进新型城镇化建设作出重要指示》，人民网（2016-02-23)，http://politics.people.com.cn/n1/2016/0223/c1024-28144199.html。

和生活质量。同时也存在着一些矛盾和问题，主要表现为城乡二元结构现象较为突出；失地农民许多没有享受到相应的社会保障；城镇化发展规模与城市资源环境承载力[①]的矛盾愈演愈烈，造成了水资源紧缺、交通拥堵、垃圾围城、空气污染和城市贫困等问题。目前中国城镇化，仅是“半城镇化”或者“伪城镇化”。因此，越来越多国内学者开始关注城镇化与生态环境耦合协同关系方面的研究。

二 研究意义

（一）理论意义

土地流转、劳动力转移、城市建设一直是国外地理学、人口学、经济学、社会学等相关学者关注的重点。从20世纪80年代“城镇化”领域才逐渐成为国内学者探究的热点。对城镇化快速扩张过程中出现的矛盾和问题，不同学者都展开了不同层次的研究，但存在着某些方面缺失。比如多维度综合研究城镇化的较少，多维度研究城镇化与生态环境协调发展则更少了；对城镇化多局限于传统的研究范式，并偏重于城市局部或某一问题微观层次，比如动因机制、发展模式的研究，缺乏从宏观角度的系统整体分析。

城镇与生态环境作为一对耗散结构体，两个系统之间在不断进行物质、能量和信息等要素的流动，从而引起系统的熵变，符合一般系统论的热力学第二定律，即“熵增定律”。所以，基于生态城镇化是指城镇化与生态环境系统耦合协同发展过程的理论，本书以江苏省和河南省为例，以熵值法、熵增定律、耦合函数、耦合协同函数、象限分类识别法等方法，从时间序列和空间格局两个视角，对比分析生态城镇化的运行机理和发展路径。

---

① 资源环境承载力（Resource Environmental Bear Capacity），是指在一定的时期和一定的区域范围内，在维持区域资源结构符合持续发展需要区域环境功能仍具有维持其稳态效应能力的条件下，区域资源环境系统所能承受人类各种社会经济活动的能力。它是一个包含了资源、环境要素的综合承载力概念。

（二）实践意义

面对城镇化快速发展所带来的生态环境恶化、动力不足等问题，国家已开始高度重视并采取措施。在2016年2月，习近平总书记对深入推进新型城镇化建设作出重要指示，强调“城镇化是现代化的必由之路，新型城镇化建设要以人的城镇化为核心，坚持创新、协调、绿色、开放、共享的发展理念”①。本书就是以江苏省和河南省为例，分别从时间序列和空间格局对比分析城镇化发展、城镇化和生态环境耦合协同发展的状况，探讨城镇化与生态环境耦合协同发展的运行机理，探求各地区根据各自地域特点，以低碳、和谐、宜居、方便为目标，全面建设绿色的环境、消费、经济及社会的生态城镇，探索城镇健康可持续发展道路。

第二节　研究综述

一　城镇化与城市化的概念演进

（一）“Urbanization”的释义之辨

在中国，Urbanization一词常被学者翻译为城市化、城镇化。这两种翻译的区别在于认知不同。首先必须从字源上进行分析，就urban、city与town三个单词的内涵不同，但三者之间的界限比较模糊，没有明显区别。对于单词city，通常情况下属于人口统计学的范围，例如联合国曾提出把人口数量超过100万的town定义为city；urban有都市化的含义，是指人口在50万—100万人，正在向大城市转变的城市；town是指人口小于50万人的城市。但其准确定义一般是因地、因时而变化的，只能依赖于一种人为的指标将三者清楚区别，国内学者对其翻译的含义有着不同理解。例如，谢扬认为将Urbanization译作城镇化可能更为全面。因为除农村居民点外，镇及镇以上的各级居民点都属城镇地区。但是宋俊岭的观点则认为

① 新华社：《习近平对深入推进新型城镇化建设作出重要指示》，人民网（2016－02－23），http：//politics. people. com. cn/n1/2016/0223/c1024－28144199. html。

小城镇是城市的初级形态，并不具备完全意义的城市性，城镇化的译法不能涵盖不同学科对城市化的理解，不能完整表达城市化的抽象含义。

上述两派的观点各有道理，但本书更倾向于城镇化的释义。因为区别镇和市的标准是人口的多少，即镇和市是规模不同的城市。那用来表示不同规模的城市建设用城镇化概念，则更切合实际。

（二）城市化与城镇化的概念之思

自工业革命以来，城市化理论研究进入了鼎盛时期，学术界中的不同学科对其非常关注，不同学科对城市化实际内涵理解也不一样，有的认为城市化是城市人口占总人口比重逐步增大的过程，或是城市中心的实践和理念向郊区和农村地区辐射的过程。美国《世界城市》则认为城市化是人口从乡村逐渐流向城市，并且在城市中从事非农业的工作；乡村生活方式是向城市生活方式的转变，这涉及态度、行为、价值观等方面的问题。

近年来，中国的学者也诠释了城市化的含义。《中华人民共和国国家标准城市规划基本术语标准》认为“城市化是人类生产方式由农村型向城市型转化的历史过程，主要表现为农村人口转变为城市人口及城市不断发展完善的过程”①，表现出人口的空间流转和生产方式的不断转变。叶裕民认为城市化表现为人口向城市的集中，是从传统的农业社会向现代城市发展的自然过程，包括城市数量持续增多、城市规模不断扩大和城市现代化水平逐渐提升，是社会经济结构发生根本变革的综合表现。高佩义认为城市化是一个过程，体现在把传统落后的乡村社会逐渐转变为现代先进的城市社会的自然历史进程。刘维奇与焦斌龙用新制度经济学的研究方法分析城市和城市化问题，重新定义了城市和城市化的概念，提出了城市是一种制度，城市化是一种制度变迁的理念，并阐释了城市化过程中存在的路径依赖，试图用新制度经济学为研究城市及城市化问题

① 《中华人民共和国国家标准城市规划基本术语标准》［S］. GB/T50280－98. 1998－8－13。

提供一个理论基础。本书认为城市化或城镇化均是经济发展必然经历的一段历史过程，其中不仅是人口在空间的转移，更主要的是生活方式、生产行为、生存质量和价值观念等方面的改变。

（三）城市化与城镇化的沿用之初

中国在20世纪80年代初期才开始了对城市问题的研究，大陆第一篇研究城市化的论文是南京大学地理学吴友仁教授于1979年发表的，首次提出了城市化问题，之后于1987年出版了第一本城市经济学著作。此后，学者使用的全是城市化概念，基本上没有城镇化理念，理论界也仅限于对城市化问题的讨论和研究。著名学者费孝通在1983年5月2日对吴江等十多个小城镇的历史现状做了调查研究，同年9月，在“江苏省小城镇研讨会”上，他提出了“小城镇大问题”这一著名观点。接着他又连续发表有关“小城镇”的文章，之后“小城镇”成了中国农村改革领域的热词。新华社记者艾丰在采访费孝通之后，在《人民日报》上发表了一系列关于小城镇、乡镇企业和农村产业化等问题的文章，这些文章及其观点受到了中共中央领导的高度重视。十五届三中全会在1998年10月12日至14日召开，中共中央在《中共中央关于农业和农村工作若干重大问题的决定》中指出：“发展小城镇，是带动农村经济和社会发展的一个大战略，有利于乡镇企业相对集中，更大规模地转移农业富余劳动力，避免向大中城市盲目流动，有利于提高农民素质，改善生活质量，也有利于扩大内需，推动国民经济更快增长。要制定和完善促进小城镇健康发展的政策措施，进一步改革小城镇户籍管理制度。小城镇要合理布局，科学规划，重视基础设施建设，注意节约用地和保护环境。”① 从此，中国小城镇建设运动轰轰烈烈地开始了。

（四）城市化与城镇化的内涵之别

中国《城市规划法》规定：城市是指国家按行政建制设立的直

---

① 《中共中央关于农业和农村工作若干重大问题的决定》，人民网（1998－10－14），http：//cpc. people. com. cn/GB/64162/71380/71382/71386/4837835. html。

辖市、市、镇。“城市”和“城镇”概念似乎相同，但其实两个词汇的精确含义略有不同。在研究中国城镇化人口的统计指标等相关问题时，周一星率先剖析了中国城市概念和统计口径的混乱问题。曹荣林认为城镇和城市有广义和狭义之分，有联系但内涵不同。城镇化和城市化两个概念同样如此。广义城市包含与县级市处在同一层次的县城，还包括建制镇。而狭义城市则指建制市。广义城镇含有乡政府驻地的集镇（简称乡集镇），而狭义城镇与广义城市概念相同，更符合中国人口众多的实际国情。杨新房和任丽君等人同样认为城市化和城镇化在本质上没有大的区别，但城镇化概念更符合中国国情。由于中国农村人口数量巨大，仅依靠大中城市吸纳流转人口，难度则是非常大的，所以中国要走一条大中城市和小城镇相互协调发展的道路。谢扬也认为城镇化的概念可能更加全面，但本质上来说城镇化与城市化是没有太大区别的。陈为邦则认为城镇化与城市化就其核心而言是相同的。以中国当前的实际情况为依据，本书认为狭义的城镇化含义更加适合于本书研究。

（五）城镇化与城市化的阶段之分

有些学者从城镇与城市的概念之争中跳出，把城镇化与城市化分成两个不同发展阶段加以区分。周毅曾提出：城市化和城镇化从本质上而言，只是城市发展过程中两个阶段而已。实际上是将城镇化归为城市化某个发展阶段。赵春音在以前文章中提出，中国城镇化是城市化的初始发展阶段。冯兰瑞认为，城镇化是表面上把农民从农村转移到城镇，而农民最根本的社会阶层属性并无实质性改变；城镇化是让小城镇吸收农村剩余劳动力，以控制更多的农民进入大中城市。城市化则是农民变市民、农村变城市的过程。

费孝通提出小城镇建设问题，他觉得城镇化对中国现代化农村和农业发展有非常重要的推动作用，将小城镇界定为“新型的正从乡村性社区变成多种产业并存地向着现代化城市转变的过渡性社区，它基本脱离了乡村社区的性质，但仍没有完全城市化的过程”。洪银兴提出城镇化也含有城市化的问题。上述学者从新的角度来考虑城市化在学术界中的不同含义。本书以为，城镇化不同于“镇化”，城市化也不同于“市化”。城镇化是具有中国特色的，符合现在发展状态的自然历史过程，从广义上理解和使用，与城市化没有实质性的差异，都表示一个农业人口转化为非农业人口、农业地域转化为非农业地域、农业活动转化为非农业活动的过程，包括人口职业的转变、产业结构的转变、土地及地域空间的变化。

二　城镇化与城市化的研究述评

（一）国外研究脉络

从5500多年前城市演变开始，经历了早期城市化帝国兴起、城市的扩张，直到工业革命为代表的工业化发展，城市化作为社会现象逐步进入研究领域，受到多学科的影响，逐渐发展为一门解决城市和区域发展问题的科学。国外学者对城市化的探索大体经历了四个阶段。第一阶段是18世纪以前，主要是对城市起源及城市化发启的动力机制的研究，比如丹麦学者埃斯特·博塞拉普（Ester Boserup）认为在早期的互惠社会中，随着人口增长及农业生产的出现促进人类由原始社会群落群居生活逐渐向城市聚落生活转变。第二阶段是18世纪到19世纪中叶，主要研究城市化发展的动因及本质作用，其代表有1776年的亚当·斯密的《国富论》，开启了城市发展进程中地域分工理论；1828年杜能《孤立国对于农业及国民经济之关系》，开辟了区域经济学关于区位理论的思想；1849年《共产党宣言》创造性地从城乡对立角度阐述。第三阶段是19世纪中叶到20世纪初，“城市化”概念提出，标志着城市化理论研究的新开始，虽然没有全面系统的城市化理论著作，但是关于城市起源和发展、城市问题等研究都有所体现。1867年西班牙学者塞达出版的《城镇化基本原理》首先使用了Urbanization概念，同时1859年马克思《政治经济学批判》、1898年霍华德《明日的田园城市》等代表了近代城市规划思想的开辟。

在第四阶段20世纪初至今，随着社会、经济和生态等学科向城市化领域的渗透，城市化理论渐渐向多元化方向发展。城市扩散到更大范围而形成新的群体形态，引发了美国城市的结构重组；又提出集聚是城市的本质和核心的思想。1933 年德国地理学家克里斯泰勒（W. Christaller）的中心地理论将区域城镇系统化，开启了城镇体系的研究；1950 年邓肯（O. Duncan）明确提出了城镇化体系概念；1958 年经济学家赫希曼（Albert Otto Hirschman）提出“极化增长理论”；1966 年美国城市经济学家约翰·弗里德曼（John Friedmann）在《区域发展政策》一书中，系统提出了“核心—边缘”理论模式。法国经济学家弗朗索瓦·佩鲁（Francois Perroux）1955 年提出发展极是一定的经济环境或经济空间中的一个推进型单元，必须与周围经济环境相结合。瑞典学者哈格斯特朗 1953 年在其论文《作为空间过程的创新扩散》中首次提出空间扩散的问题。英国地理学家大卫·哈维（David Harvey）在 1969 年的《地理学中的解释》中，尝试用马克思主义政治经济学，解释城市化动力机制；简·戈特曼（Jean Gottmann）1957 年首次提出大都市圈概念，认为信息产业和交通运输的高度发达是大都市连带发展的核心驱动力；美国城市学者诺瑟姆（Ray. M. Northam）于 1979 年提出了经济发展与城市化之间存在一定的线性关系，表现出一个渐变的平滑的“Davis 城市化曲线”。格罗斯曼（Grossman）等人 1995 年用面板回归的方法对 42 个发达国家城镇化和生态环境关系进行了实证研究，指出生态环境与经济发展之间存在着倒 U 形关系的环境库兹涅茨曲线（EKC）。美国弗里德曼 2005 年于《中国城市变迁》一书中，系统介绍了中国城市化问题，提出了许多值得我们深思的观点。

综观各学科对城市化的研究，主要认为城市化含义有三种。一是“人口城市化”，即为将农村人口转化为城市（镇）人口的过程，著名社会学家埃尔德里奇（H. Eldridge）认为人口的集中过程就是城市化所有含义。二是“空间城市化”，即在一定区域内的人口规模、产业结构、服务设施、环境条件等要素由小到大、由粗到精、由分散到集中转化的动态过程。日本社会学家矶村英一把城市化分为动态的城市化、社会结构的城市化和思想感情的城市化。三是“乡村城市化”，即为变传统落后的乡村社会为现代先进的城市

(镇)社会的自然历史过程。美国著名社会学家路易斯·沃思(Louis Wirth)1938年在《作为一种生活方式的城市性》一书中提出，城市化意味着乡村生活方式向城市生活方式发生质变的全过程。

(二)国内研究框架

1. 单一维度城镇化的研究

(1)从人口维度研究城镇化。有的学者认为中国农村剩余劳动力转移的特征具有“两阶段”的表现。简新华等认为由于中国农村劳动人口数量巨大、城市化各项制度缺失等因素，在中国农村剩余劳动力转移的过程中，农民的非农化和农民的市民化是不同步的，而是要分为两步来实现，第一步即先从农民变为农民工，实现非农化，再由农民工转化为市民。有的学者则认为应该尽量将农村剩余劳动力转移，以便促进城市化加快发展，比如姚士谋等认为农村人口非农化过程推动了中国有特色城镇化发展，从动力机制以及城乡统筹策略等方面探索了农村人口非农化与城市化的相互关系。张善余提出人口数量的变动与生产力发展水平关系密切，尤其是人均GDP和投资。邬巧飞认为人的城镇化是新型城镇化的核心，城镇化要以“以人为本”为理念，转变传统发展模式，保障农民的各项权利，不断减少人的城镇化中各种制度性障碍，提高城市的环境综合承载力，满足居民多层次的需求。

(2)从土地维度研究城镇化。目前国内以“土地城镇(市)化”为主题的文献材料不全面，有的学者侧重于研究土地城镇化的内涵和度量方法。吕萍在概念界定和指标设计上较早提出了土地城市化的概念，认为土地城市化过程是指土地条件由农村形态向城市形态转化，并以城市建成区面积占区域总面积的比重作为衡量土地城镇化水平的指标。鲁德银从权属角度研究土地城镇化，与吕萍提出的土地利用形态转变进行对比，认为城镇化是指农村用地逐步向城镇经济社会用地的转变过程，国有是其最重要特征。但要预防农地的过度非农化，提高城市用地的集约化水平。

有的学者关注城市化空间形态、格局与区域模式的研究。许学强率先对中国各省、区城市化及其因果关系做了初步探讨。刘玉从沿海、中部、西部和东北四大区域角度分析探讨了中国城市化发展的区域差异。曹广忠提出了区域发展战略可以促进内陆省份的发展，同时沿海地区产业转移和国际市场开拓将成为内陆地区城镇化的重要依托。方创琳分析中国城市群形成发育的现状格局，提出了城市群发展的总体战略与目标，认为中国将形成23大城市群、6大城市群集聚区、“π”字形城市群连绵带构成的国家城市群空间结构体系。顾朝林认为，中国城市群形成机制比西方发达国家要复杂得多，要结合中国的实际国情进行创新。宁越敏和王发曾也对城市群的概念内涵、空间范围划分和网络特征等进行了分析，取得了一定的研究成果。还有的学者研究关于土地城镇化的影响因素。田莉认为20世纪90年代以来中国城镇化的高速发展，土地资本化扮演了重要角色，同时过于依赖土地资本化衍生的土地财政，也导致土地的福利功能大大削弱，导致了一系列社会、经济和环境的问题。

（3）从工业维度研究城镇化。纵观各国城镇化的发展历程，工业化与城市化一直是密切相关的，其大多数研究点主要从关系测度、关系模式方面展开。有的学者重点研究工业化和城镇化的相关程度。Chenery 和 Syrquin 研究了1965年90个国家或地区工业化与城市化之间的关系，提出“随着工业化水平提高，人均国民生产总值增加，同时城市化水平也随之提高”。叶裕民提出，城市化是从经济发展和制度创新开始的，其中经济发展决定了城市吸纳人口数量的能力，制度创新则决定了人口能否顺利流转。城市化的滞后性是由中国工业的弱质性决定的，若加速城市化速度，则根本是要提高工业化的质量。

有的学者重点研究工业化与城镇化的协调性。比如英国学者柯克比在其著作《中国的城市化：1949—2000年的发展中经济下的城市与国家》中，认为阻碍中国城镇化的原因之一是中国将大量资金集中于重工业建设和分散化的工业布局。陈金永提出的“工业化与城市偏爱说”，认为中国发展滞后的城镇化和过分偏爱工业化以及城市的发展逻辑是紧密联系的，“以工农业产品的价格剪刀差”

和“二元结构的户籍管理制度”形成了低成本的工业化，却降低了城市发展的乘数效应。近年来，出现了城镇化整体速度快于工业化进程的倾向，但地区之间的差异较大。安虎森和陈明以人均 GNP 为标准，衡量中国城镇化与工业化发展关系，发现城镇化和工业化发展并不协调。

（4）从经济维度研究城镇化。周一星通过回归分析了 137 个国家及地区的人均国民生产总值和城市化水平，指出经济水平是在影响城市化水平的众多因素中最为重要的，就城市化率和人均 GDP 两者之间形成的对数曲线关系，构建对数回归模型，利用模型的估计结果预测了中国未来的城市化水平。王亚飞通过构建理论模型发现，不断提高城市化水平会先减小城乡之间的收入差距，接着会扩大城乡之间的收入差距；而优化调整产业结构会先扩大城乡之间的收入差距，接着会减小城乡之间的收入差距。

2. 两个维度城镇化的研究

（1）人口城镇化和土地城镇化关系的研究。有的学者重点研究人口城镇化和土地城镇化的关系测度。李明月、胡竹枝运用相关和回归分析方法，认为广东省城市化进程较快，其人口城市化与土地城市化水平之间显著正相关，二者进程基本同步，与全国范围内人口城市化慢于土地城市化的趋势不同。傅超、刘彦随的研究表明，2000 年和 2009 年土地利用非农化指数与人口城镇化率的相关度逐步下降，进一步讨论了导致人口城镇化和土地利用协调度在空间上存在显著差异的因素，提出了基于健康城镇化的和谐发展战略。李小建从“人地关系”的研究角度，提出新型城镇化应重点强调城乡协调，全面整合城乡聚落体系，逐步形成统一和谐、大小和功能各不同的聚落整体；考虑人口城镇化与景观城镇化相协调，居住环境与公共服务城镇化相协调，有形和无形的城镇文化相协调。

有的学者重点研究人口城镇化和土地城镇化的协调模式。陈凤桂等指明中国人口城镇化与土地城镇化指数均呈现不断上升的趋势，协调发展空间格局呈现出水平总体偏低、阶段差距大、区域分异明显等特点。赵岑、冯长春指出中国城市用地发展大体上处于较合理的水平，但随着土地城市化相对速度的加快，人地关系异速生长的发展趋势也在不断增强。其中小城市和工业城市用地平均水平最高，特大城市、综合性城市和东部地区城市建设用地扩张速度最快，超出了合理阈值，在未来的城市规划和建设中应有针对性地予以调控。

有的学者重点研究人口城镇化和土地城镇化不协调的根本因素。目前已形成三种不同观点。第一种是分税说，即中国 1994 年分税制改革导致地方政府财权和事权的不匹配，政府运转和进行城市建设等需要依靠土地出让收益来支撑，从而推动了土地城镇化的快速发展。熊柴将 2000—2009 年的省级面板数据进行回归分析，提出财政分权直接导致了人口城镇化和空间城镇化的不协调，建议中国要协调推进城市化进程，必须对财政体制和地方官员的绩效考核机制进行相应改革。第二种是二元土地制度说。土地征收是政府行政行为，而土地出让则是市场自主行为，二元土地制度直接影响了土地城镇化和人口城镇化的协调。范进、赵定涛认为目前中国土地城镇化的速度明显快于人口城镇化，二元土地制度和二元户籍制度直接导致中国土地城镇化与人口城镇化的不协调。第三种是行政因素共同推动。陆大道等认为推动中国城镇化进程主要因素是政府行政行为；城镇化处于空间扩大的失控状态。

（2）人口城镇化与经济发展关系的研究。洪业应以贵州省毕节地区为例，分析人口城镇化与产业结构、经济增长的关系，运用非平稳时间序列分析法和 Grange 因果检验，探讨产业结构和经济增长对人口城镇化的影响，发现调整升级产业结构会提高城镇化率，而城镇化不能使产业结构升级。程莉通过 VAR 模型，研究人口与经济城镇化的关系，认为人口与经济城镇化存在偏差，原因是中国工业化中产业与就业结构的偏差。提出要以产业发展为核心，不断推进经济城镇化，以科学发展观为指导，持续推进人口城镇化，逐步缩小产业与就业结构的偏差，提高城镇化的质量。

（3）农地非农化与人口就业关系的研究。胡伟艳认为城市人口和非农就业对农地非农化都有明显的正向影响，其中城市人口对农地非农化影响更大；农地非农化与第二产业就业正相关，与第三产业就业负相关；就业非农化高的地区，农地非农化有所减缓，人口城市化高的地区，农地非农化则加剧。

3. 多维度城镇化的研究

近年来，学者尝试从多维度对城镇化进行研究，部分内容见表1－1。

表1－1　多维度研究城镇化协调发展的主要内容

姓名	时间	研究内容
陈春	2008年	健康城镇化是指人口城镇化、经济城镇化、土地城镇化、社会城镇化的协调发展，剖析了1981—2004年中国的土地城镇化的发展态势，提出要以经济城镇化为基础，人口和土地的城镇化才能实现健康的发展
曹广忠、边雪等	2011年	从人口、产业、用地结构三个方面设计考察指标，并强调三个维度间的协调关系和适宜性，发现区域城镇化水平以“中心—外围”为突出特征，随时间推进而更加明晰
孙平军、丁四保等	2012年	通过构建人口、经济、空间城市化内在表征指标，运用均方差赋权法和协调度评价模型对其协调程度进行评价，研究发现东北地区三者城市化协调度低，且区域差异明显，由南往北递减趋势非常明显等
曹文莉、张小林等	2012年	从人口城镇化、土地城镇化和经济城镇化，研究江苏省城镇化水平的变化过程，以及不同时空协调发展的状态。发现江苏省的城镇化水平和协调发展度总体水平较高，但存在区域差异明显的特点
李鑫、李兴校等	2012年	认为城镇化可分成人口、经济、土地和社会城镇化4个部分，并处在协调耦合状态，运用TOPSIS法来评价江苏省城镇化发展协调度，之后通过分析评价地区差异来制定促进城镇发展的政策

续表

姓名	时间	研 究 内 容
安虎森、吴浩波	2013 年	通过构建城乡结构和谐度指数，对中国城乡结构的不和谐程度进行了定量分析，提出中国城乡结构不和谐的实质是城镇化滞后于就业结构非农化，同时非农化的就业结构又滞后于产业结构的非农化。根据新经济地理学原理，贸易成本的下降是推进城镇化进程的关键
赵永平、徐盈之	2014 年	在时间维度上，中国新型城镇化水平呈逐年上升的发展趋势；在空间维度上，表现出依次从东到西逐步递减的空间格局，同时城镇化增长率出现阶段性波动。其中，市场机制对新型城镇化的作用最显著，而且具有明显的东、中、西三大地域的差异性特征
姚士谋、张平宇等	2014 年	从地理空间与自然资源保护的两个角度，不断探索中国新型城镇化发展的 3 个理论以及实践问题

三 生态城镇建设的研究综述

（一）国外研究发展

生态城市思想最早可追溯到 16 世纪，在康帕内拉（Tommaso Campanella）的《太阳城》、托马斯·莫尔（Thomss More）的《乌托邦》以及约翰·凡·安德里亚（Johann Valentin Andrease）的《基督城》等著作中都有所体现①。这些著作本质上是对当前社会问题的剖析，描述了人类对未来城市美好生活的一种构想。国外学者在 20 世纪初就从资源和环境的视角来分析和探讨城镇化问题，这一学派被后来的学者称为城市生态学派。

霍华德在《明日的田园城市》一书中提出的田园城市是一种全新的城市形式，包含了美丽朴素的乡村景观及高效生活的城市组织，其中的花园城市理论被很多西方国家当作建设花园城市的依据，并对现代城市的发展产生了巨大影响。之后，帕特里克·盖迪

① Hidenodu J. Edo，“The Original Eco - city”，*Japan Echo*，2004（2）：pp. 56 - 60.

斯（Patrick Geddes）的《城市开发》和“雅典宪章”均积极表达出人类对美好生活的追求，表现出生态学的思想光辉。塞特（J. L. Sert）把20世纪30年代发表的CIMA会议文件升华为*Can Our City Survive*一书，并于40年代正式发表，该书警告了人们破坏环境可能带来的可怕后果。刘易斯·芒福德（Lewis Mumford）向人类敲响了警钟，要反对汽车的快速发展和城市的无序发展，否则可能造成人与自然关系的失衡，由此造成严重的环境问题。联合国人类环境会议于1972年6月5日至16日在瑞典首都斯德哥尔摩召开。该会议发表了有关保护环境的宣言，该宣言明确指出“人类的定居和城市化必须严格规划，以免对环境造成不利影响，以在环境、经济、社会三方面取得最大的利益”。

世界范围内生态城市建设是在20世纪80年代初期开始，其中具有代表性的是澳大利亚Halim生态城市建设计划、美国理查德·雷吉斯特（Richard Register）领导的加州伯克利生态城市计划等。雷吉斯特和其朋友于1975年成立了以“重建城市与自然的平衡”（Rebuild Cities in Balance with Nature）为核心思想的社会公益性组织。该组织参加了许多在伯克利举办的生态建设活动，并产生了许多国际性影响。同时，世界各国城市生态的研究得到了蓬勃发展，雷吉斯特在1984年提出基础生态城市理论，并在1987年出版的*Ecocity Berkeley—Building Cities for a Healthy Future*一书中，主要论述了建设生态田园城市应当遵循的原则和可能产生的历史意义，并提出了许多把伯克利建设成花园生态城市的积极建议。

1992年，社区活动家戴维·恩奎斯特（David Engwicht）在澳大利亚出版了《走向生态城市》一书，指出城市可以作为生态革命最前沿的阵地，并且是一种优质的发明，它能够实现货币流、信息流、物流、情感及思想交流等最大化效果。同年，未来生态城市全球高级论坛和联合国环境与发展大会在巴西举行，目的是商讨共同应对世界的环境问题。1996年，在塞内加尔的约夫（Yoff）城市举行了第三届发展国际生态城市的研讨会，从而进一步探讨了“国际生态重建计划”课题，集中反映了当时世界各地生态城市的实践以及研究理论。在2002年，中国深圳举行了第五届生态城市的国际会议，在此会议上发布了《生态城市建设的深圳宣言》，提出了在21世纪城市的发展目标和关于建设生态城市的原则、管理与评价方法，目的是为生态城市建设提供一套可供政府和建设者参考的体系，并且在世界范围内能够进一步推动生态城市的构想和建设实践。

（二）国内研究学派

在国内，学者们对生态环境与人类活动关系的研究起步较晚，马世骏等学者率先提出把自然、经济和社会这三个不同的系统融为一个复合生态系统的研究思路。此后，国内关于城市化生态系统的研究才逐步展开。

1. 山水城市

1990年，钱学森首先提出了“山水城市”这一概念，它是在中国古代“天人合一”哲学思想的基础上，提出对未来城市的构想。吴良镛认为，“山水城市”这一概念是提倡自然环境与人工环境相互协调发展，目的是建立“人工环境”（以城市为代表）与“自然环境”相互融合的，便于人类居住的生活环境。鲍世行也认为“山水城市有着深刻意义的生态学哲理”。然而，与其他未来城市理论相比，“山水城市”这一概念更多表现的是人类的一种构想，缺乏用以解决现代城市问题完整的思路和可行的方案。

2. 城市复合的生态系统论

1988年，王如松和刘建国在城市生态学领域深化了这样一种构想，他利用了有关生态学基本理论定义了生态库和城市生态位的概念。生态城市是一个符合自然生态规律的复合生态系统。在系统内部，它能够实现功能高效、关系协调、结构合理，从而达到动态平衡状态，而且生态城市充分强调系统内部经济、自然、社会这三个要素的整体生态化和协调发展，从而最终实现人类和自然的和谐发展。在1998年，沈清基从城市生态学的角度指出了城市概念，它是由经济、自然和社会这三个子系统所构成的复合生态系统。1997年，黄光宇等学者从复合生态系统的理论角度分析，界定了生态城市的概念，而且从经济、自然和社会这三个子系统协调发展的角度，创新性提出建设生态城市的标准，从功能区规划、建筑空间环境设计和总体规划方面研讨了生态城市的规划对策，并且提出了生态导向的整体规划设计方法。宋永昌提出，从城市的生态系统结构、功能以及协调度入手，设立和构建了生态城市相应的指标体系，指出了生态城市的评价方法。梁鹤年认为，生态主义的城市理想是生态完整性及人与自然的生态联系，中心思想是“可持续发展”，在规划中一定要考虑城市的密度。如果是在城市形态紧凑的情况下，城市化就需要以自然生态的完整性为对象；如果是在城市纹络稀松的情况下，可以根据城市系统及自然系统二者需要来对城市化进行分析规划。吴人坚通过对中国生态城市建设的原理及途径进行深度剖析，提出了中国生态城市建设的部分理论。郭秀锐等学者在对城市生态系统健康评价方法探讨的基础上，提出和制定完整的评价指标体系，并构建了模糊评价模型。王云以低碳生态城市建设现状为基础，运用问卷调查、聚类分析和因子分析等多种研究方法，构建出低碳生态城市控制性详细规划的指标体系，包括 41 个指标。陈志端通过对各级政府现有激励政策的梳理和分析，从建设规模、实践类型、开发模式及规划重点入手，研究近年来绿色生态城区的发展概况，提出绿色生态城市的发展对策及建议。

有的学者侧重于城市化和生态环境耦合关系的研究，例如方创琳等运用代数学以及几何学方法，通过城市化对数曲线逻辑复合出城市化与生态环境交互耦合的函数及曲线，发现符合 EKC 曲线变化趋势。冯德显通过分析城市化和水土资源之间的相关性，针对城市化中各个阶段水土资源利用的现状特点及出现的问题，构建出城市集聚经济和水土资源生态阈值之间的交互反馈的机制，有效地推动了水土资源的可持续利用。刘耀彬通过运用定性与定量相结合的方法，分析并构建出城市化与生态环境耦合的评价指标体系，设立了区域城市化及生态环境交互的关联度和耦合度模型，不仅揭示出了影响交互耦合的主要原因，而且从时空角度发现了区域生态耦合关系的空间分布及演变规律，并把演变过程划分为协调、磨合、拮抗和低水平耦合四种类型。乔标等以河西走廊为研究对象，验证了干旱区城市化和生态环境耦合的规律，揭示了城市化与生态环境之间呈现出双指数函数规律的动态耦合关系。孙平军以江苏省城市化及生态环境协调与非协调的交互关联为基础，建立了二者之间耦合协同状况的判别函数，发现了两者在耦合关系演化过程中具有阶段性的特征，而且徘徊逗留在磨合非协调性阶段中。

综上所述，国外生态城市理论较为成熟，并通过部分实践，可提供出一套可供政府和建设者参考的体系。近年来，国内学者也开始从事该问题的研究，提出了“山水城市”“城市复合生态系统论”等观点，从多个视角研究国内生态城市的建设问题，但是由于缺乏与规划界以及其他学科的相互结合，导致无法开展更加深入的生态城市的研究规划。因此，国内学者在生态城市规划以及城市可持续发展研究中，取得了一定的成果，但是在实践中，大多没有产生明显的效果和影响。

第三节　研究内容与技术路线

一　研究内容

本书是基于生态城镇化是城镇化与生态环境耦合协同发展过程的理论，针对中国城镇化质量与资源环境承载力之间突出的矛盾，以江苏省和河南省为例，采用熵值法、熵增定律、耦合函数、耦合协同函数、象限分类识别法等方法，从时间序列和空间格局两个视角，共同分析城镇化与生态环境协同发展的空间格局、动态演化及运行机理；然后运用结构方程模型和有序度分析江苏省城镇化生态发展的路径，各地区结合地域特点，探索全面建设绿色环境、经济及社会的生态城镇可持续发展道路。

二　技术路线

本书就是根据认识论的方法，遵从“实践—理论—实践”的规律，对生态城镇化的研究分为七步（详见图1－1）。

第一步是从现状找问题，从理论中找方法。理论分析该研究的背景和意义，综述关于生态城镇化的国内外研究成果，重点阐述研究的主要内容及技术路线。然后认真梳理生态城镇化的相关理论和基本概念。

第二步是论述生态城镇结构及运行机理。详尽对比分析生态城镇化与生态城镇、生态城镇化与传统城镇化的内涵，从物质功能和要素耦合层面分析生态城镇的系统结构；再从经济学角度分析生态城镇化优化 EKC 曲线，阐述城镇化与生态环境交互耦合作用机理，提出生态城镇化的动态演化规律。

第三步是以时空序列剖析城镇化发展的状况。首先构建城镇化系统评价体系，然后以江苏省和河南省城镇化发展为研究对象，认真收集各评价指标的原始数据，利用熵值法，耦合度函数、耦合协同度函数等方法，对 1996—2015 年江苏省、河南省城镇化发展水平进行综合测度，分析城镇化的发展过程；然后再通过软件 ArcGIS 10.2，分析 2003 年和 2015 年江苏省、河南省各地市城镇化发展的空间格局。

第四步是以动态和静态方法分析生态城镇化的发展状况。通过 PSR 模型和熵值法，分别计算 1996—2015 年江苏省和河南省城镇化与生态环境系统的各自发展水平，再通过熵增定律，动态分析各自生态城镇化的演化过程。最后运用象限图分类识别法和 Origin8.0 软件，对比分析 2003 年和 2015 年江苏省和河南省各地市的生态城镇化发展的市际格局分布。

第五步是苏豫两省城镇化与生态环境压力作用的对比分析。首先对江苏省和河南省 1996—2015 年城镇化发展与生态环境压力作用的演变过程进行对比分析，然后通过系统方程拟合两者之间的关系，分析得出江苏省城镇化发展速度较快，而且与生态环境压力耦合关系趋于协调发展，具有可借鉴性发展经验。

第六步是生态城镇化发展的有序度分析。以江苏省为例，首先运用结构方程模型对生态城镇化发展进行路径分析，然后运用 SPSS 对城镇化与生态环境子系统交互协同作用进行分析，找出影响生态城镇化发展的序参量，运用有序度分析影响生态城镇化发展的关键因素，探析其发展路径。

第七步是提出生态城镇化发展的政策建议。根据以上分析结论，结合江苏省实际情况，提出生态城镇化发展的具体路径和政策建议。

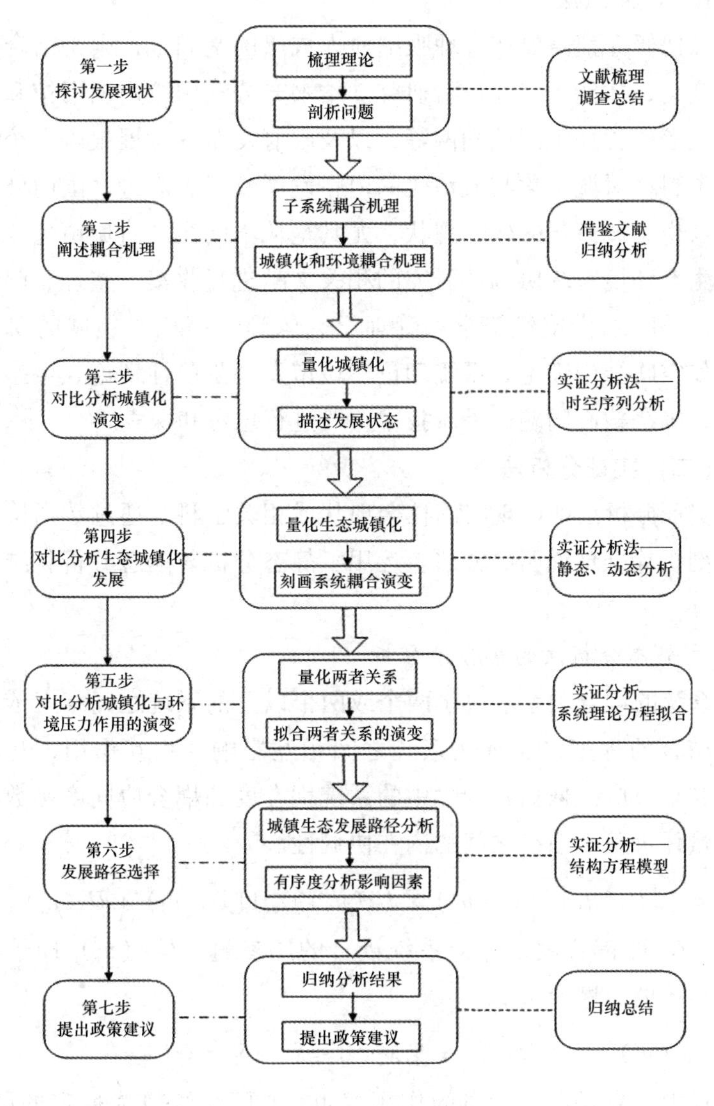

图 1-1 研究技术路线

第四节　研究方法与创新之处

一　研究方法

（一）文献法

任何研究都需要在合理吸纳前人成果的基础上，紧密结合当前发展变化，才能更好地进行研究。本书充分利用校内图书馆和各种网络电子资源如中国期刊网等，以及政府发布的发展报告、统计年鉴等资料，对城市化与城镇化的内在发展及概念演进，国内外对城镇化及生态城镇化的研究现状，尤其是从不同维度对城镇化、城镇化与生态环境系统协调性研究的相关文献进行收集、整理、归纳和综述，并吸纳借鉴经济学、管理学、运筹学等相关领域的研究成果，如空间结构理论、系统理论、城市发展阶段性理论、生态城市理论，围绕核心问题，沿着技术路线进行思考和探索。

（二）实证分析法

实证分析法即以现实的社会现状或相关学科，通过数据检验和案例剖析等推理说明的方法。运用了静态分析与动态分析相结合的方法。

1．静态分析法的耦合度分析

系统的耦合关系取决于两个或两个以上的系统之间相互依赖和紧密结合的程度，表现在系统之间相互影响、相互作用、互动效应、联动效应。依据物理学中的系统耦合度和耦合协同度函数，可以衡量评价几个系统之间的内在协调性。

$$C_n = \{[U_A(u_1) \times U_A(u_2) \times U_A(u_n)] / \Pi[U_A(u_i) + U_A(u_j)]\}^{\frac{1}{2}}$$

式中，C_n 即耦合度，u_i 即系统耦合的序参量，$U_A(u_i)$ 即子系统对总系统的总序参量。

$$U_A(u_i) = (\Pi u_i)^{\frac{1}{n}} = \sum \lambda_i u_{ij} 0 \leqslant \lambda_i \quad \sum \lambda_i = 1$$

式中，λ_i 即各序参量的作用权重，A 即系统较为稳定的区域。耦合度应在［0，1］区间内。

2. 静态分析法的 ArcGIS 描述

GIS 是对空间信息进行分析和处理，可将地图独特化视觉效果、地理分析功能和数据库操作相结合，是一种基于计算机运算和绘制的工具。ArcGIS 能实现地理数据的可视化和管理与分析。使用 ArcGIS 10.2 软件，可直接描绘全国或省区市的城镇化与生态城镇化发展在空间上的分布状况。

3. 动态分析法的象限图分类识别法

陈明星、陆大道等提出的象限图分类识别方法，是通过平面直角坐标的四个象限代表不同类型，来判别交互耦合两个指标或系统的关系，比如城镇化与经济发展水平的关系、城镇化与生态环境协同发展的关系。首先通过（$z-score$）偏差法 $z=(x_i-\bar{x})/s$（s 是抽样标准差）处理，可生成两个新变量，表示指标偏离中心度的程度，然后通过两个变量差的绝对值，可以判断出两个变量偏离中心度的差别。

4. 动态分析法的耦合熵值定理

城镇与生态环境系统是一对非协调耦合的耗散结构，二者之间物质、能量和信息等要素流动规律符合“熵增定律”：$D=D_1+D_2$。式中：D 代表总熵变化值；D_1 代表内熵变化值；D_2 代表外熵变化值。依据城镇整个系统总熵变数值大小，可以判断其耦合演变趋势，若总熵变值 $D<0$，表示整个系统混乱度减小，则其演变趋势是一条波折上升曲线；若总熵变值 $D>0$，表示系统混乱度增加，则其演变趋势是一条波折下降曲线；若总熵变值 $D=0$，表示系统维持稳定，则演变趋势是一条平行于横轴的直线。

5. 结构方程模型的路径分析

结构方程模型（SEM）是当代社会领域量化研究的重要统计方法，融合了多变量统计分析中“因素分析”与“线性回归分析”的统计技术，对于各种因果模型可以进行模型辨识、估计与验证，最常用的方法为极大似然法假定。SEM 路径分析中没有包含任何潜在变量的结构方程模型称为观察变量路径分析，简称 PA－OV 模型。观察变量是量表或问卷等测量工具所得的数据，潜在变量是观察变量所形成的特质或抽象概念，此特质或抽象概念无法直接测量，而要由观察变量测得的数据资料来反映。SEM 的 PA－OV 模型可构建矩阵方程式：$X_i = W_n \times Y_i + \xi_i (i = 1,2,3; n = 1,2,\cdots,15)$。

（三）规范分析法

规范分析法是指在一定价值判断的基础上，以经济理论为基础，研究经济现象的标准，以及如何符合标准的内容，它要回答“应该是什么”的问题。本书通过运用静态分析、动态分析等工具，实证分析目江苏省和河南省城镇化和生态环境系统耦合协同发展的实际状况；并依据现实状况及标准，分析影响系统耦合协同发展的多个序参量作用，并总结出城镇化生态发展的路径及政策建议。

二　创新之处

（一）研究切入点比较新颖

在综述国内外关于生态城镇化研究的过程中，发现从多维角度来分析城镇化协调发展的学者较少，而针对生态环境与城镇化耦合协同发展机理，来探讨生态城镇化发展的学者更少。本书利用经济学、系统科学、地理学等交叉学科理论，运用宏观和微观分析相结合的方法，对比分析江苏省和河南省城镇化与生态环境耦合协同发展状况，从序参量角度分析入手，探索子系统耦合协同发展机理，从源头探索各区域城镇化发展速度和资源环境承载力协调的可选择路径。

（二）分析方法比较独特

在“城镇化或城市化”研究领域中，鲜有运用象限分类识别法分析城镇化与生态环境协同发展空间格局的，少用运用结构方程路径分析模型研究城镇化生态发展的，本书在实证分析中具体使用了熵值法、耦合法、象限分类识别法、结构方程模型等方法，从动态时间序列和静态空间格局相结合的角度，详细分析了城镇化与生态环境系统耦合协同的演化机制及路径选择。

第二章　基本概念与理论基础

“生态城镇化”概念提出时间较晚，国内研究者也较少，尚没有成熟的理论框架。本章是依据现有的文献资料，对该领域进行了初步探讨，对城镇化、生态城市相关理论进行综合分析后，提出了“生态城镇化”的相关概念和理论基础。

第一节　基本概念界定

由于研究内容和角度的多样性，不同的学科和学者对于城镇化与生态城镇等概念，有着不同的定义。在综合各学科观点的基础上，首先界定了“生态城镇化”的相关概念。

一　城镇化

近年来，“urbanization”一词，常被中国学者提及，该词中文译为城市化或城镇化。城市化与城镇化两个词语在学术概念上内涵基本相同，但主要区别是，城镇化的提出及运用，更符合中国的国情，具有更多的政治含义。城镇化是指随着一个国家或地区社会生产力的发展、科学技术的进步以及产业结构的调整，其社会由以农业为主的传统乡村型社会向以工业和服务业等非农产业为主的现代城市型社会逐渐转变的历史过程。城镇化应由人口、经济、空间和社会城镇化四个部分构成。①人口城镇化是城镇化的中心环节，其本质是农村人口的经济活动不断向外转移的过程；②经济城镇化是综合城镇化的动力来源，反映出社会经济中城镇产出比重的状态，其本质是经济总量的健康持续增长和经济结构的逐步非农化，其中工业化是最重要的驱动因素，而服务业是地域城镇化程度的重要表现形式；③空间城镇化是城镇化的载体，与其他学者研究的“土地城镇化”内涵上相似，但本书认为“空间城镇化”更能体现出“生态城镇化”的内涵，不仅仅是指城镇建成区域面积的不断增加，而更多表现在空间结构中土地硬化、楼房建筑、道路扩建、环境绿化、环境净化等方面建设；④社会城镇化是城镇化的文化意识。随着人口、空间、经济城镇化不断加快，农村人口在行为习惯、生产方式和社会组织关系，包括价值观等精神层面都在潜移默化中变化，其实就是生活方式、价值观念和城市文化等精神意识逐步向乡村地域扩散。

本书认为社会城镇化部分指标可以量化的，已经被包含在前三个概念中，其他某些指标难以实际量化的，可以忽略分析。所以城镇化实际上是一个人口、空间和经济三维一体的综合城镇化过程，是指在资源环境承载力范围内，人口城镇化、空间城镇化和经济城镇化的耦合协同发展的过程。

二 生态城镇化

（一）概念

我国学者石培基提出生态城镇化是城镇化的可持续发展模式，是建立在生态学原理上，人类社会经济活动与自然环境良性同步发展的过程，是建立在尊重自然基础上的人类自我选择性建设活动，是在地表空间上形成的人与自然互惠互促的人居环境形态。邓大松提出生态城镇化要求在城镇化过程中将自然环境、城镇与人有机融合、良性互动，从而实现三者的可持续发展。根据现有的研究成果，本书认为生态城镇化是以生态文明建设为中心思想，以方便、和谐、宜居、低碳为发展目标，不断优化转型城镇的产业结构布局、社区建设、消费方式，统筹兼顾城镇建设中的人口、经济、空间、环境、资源之间的和谐发展关系，不断探索城镇经济发展与生态文明协调且可持续发展的新型道路。生态城镇化的理论含义是指城镇化与生态环境系统耦合协同发展的演进过程。

生态城镇化过程要始终坚持以人为本，把产业生态化发展作为动力，把生态文明建设作为主体，促进城市和小城镇共同朝着生态化、集群化、现代化方向发展，大力提高城镇化的质量和水平，走集约高效、环境优化、城乡一体的人与自然和谐共生的生态可持续发展道路。

（二）特征

1. 生产力生态化

伴随着农村人口向城镇空间的转移过程，以及农村劳动力向非农产业的转移过程，城镇化的发展也在加快，影响城镇化发展的根本性因素是生产力。在生态城镇化过程中，生态文明是城镇化过程中的价值取向。生态城镇化发展要以节约资源、改善环境为主要方式，达到经济、生态和社会效益的协调统一，因此，生态城镇化发展的根本动力是生态生产力，“生态生产力”是一个新的名词，目前还没有一个较为明确的概念界定，但实际内涵体现在生产力发展中自然生态因素占据重要地位，以及对经济发展所具有的制约力。生态生产力是生态城镇化发展的主要动力，即是将生态文明植入城镇化过程中形成的，以自然、人类和社会组成的复合系统可持续协调发展为目标的一种新形态生产力。

2. 人本原理

生态城镇化发展的首要问题是以人为本，即以人口城镇化为核心。生态城镇化的关键就是提高人类生存质量水平，即要尊重自然与保护环境，更重视人类的全面发展，包括经济、社会和文化，而不片面追求人的物质生活。生态城镇化以人本为核心，在生态文明的指导下，重视资源分配的公平合理和生态环境的保护治理。

3. 复合协同性

城镇化发展进程是一个非常复杂的过程，与自然、人类和社会系统三者息息相关。生态城镇化发展就是对自然、人类和社会系统共同组成的复合系统升级优化，具有明显的系统复合特点，主要表现在人和人之间、人类社会与生态环境之间、城市与农村之间、地域之间、大中小城市（镇）之间的多重协调发展关系。由此可见，复合协同性在生态城镇化过程中越来越突出。

4. 利益共存性

生态城镇化关系到全社会人的利益，因此它的发展过程具有共存性，需要相关利益者参与，尤其是地区的政府机关、企业单位、城乡居民和各种社会力量的参与，共同推动城镇化和生态环境协调发展。生态城镇化需要政府机关的政策支持和指导，城镇居民在生活方式、生产方式和消费方式的转变，企业单位加快产业结构的转型升级，农民和其他社会力量在各类活动中积极参与。只有真正调动社会各界力量，每个社会主体将生态文明理念贯彻落实到日常生产和生活中的各个环节，才能形成高效利用资源和保护自然环境的良好社会氛围，实现生态城镇化。

三　PSR 模型

压力—状态—响应（Pressure - State - Response，PSR），是国际上环境质量评价学科中生态系统健康评价常用的一种模型，是综合分析环境压力、状态与响应之间关系的工具。加拿大统计学家 David J. Rapport 和 Tony Friend 最先提出，20 世纪 80 到 90 年代，联合国经济合作与发展组织（Organization for Economic Co - operation and Development，OECD）和联合国环境规划署（United Nations Environment Programme，UNEP）将这一模型发展起来，主要用于研究环境问题的框架体系。

PSR 模型包括压力指标、状态指标和响应指标三类指标。其中压力指标表现为当人类为满足其自身多层的心理生理需求时，毫无节制地从生态环境系统攫取各种资源（能源、原材料），并释放大量的废弃物，给生态环境系统稳定性造成极大的威胁；状态指标表现为压力产生的各种外在负效应，造成了生态环境状态发生的改变；响应指标表现为生态环境系统对人类活动破坏的反馈作用，人类为了更好地生存与发展而主动作出的补救措施，这样循环往复构成压力—状态—响应框架。

四 耗散结构

普里戈金在研究热力学系统中，发现当一个系统离开平衡状态的参数变化到一定阈值时，系统将显现出“行为临界点”，在超过临界点后，系统将从原来的无序状态，突变为一种稳定有序的状态；若离开平衡状态更远些，系统会逐步演变成更多稳定有序的新结构。普里戈金将这类结构称作“耗散结构”，提出了关于非平衡热力学系统中远离平衡态的耗散结构理论。

耗散结构理论认为，系统从无序变化为稳定耗散结构的必要条件有：第一，系统须是开放的，即系统与外界必须进行物质、能量等的交换和转化；第二，系统是远离平衡状态的，且内部的物质流、能量流关系是非线性的；第三，系统内部各要素之间是相互影响作用关系，且要源源不断输入输出能量维持。广义的耗散结构泛指远离平衡状态的开放系统，可以是力学、生物学，甚至是社会的经济系统。

五 耦合和协同

耦合是物理学科中的专业术语，原指两个或两个以上的体系或运动形式之间，通过相互作用，而彼此影响，进而联合起来的现象，或者是通过各种内在机制互为作用，形成一体化的现象。耦合则是衡量两者之间依存性和共存度的一个指数。管理学中的“耦合”，是指两个或者两个以上系统之间互动作用的变化状态。系统的耦合关系取决于两个或两个以上的系统之间相互依赖和紧密结合的程度，主要是指系统之间相互影响、相互作用、互动效应和联动效应四个方面。其中，系统之间相互影响表现在系统之间是单向或双向影响，互为因果关系；系统之间相互作用表现在相互影响下系统发展方向、方式和选择路径互相作用；系统之间互动效应关系表现在系统之间产生促进或阻碍的效应，系统之间联动效应表现在系统之间是否共同发展或限制发展。本书中耦合主要是探究目前城镇化与生态环境系统之间相互影响和作用的关系，以及系统之间产生的互动和联动效应，即从根源上寻找在资源环境承载力范围内，城镇化统筹发展的动态演化规律。

协同来自古希腊语，是指协调两个或者两个以上的不同资源或者个体，互相配合、协调一致地完成某一目标的过程、状态或规律。德国科学家哈肯在 1971 年，提出了系统协同学的思想，认为自然界及人类社会中各事物之间都存在无序和有序的状态。在某一条件下，有序和无序状态之间会相互转化，无序即是混乱状态，有序即是协同状态。在任何一个系统内，若各子系统（或者要素）不能协同发展，系统处于无序状态，无法发挥系统的整体功能。反之，若能互相配合，协调一致发展，则集聚系统的总力量会高于原功能总和。本书的协同主要是研究城镇化与生态环境系统互相配合，协调一致发展的内在规律。根据以上分析，本书认为耦合是协同的基础，协同是耦合的目标。

六　序参量

广义上，有序—无序状态是指物体内部结构中质点的空间分布，是否具有周期重复的规律性。子系统之间总是存在着自发的无规则的独立运动，同时彼此又有相互作用的协同运动，在这些无规则运动中存在许多控制参量，这些控制量分为“快变量”和“慢变量”，“慢变量”就是序参量，处于主导地位。随着控制参量的不断变化，当系统接近临界点的时候，子系统之间的关联度会逐渐增大。当控制参量达到“阈值”时，子系统之间的关联度起到了主导作用。序参量是标志着系统变化前后发生质性飞跃的关键要素，序参量的数值可以反映出关键要素对子系统之间协同运动的贡献总和，是子系统介入协同运动程度的集中体现。

第二节　相关理论基础

一　空间结构理论

（一）增长极理论

1955 年，法国经济学家弗朗索瓦·佩鲁（Francois Perroux）提出了增长极理论，他指出经济活动在空间和时间上会出现不均衡现象。假若把发生支配效应的经济空间单元作为力场，增长极成了这个力场中的推进性单元。增长极理论主要内容是具有推动性的主导产业，可以带动有活力且与主导产业紧密相连产业的发展，它不但自身快速增长，还可以通过乘数效应推动其他产业部门的增长。经济总量增长不同程度地反映在许多增长点上，这些点便被称为“极”。

（二）点—轴理论

波兰经济学家萨伦巴教授（Prof. Zaremba）和马利士（Marlis），提出了点—轴开发理论，这一理论是在增长极理论的基础上进行了发展延伸，即要关注“点”的作用，更要重视“点”与“点”之间连接线“轴”的作用，这里的“点”就是指中心城镇或者区位条件较好的地区。随着现代交通和互联网技术的快速发展，加快了城市间的信息资源的交流，吸引了产业、人口逐步向两侧轴线扩散，形成新的增长极和点—轴系统。1995 年陆大道在吸收中心地理论、开发轴理论的基础上，形成了比较完整的理论结构体系，撰写了《区域发展及其空间结构》。

点轴系统理论是在一个点上运用极化效应来不断地汇集各种要素，促进产业积聚，从而使城镇面积不断扩大，形成连通各个中心城镇（点）的通信线路、交通沿线、能源供应线、供气和供水线等基础设施。在交通沿线上，辐射范围和影响程度也会随着增长极（中心城镇）对周边地区经济发展作用的不断扩大而增大，发展相对较快的地区形成新的聚集点，轴带交通线不断延伸。当区域经济发展到一定程度后，小点会变成大点，点与点间的交通等基础设施发展水平得到提高，新的聚集点就会逐渐增大，形成小城镇或者大中城镇，形成次区域中心，次区域中心又会形成新的次级交通轴线，构成点中心和轴线系统。如此演进与发展便会产生更多的“点”和“轴”，这就是著名的点—轴系统理论。

（三）核心—边缘理论

1958 年，德国犹太思想学家赫希曼（Albert Otto Hirschman）

提出了“极化增长理论”，认为区域之间发展的不平衡是必然的，通过“涓滴效应”，中心区域发展会带动周边地区的发展。反过来，劳动力和资本资源从外围区域流向中心区域积聚，有利于中心区域的经济发展，逐渐增大区域之间的经济差距。因为极化效应，政府想要缩小区域之间的差距，须不断加强行政干预和对经济相对落后地区的扶持。

1960年，著名发展经济学家约翰·弗里德曼（John Friedmann）通过对中国空间发展的长期研究，在《区域发展政策》中，正式提出了核心—边缘理论。该理论解释经济空间的演变过程，说明各区域之间是由互不相关、孤立发展逐步转变为相互联系、发展不均衡的状态，最终演变为互相联系、发展均衡的区域系统。随着区域经济的发展，资源前沿区域、上下过渡区域及中心区域可以完全完成经济发展一体化的任务。由于经济发达区域的科学技术水平较高、工业水平发达、人口相对密集、资本较集中等直接表明核心区域的创新能力是最强的。弗里德曼还觉得核心区域主要有三个方面的作用：第一，核心区域全面且系统地向外围依附区域传递创新的果实；第二，核心区域组织外围的依附区主要是通过政府行政、供给和经济市场等系统来进行正常的经济活动；第三，技术发展创新到一定阶段后，会不断超出预期规划的空间范围，核心区域范围随之扩大，外围区域综合实力将逐步增强，从而使外围区域渐渐纳入核心区域，进而造成先前核心区域的经济发展水平降低。

外围区域的经济水平较低，通常被分为两类：资源前沿区域和过渡区域，其中过渡区域可分为上过渡区和下过渡区两个区域。资源前沿区域有着巨大的经济发展潜力，一般处于上下两个过渡区之间。核心区域被上过渡区完全包围，与上过渡区有着一定的经济联系。由于经济的发展，会逐渐增加就业机会，有经济持续增长、资源集约利用等特点。因此上过渡区可能成为卫星城市或次级中心城市，下过渡区大多位于偏远的乡村地区、老工业衰微和原材料缺乏的贫困地带。其经济发展停滞不前甚至衰退，造成资源消耗浪费、技术条件落后和产业部门低级等现象严重，这类地区与核心区域的联系较为疏远。

（四）对生态城镇化研究的启示

1. 增长极理论启示

增长极对其所在区域有极化和扩散两个作用，并且在不同阶段上有不同程度的作用。极化作用是一个区域的经济主体和要素资源迅速聚集后，不断增大总经济能量和外部效应。扩散作用是指各种经济主体和资源要素从增长极逐步向外围区域扩散，推动周边地区的经济增长和社会进步，有利于区域经济社会协调发展。扩散分为邻近扩散、等级式扩散、跳跃式扩散等形式。由于增长极具有支配作用，可以促进资本和资源要素的集中，逐步形成规模经济后，可促进要素不断地向周围地区扩散，协调区域经济和社会发展。生态城镇化可以通过极化作用，培育不同规模生态城镇“增长极”，然后通过扩散作用，带动城镇毗邻区域经济和社会的协调共同发展。

2. 点—轴理论启示

点与点连接形成点轴，点轴系统交错就形成网络。在区域经济发展的过程中，极化作用会逐步减弱，扩散作用在持续增强，区域经济将不平衡逐步转变为均衡。解决中国城镇化中“城乡二元经济结构”问题，可以运用“点—轴”开发模式，逐步实现生态城镇化的良性发展。

3. 核心—边缘理论启示

作为区域发展的重要动力，核心区域在区域经济发展中处于主导地位。本书认为随着区域经济的发展，边缘区域要主动合理有效地利用核心区域的产业结构、产业技术、人才资源等扩散，渐渐缩短与核心区域的距离。生态城镇化要以核心—外围理论为指导，制定出更为合理的空间规则，不断发展新的增长极，不断做大做强中心城镇，充分发挥核心区域的辐射作用；利用基础设施共享机制，促进产业合理转移和生态补偿，促进优势产业拉动区域经济发展；加强和外围区域的联系，促进核心区域的经济和文化向周边地区扩散，逐步缩小先进地区与落后地区、城市与农村之间的差距。

二　系统理论

美国著名生物学家贝塔朗菲（L. Von. Bertalanffy），在 1932 年发表“抗体系统论”，提出了系统论思想。1937 年提出了一般系统论原理，奠定了这门学科的理论基础。但是他的论文《关于一般系统论》，在 1945 年才公开发表，他的理论在美国再次讲授“一般系统论”时，才得到学术界的重视。1968 年他发表了被学术界称为系统论代表作的《一般系统理论基础、发展和应用》（*GeneralSystem Theory*, *Foundations*, *Applications*），正式确定了他的学术地位。

（一）基本内涵

系统一词来源于拉丁语（systema），是“集合”和“群”的综合。由于各学科应用领域不同，系统概念的界定也不尽相同，如企业系统、社会系统、制冷系统等，但系统基本含义是多个相互作用和联系的实体组成的集合。所以，系统是由许多要素构成，相互间联系密切，具备一定功能的有机整体。

近代以来，科学进步对“系统”发展起到了非常重要的作用。15 世纪下半叶，自然科学发展创立了全新的科学分析法，如观察法、实验法等，这些方法有利于对自然界的精细研究。19 世纪上半叶，哲学中的辩证唯物主义揭示了“系统”的本质，即物质世界是一个由诸多相互作用、相互依赖、相互联系、相互制约的事物和过程形成的统一整体。进化论、细胞学说和能量守恒定律等理论，极大促进了人类对自然的认识。20 世纪 40 年代，结构论、控制论、信息论被学术界称为“老三论”。20 世纪 70 年代，在学术界有“新三论”之称的协同论、突变论、耗散结构论，虽然建立的时间短暂，但是成长很快，已被认定为系统论中的新成员。

亚里士多德认为系统中的每个要素只有在特定的位置上才可以发挥作用，只有在整体中才可以表现出原来的价值，且整体的作用也不是每个要素价值的简单相加。系统论的核心思想主要是系统分支的整体观念，即系统不是每个部分简单相加或机械组合，因为各个要素在独立状态下无法发挥作用。总之，系统中的要素只有紧密地联系在一起，才能形成真正意义上的系统。其中任何一个要素都不可能脱离系统独立存在，也不能表现出原有的价值。

从系统的形成角度看，系统是由两个或两个以上相互联系的要素组成，按照一定规则运行的，具有整体功能和综合行为的集合。从上述定义看，主要包括以下四个内容：（1）必须由两个或两个以上的要素组成系统，要素具有多样性和差异性，能促进系统演化；（2）要素之间存在固有的关联性，各要素相互作用、交互制约、不断转化，促进系统整体不断演化；（3）各要素之间作用机制必须遵循系统规则，规则既能约束要素组成，又能促进系统主体功能的实现；（4）单个要素所具有功能的影响力有限，但可通过相互作用，发挥集成系统的整体功能。

系统理论主要包括四个理论：（1）一般系统理论，主要适用于一般系统的描述和分析；（2）耗散结构理论，是指由耗散的结构所形成的性质、深化的规律和稳定性；（3）巨系统理论，是指由多个子系统构成的结构复杂的大系统；（4）协同理论，是指系统内部子系统或者要素的协同合作，促使系统内部和功能出现的有序结构。

（二）基本特点和分类

系统理论有六个特点。第一，层次性。系统分为不同的子系统，子系统是由很多个要素构成的，还可细分为更加具体的次级系统，所以层次性是系统理论的最基本性质。第二，集合性。从系统的整体上来说，它是某种具有相似性质的要素集合而形成的，系统要素可以是实在的物质、非物质或抽象的组织，要素之间在数量上有一定的比例关系，在空间上有一定的位置排列关系。第三，目的性。因为系统的存在是有目的性，也是此系统不同于彼系统的最重要标志。第四，整体性。系统本身虽然是由两个或两个以上的要素所组成的，但它们并不是各种组成要的简单组合，而是每个组成部分和层次相互连接和相互协调的。系统不但能反映各要素或子系统的独立功能，还能产生要素或子系统所没有的功能，系统整合特性可以表达为“1+1>2”。第五，相关性。组成系统的各个要素之间是相互制约和相互联系的，而系统和系统之间的关系也是如此。第六，环境适应性。每一个系统都要与外部环境之间进行信息、能量与物质的交换，然而外部环境的时常变化会引起系统内部特点和要素功能的变化，来逐步适应外部环境的变化。

为了便于人们认识和分析系统的演化规律，对系统进行分类是有必要的。每一种要素都有自己特殊的本质，在多个要素相互作用下，根据影响因子组合特征，通过物理系统、生命系统和社会系统，产生系统的差异性与多样性。按照要素的运动方式和组合形式，可以把它们分为动态系统和静态系统；按照主体对系统的认识，可以划分为观念系统或物质系统；按照行为主体对系统施加的影响，可以划分为人工系统和天然系统；按照系统是否受系统外的因素和条件的影响，可以划分为辨别封闭系统和开放系统。

（三）对生态城镇化研究的启示

从地理学独特视角来看，城镇化必定会牵涉错综复杂的人口、经济、资源、居住环境和社会文化等多个领域的问题，进一步构成了拥有系统性特点的复杂工程。其中，人类是城镇化发展必不可少的主体，经济状况是城镇化的推动力，空间布局是城镇化的必需载体，生态环境状况是影响城镇居民生活质量的外部条件。所以，生态城镇化建设是协调发展城镇化与生态环境系统，整体上提高城镇化的建设质量。

三　城市发展的阶段性理论

城市是人类社会发展到一定时期的结果，具有一定阶段性和周期性的特征。城市的发展历程主要有成长、成熟、消退和衰亡，同时城市化的发展也是始终贯穿这一发展历程的。从职能上来划分，城市可以分成单一职能型城市和综合职能型城市，各个职能型城市在各个发展阶段具有不同的特征。

（一）单一职能型城市的发展阶段理论

一般来讲，单一职能型是指只拥有单一职能的城市，例如以加工为主的城市、以旅游服务为主的城市和以资源开采为主的城市。

单一职能型城市主要是通过职能发展的兴衰而发展的，例如以煤炭资源开采为主的城市、以石油开发为主的城市、以林业资源发展为主的城市，这些城市的发展主要是依靠资源的开采，当资源开采过量时，城市的发展就会逐渐走向没落；反之，如果合理利用资源，那城市发展会产生不一样的结果。比如内蒙古鄂尔多斯城市发展初期，主要是因为煤炭开发带动了城市经济的迅速发展，它后来转型发展成为“中国最具有投资吸引力的城市”。另外一些以资源开采为主的城市，由于资源的枯竭和相关产业链的衰退，已经逐渐进入到了产业链转型周期，昔日辉煌也已荡然无存。美国的知名学者弗农（Veron）把产品市场详细划分为进入期、成长期、成熟期和衰退期，高度概括了产品的生命周期理论，对研究单一职能型城市的生命发展周期具有很大的帮助。中国学者刘力钢也根据市场发展需要和资源型城市的资源储存量，把城市划分为兴起期、成长期、成熟期和衰退期（新生期）四个阶段（见图2－1）。由此可知，城市资源储存量和内部产品质量对城市发展有着极其重大的影响，城市发展呈现出鲜明的周期性和阶段性特征，同时也说明了资源型城市的发展周期与资源开发利用情况是相互依赖和紧密依存的。

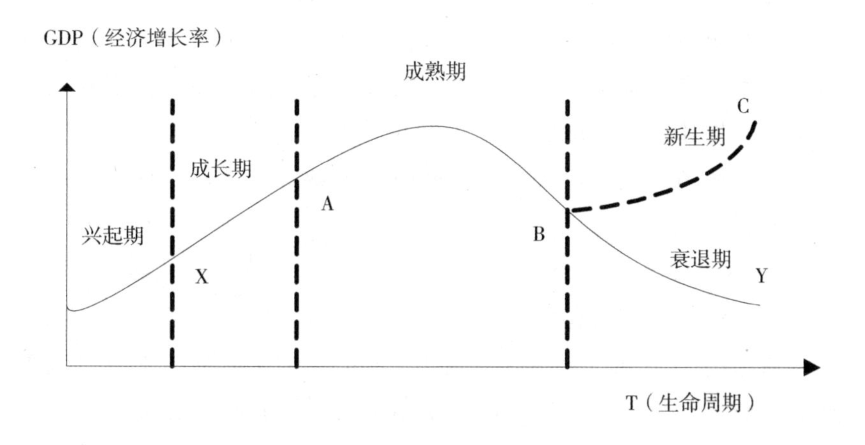

图2－1　资源型城市发展的一般规律示意

城市发展的第一个阶段是兴起期，是进行资源探测和开发之前的准备时期。第二个阶段是成长期，资源开发逐步形成了一定的规模，且开发出来的资源已被充分合理利用，推动了城市基础设施的建设，以及城市主导产业及相关产业的发展，城市的生活区或商业区也开始出现雏形。第三个阶段是成熟期，城市生活区和矿区的基础设施趋于完善，城市发展速度不断加快和发展规模不断扩大，城市的主导产业和相关产业不断壮大，并开始寻找新的替代产业。第四个阶段是衰退期，城市中以矿产资源开采为主导的产业地位不断下滑，城市发展功能开始衰退，如果再没有新的产业去替代，或者产业转型不成功，城市职能就会渐渐衰退。

（二）综合职能型城市发展的阶段性理论

综合职能型城市最大的特征是具有综合性。学者范登·博格（Vanden Berg）依照西方发达国家城市人口发展的演变规律，提出了城市发展的空间周期理论。中国的张越和甄峰也指出了城市地域空间上的“扩散效应”与“集聚效应”这一矛盾的相对运动过程，系统地总结出向心城市化阶段、郊区化阶段、逆城市化阶段、再城市化阶段四个阶段。

1. 向心城市化阶段（Centralized Urbanization）

向心城市化阶段通常是在城市化发展的初级阶段，是指人口一直在向城市中心集聚，而且技术、资金、劳动力等要素也不断向城市集聚，导致聚集经济及规模效应的形成，推动了城市规模的持续扩大以及城镇数量的持续增多，同时促进城市文化及各种价值观逐渐往农村区域转移。

2. 郊区化阶段（Suburabanization）

郊区化阶段是指在城市化上升到一定水平后，城市中心区域的人口密度不断增大，导致了交通堵塞和环境污染等一系列的城市病。此后，城市中心人口及产业不断地向郊区转移，城市郊区向外蔓延的情况逐渐开始凸显。

3. 逆城市化阶段（Conter-urbanization）

城市化一般是指人口及产业向城市集聚的现象，如果城市和郊区的发展情况不能满足发展要求，城市中心及郊区的人口开始持续地向小村镇和乡村转移，这就导致了城市的部分功能向中小城镇和乡村分解，比如经济、政治、文化中心和居住等功能，最终城市的功能分解并形成了“逆城市化”现象。

4. 再城市化阶段（Reurbanization）

再城市化阶段即二次城市化，城市由于逆城市化而导致衰败后，再次进行城市化建设，是向心城市化、郊区化以及逆城市化顺时延续的最后过程。

（三）对生态城镇化研究的启示

城市阶段化发展理论对中国生态城镇化研究，具有十分重要的指导意义和启示。对于中国正在进行的声势浩大的“造城运动”，无论是大城市还是小城市，都处于贪大求洋的状态，盲目追求所谓的国际化大城市的荣誉，忽略了城市发展的客观规律，造成资金、土地等的大量浪费，严重破坏了城市的生态环境，大大降低了城镇化发展的质量。所以说，在发展生态城镇化的道路上，必须实事求是，按照各个城市发展的基本现状和经济实力，以及目前所面临的矛盾和问题，对城市的发展阶段做好分类规划，制定出适合各自的发展方式及途径，努力提高城镇化的质量。

四　生态城市理论

（一）基本内涵

生态城市一词最早是被生态学用于处理各种城市中存在问题的，“城市存在自身的生态极限”是其中心思想。在《人与生物圈计划》中，联合国教科文组织阐释了生态城市的概念，是“要由自然环境与社会心理为出发点，创造出一种充分利用自然环境和技术手段的人类生存和发展的最佳环境，目标在于提供更高水平的物质生活方式”。生态城市就是在城市建设过程中寻求人与自然的和谐相处，其核心是构建资源节约型和环境友好型的社会，关键点是全体社会成员共同参与建设。

（二）基本特点

1. 自然生态化

从19世纪工业革命以来，人类显示出改造自然的强大力量，产生了“人定胜天”思想。哲学家康德的“人是自然的最高立法者”就充分显示出人类同自然对抗的关系。人类总是以自身利益作为行为依据，为了得到更多的利益，不断地探索和改变自然环境，构造由人领导的自然界。人类中心主义原则被制定的同时，人类社会同自然界和谐相处的关系可能随之破裂，使生态环境问题日益严重，同时自然环境也在不断反馈作用于人类。人类在充分了解自然规律后，为实现自身、社会和环境的可持续发展，开始不断追求人与自然界平衡协调的状态。

2. 经济生态化

GDP被传统经济发展模式看作经济增长的唯一目的，没有将环境成本考虑在社会经济生产体系之内，结果使自然生态的价值不断下降，资源消耗程度、环境污染和GDP同步增加，且有超过GDP增速的趋势。若要实现经济生态化，就必须在资源承载力范围内，加快经济的发展。这就要求社会须通过先进技术手段，逐步提高自然资源的利用与再生水平，实现清洁生产与文明消费的目标，构建节约资源与保护环境并重的生态产业体系，追求人类社会同自然环境和谐相处，这要求生态文明既要完成经济增长的任务，还要完成生态质量提高的任务。

3. 社会生态化

在生态城市建设过程中，生态文明观念要求人们必须转变传统的消费模式，进行合理的消费，并且要与当地的生产力发展层次相吻合，还要确保同城市的生态资源环境承载能力相匹配，这样既可以满足人的物质消费需求，又不会危害生态环境，最终保障人类物质消耗同生态环境协调起来。因此，城市的发展必须要建立生态型的社会经济体系。

（三）对生态城镇化的启示

生态城市是将生态文明理念融入城镇化全过程中，逐步形成人与自然和谐共生的局面，促进城镇绿色可持续发展。城镇化是一个长期的系统工程，涉及人口、产业、空间等方面，如果要改变粗放式城镇化的发展模式，需要坚持可持续发展原则，将城镇化发展逐步纳入经济—社会—环境的复合系统中。生态城镇是生态城镇化发展的目标，生态城镇化是城镇发展的必然过程。

五　演化博弈论

（一）博弈论概念与特征

在行为主体利益最大化的规则假设下，博弈论主要研究影响经济行为做出决策的作用机制以及决策的均衡问题，是一个相对静态的概念。在现实经济社会中，行为主体在追求行动给自己带来收益的同时，还要考虑主体行为对其他决策主体带来的外部性，乃至其他决策主体的策略变化反馈后的影响，简言之，行为主体的决策动机不仅局限于自身的选择空间，还要考虑到博弈对手的策略影响与选择。Smith 和 Price 在 1973 年首次提出演化稳定策略（evolutionary stable strategy）概念。有别于传统博弈理论，演化博弈论将博弈理论分析和动态演化过程分析进行融合。在符合现实意义的前提下，演化博弈论（evolutionary game theory）基于理性经济学与演化生物学，不再强调行为主体完全理性，也不是建立在完全信息假设条件下的。认为行为主体决策与生物演化具有共性，随机（突变）因素起着关键的作用，通常是通过决策主体试错的方法达到博弈均衡，即决策过程的均衡是均衡过程的函数，注重对制度因素、历史原因以及均衡过程细节等多重影响因子的分析。在方法论上，演化博弈论从系统论出发，把行为主体的决策过程视为一个动态系统，通过将个人行为与群体行为的形成机制以及决策影响因素引入模型，强化了对系统中个体行为和与行为群体间的关系的分析。因此，演化博弈论更接近于现实中行为主体决策的影响过程、更准确反映行为主体的多样性和复杂性，进而能够为政策设计与宏观调控提供理论依据。

在经济学领域的应用中，演化博弈论注重对个体行为在微观层面的决策演化过程及其学习和模仿其他个体的行为，主要体现在：①以参与人群体为研究对象，分析动态的演化过程，解释群体为何达到以及如何达到这一状态；②群体的演化既有选择过程也有突变过程；③经群体选择下来的行为具有一定的惯性。随着理论与实证研究的深化，演化博弈论关于社会习惯、规范、制度或体制形成的影响因素以及解释其形成过程的研究在不断丰富，逐渐成为一个经济学研究的重要领域，并对管理学、生态学及其他学科产生深远的影响。

（二）生态环境问题的演化博弈

面对生态环境问题，政府对生态经济系统的监管与调控机制主要有两个特点：一方面，在环境资源问题上，政府以生态环境保护的社会总体利益最大化为目标，企业或个体以个人经济利益最大化为目标，两者之间存在主体差异的利益冲突；另一方面，在经济发展问题上，地方政府与企业以追求近期的经济指标和收益为发展取向，而中央政府和个体以经济可持续发展与生活水平提高为取向，存在代际与主体间的双重利益冲突。因此，正是由于生态环境系统的多主体性、多目标性与动态性的特征，演化博弈理论逐渐被广泛地应用于解决环境保护问题中各种冲突关系。

（三）对生态城镇化的启示

流域经济开发与生态环境保护过程中涉及多利用主体：国家是流域产权拥有者，居民是流域使用权拥有者，地方政府是流域代理管理者，企业是流域开发实施者。上述利用行为主体，再加上利益取向的时间维度变量，构建出一个相互作用、相互影响的复杂博弈系统。根据奥曼做出的“交互的决策”定义，决策主体在其相互过程中的决策以及这种决策的均衡问题均适用于博弈论的分析方法，就是研究人们之间的决策及行为形成互为影响的关系。因此，借助演化博弈模型，对流域开发中各群体间的经济利益关系进行分析，剖析经济主体的决策行为对其他主体的影响与反应，探索复杂博弈系统的演化稳定策略，为优化流域生态—经济系统耦合模式提供支撑。

第三章　生态城镇的系统结构

生态城镇与生态城镇化、生态城镇化与传统城镇化字面差别不大，但是其内涵却相去甚远，本章首先针对这两对概念的内涵进行深入辨析，然后从不同层面剖析生态城镇的内部构造，为生态城镇化运行机理的研究奠定理论基础。

第一节　内涵辨析

一　生态城镇与生态城镇化

生态城镇是具有中国特色的“生态城市”，即是基于生态学理论建立的自然和谐、经济高效和社会公平的复合系统，更是生态良性循环的人类居住状态，实现人与人、人与自然、自然系统内的和谐共生。追求人与自然和谐，是生态城镇的基础，人与人之间的和谐则是生态城镇的根本目的。生态城镇在满足人类自身发展的物质需求基础上，保持自然环境的良性存在，达到“人和”的状态。生态城镇融合了经济、社会、文化等多种因素，从保护环境向达成城市建设与环境协调层次的方向发展，表现出是一种更为广义的生态观。

生态城镇化是城镇社会—经济—自然复合生态系统整体协调，从而实现一种稳定有序状态的演进过程，即城镇化与生态环境系统耦合协同发展的演变过程。“生态”表示的不是单纯的生物学，而是社会、经济和自然复合生态的综合概念。生态城镇化是指社会、经济、自然协调发展，即实现人与自然共同演进、和谐发展，是可持续发展模式。其内涵主要体现在三个方面：经济生态化、社会生态化和自然生态化。经济生态化表现为提高资源再生和综合利用水平，形成可持续的集约生产和文明消费发展模式，实现清洁生产和绿色消费。社会生态化表现为保障城乡居民享有平等地就业、社保、教育等权利，个人发展自由的社会环境。自然生态化表现为合理利用自然资源和保护生态系统，城镇化建设保持在资源环境承载范围内。

生态城镇与生态城镇化两者是递归关系。生态城镇是一个区域生态城镇化发展的最终目标，生态城镇化是传统城镇向生态城镇逐步转变的必经过程。

生态城镇化的发展模式是人们深刻反思了工业文明的发展道路得出的结论，是人类城市文明进化史的一次重大转折，是人类进入新的生态文明时代的重要阶段。

二　生态城镇化与传统城镇化

在传统城镇化过程中，由于过分追求城镇化的速度，而忽略了资源环境承载力，出现了很多矛盾和问题，比如过分追求城市化规模和速度、以“人定胜天”思想征服自然等。生态城镇化要求人们必须放弃经济社会发展中传统的认识和做法，按照自然环境的内在规律，把生态化内涵融入城镇化的全过程中，实现经济增长、社会发展、生产生活模式等生态化转变，从而从根本上预防并减少传统城镇化对自然生态的影响，在空间和时间维度上同时实现社会、经济、自然协调共生，即实现人与自然和谐共存、协调发展的状态。

在借鉴前人研究理论的基础上，本书认为生态城镇化与传统城镇化内涵有 5 个方面的主要差异，见表 3 – 1。

表 3-1　　生态城镇化和传统城镇化内涵的主要差异

	生态城镇化	传统城镇化
价值取向	以生态为中心的生态文明价值观 以共生为主，关注生态区域或全球公平的发展，追求的是区域或全球的整体利益	以人类为中心的工业文明价值观，崇尚竞争，追逐个体利益、忽略生态公平；可能导致恶性竞争进而损害整体利益
历史定位	从工业社会转向生态社会，实现现代工业社会的生态转型	从农业社会走向工业社会，追求人类物质需求和 GDP 的增长
措施采取	采取“预防性”措施：按照自然生态规律构建工业生产系统，从源头上减少和杜绝污染的产生，提高自然资源利用效率	采取“补救性”措施：采取先经济发展、后污染治理的模式，发展优先，忽视生态环境保护
目标确定	追求生态效益和经济效益的“双赢”	以人类需求为中心，过度追求经济物质利益
结果展现	资源永续利用，低污染或无污染，人类与自然和谐共生可持续发展，实现经济发展和生态保护目标的双赢	资源衰竭、污染严重、自然生态环境出现危机，人类经济发展后续乏力，人类社会发展面临崩溃的可能

第二节　系统构造

为了更全面论述生态化城镇系统，本书从物质功能层面和要素耦合层面的角度，分析生态城镇系统的内部构造。

一　物质功能层面——六个子系统

生态城镇化是一个有机整体，也是一个社会、经济和自然环境形成的复合生态系统，同时也是城镇化发展到一定阶段的必然结果，由一定区域内城乡居民和自然环境系统、地理环境和经济环境、城市与乡村等系统相互影响和作用而形成的。

生态城镇化过程中涉及多元主体，物质功能层可以分为人口城镇化、空间城镇化、经济城镇化、生态环境压力、生态环境状态、生态环境响应六个维度。生态城镇化是在社会主动调控功能不断增强的前提下，按照自然环境的内在规律，将生态文明融入城镇化全过程，减少传统城镇化对自然环境的负面影响，平衡和改善城镇与生态环境之间的关系，最终实现城镇化与生态环境各子系统之间耦合协同、和谐共生，见图 3 -1。

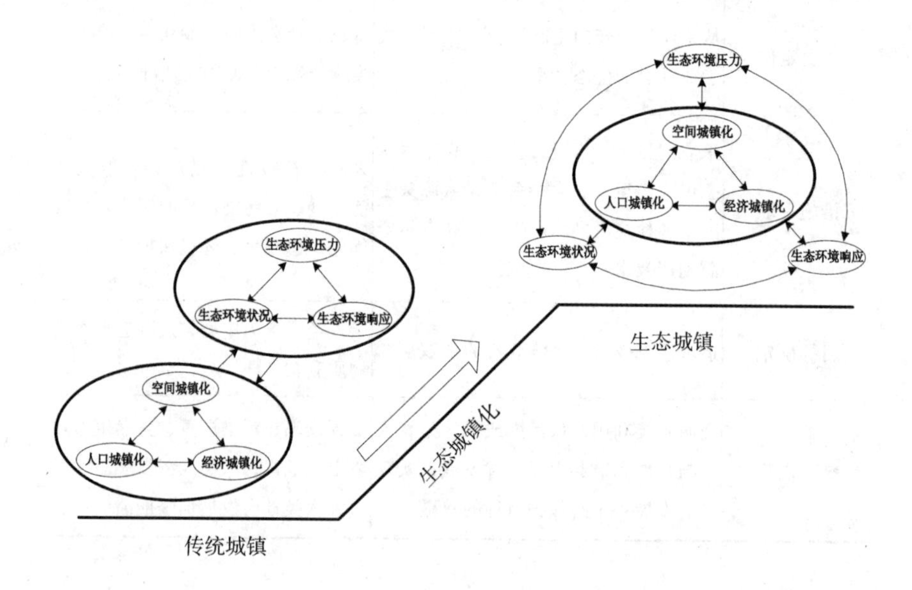

图 3 -1　生态城镇化的系统构造

（一）人口城镇化

城镇化（Urbanization）的核心为人口城镇化，即是大量人口向城镇不断流转迁移的过程，也是本来生活在农村的人口随着经济发展和生活质量提高，开始慢慢地向城镇转移的一个过程。通常来说，城镇化定义中含有人口城镇化的概念。人口城镇化同时也是城镇化建设的最基本、最重要的内容。人口城镇化率是指城镇人口占总人口的比重，被大部分学者定义为衡量地区城镇化水平最基本和最主要的指标。

人口城镇化是指大量人口不断向城镇集中，主要原因是比较利益的驱动。伴随着经济城镇化的发展，非农产业向城镇方向的集中，引起农村劳动力不断从第一产业逐步流向第二、第三产业，从农村流向城镇。由于农村劳动力向城镇的汇聚，同时带动了劳动密集型行业的集聚和发展。人口向城镇转移和集聚，首先表现为生产活动向城镇集聚，进而引起了分配、交换和消费等经济活动集聚，加速推动了非农产业和从业人员的集聚。正是由于非农产业与人口集聚交互作用和相互推动，极大促进了城镇规模的持续膨胀和人口数量的不断增长。

对于国家而言，通常有两种最为普遍的人口城镇化的发展形势。第一种形式是迁移城镇化，即农村人口持续不断迁移到城镇中工作生活，从而带动人口城镇化发展。按照稳定性，可以把迁移人口分为两大类。第一类是指迁移人口转变为完全意义上的城镇人口。这类人长时间在城镇工作，脱离了自身对原农村经济和生活的依赖，成为拥有城镇户籍的人口。比如农村户籍的大学毕业生，或在城镇经商成功的原农村人口等。第二类是指城镇常住人口。这类人一年大部分时间在城镇工作生活，但与原农村经济和生活仍有紧密联系，一般没有城镇户籍，被称为“外来务工人员”。因此，计算人口城镇化率时，是否将第二类迁移人口计入城镇人口中，学术界对此还存在很大程度上的争议。第二种形式是就近城镇化，即因为农村经济的快速发展而逐渐成为城镇，从而导致原有人口直接城镇化。农村变为城市或镇，可直接使原农村人口居住地逐渐变为城市或者是城镇，从而带来了农村人口转变为城镇人口。

农村人口变为城镇人口主要是指失去了土地后，作为城镇居民，能够得到相应的公共服务及社会保障的改善，最主要是生活水平提升、社会保障公平等内容。本书认为人口城镇化还可以用第二、第三产业就业人数比重、城镇居民人均可支配收入、城镇居民恩格尔系数、人均公共财政教育支出、每千人拥有医疗机构床位数等指标表示。

（二）空间城镇化

空间城镇化体现了城镇外在形态的扩张及变化，指的是其他类型用途的土地向城镇用地转变的过程。空间城镇化是为了更好地适应产业和经济向城镇方向集中，以及人口城镇化不断发展从而导致土地被利用类型的转变，常常表现出人们经济活动集中的地区在区域面积和地理位置方面的变化，它是完成人口城镇化发展及工业化的重要条件。

空间城镇化主要表现在城镇用地面积的增加、城镇的用地划分以及城镇景观土地的使用情况等，空间城镇化发展改变了原来的土地使用方式和使用程度，意味着更高效率的土地利用和集约合理的空间配置。空间城镇化发展不仅是指城市建成区面积的不断扩大，更是土地投入的程度和土地使用产能的不断增加。目前衡量空间城镇化主要采用建成区面积作为衡量指标。本书认为对于中国土地资源短缺状况，用人均建成区面积作为指标来衡量空间城镇化水平，具有更大的现实意义。在本书中，还可以用人均固定资产投资、人均公园绿地面积、人均拥有道路面积等指标表示城镇空间建设的质量状况。

（三）经济城镇化

经济城镇化是指第二、第三产业不断向城镇方向集聚，从而导致城镇经济产出比重不断攀升的过程。经济城镇化发展状况可以用经济城镇化率作为衡量指标，即是以第二、第三产业产值总和占国内生产总值的百分比来衡量，也可以用城镇工业化发展程度等指标。

经济城镇化发展主要包括三个层面。其一，经济发展的产出地区由原来的农村向城镇方向转移。这是最直接的表现形式，同时也是经济城镇化最基本的内容。其二，随着经济的发展，第二、第三产业产值总和占总产值比重增大。由于城镇自身是第二、第三产业的主要集中区域，其产值比重持续不断上升，同时也意味着城镇区域的产值比重不断提高，经济层面的产出地区不断从农村向城镇方向转移。其三，人们生活特别是生产性活动逐渐向城镇地区迁转。同时表明了劳动力从农业逐渐向非农业的转移和集中，反映出了社会就业结构的变动，即第一产业从业人数比重下降，而导致第二、第三产业从业人数比重上升。第二、第三产业产值之间比重，人均公共财政收入和出口状况等指标也可以反映出经济城镇化的发展状况。从内涵解析可知，经济城镇化实质是城镇产业结构的升级和工业化水平的提高。

（四）生态环境压力

将生态环境从水、大气、土地、生物和能源等方面加以细化，同时也要考虑到生态环境中众多指标对整个生态系统的正负功效。借鉴中科院的可持续发展研究组的研究成果，将生态环境系统指标划分为外在压力、抗逆能力和负效应表征三个功能团，即为生态环境“压力”“状态”“响应”的三个子系统。

生态环境“压力”系统是指人类经济社会相关活动和自然灾害对生态环境的胁迫，表现在人类给自然生态环境系统所带来的负面影响，它包括的旱涝、滑坡、泥石流等自然灾害的风险指标，工业生产和能源消耗等人类经济活动对生态环境的压力作为评价指标。本书侧重分析人类对生态环境系统造成的压力，主要是指工业等经济活动对环境的破坏和资源利用的压力。

（五）生态环境状态

生态环境“状态”系统是以当前生态资源系统的状态作为指标，借以表现生态系统本身的健康状况以及人们可拥有的资源条件，具体包括了各类资源系统活力和组织力等内容，实际构成了资源利用的约束力及可持续发展能力，本书主要侧重于土地资源、水资源等自然资源的约束。

（六）生态环境响应

生态环境“响应”系统是指自然和社会的复合生态系统产生的环境恶化问题，导致人类主动采取补救的措施和方法。主要是因为人类对自然过多干扰和对环境压力，从而导致了生态系统健康发展状态发生了改变，但是生态环境系统自净能力强弱和人类主观意愿，对生态环境系统恶化产生了与之关联的变化。本书侧重分析人类对环境破坏而产生的主动响应，这个系统指标具有很强的政策性和滞后性。

二　要素耦合层面——四个生态流

城镇系统是一个复杂开放的系统，以人作为行为主体，通过内部与外界的物质、能量、信息及人口的输入与输出，将系统结构与功能、生态环境与资源、人类生活与生产相互联系起来，这些能源、物质、信息和人口等流动称为生态流。城镇通过与外界的能量流动、物质循环、信息传递和人口变动，可以实现系统运行和发展。在传统城镇化过程中，城镇化与生态环境形成了互为独立的两个开放系统，两者之间生态流作用原理可见图 3－2。

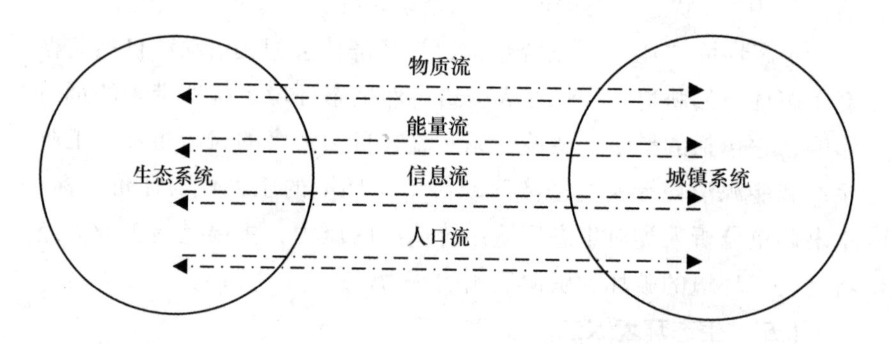

图 3－2　传统城镇化开放式生态流的作用原理

生态城镇化是将生态文明理念渗透到城镇化过程中各个环节，将两个独立、分开系统的开放式物质流动模式，逐渐融合为一个复合系统的闭环式物质流动模式，见图 3－3。生态城镇化运行是城镇系统与生态环境系统通过各生态元之间的相互联系和作用，形成一个完整的运行体系，主要表现在物质流、能量流、信息流和人口流的交换和转移过程。随着空间变换和时间推移，各要素之间的相互作用使得各要素地位发生改变，而导致这种改变的关键动力是生态城镇化过程中运行的各种生态流，生态流可把资源与环境、结构与功能、生产与生活等联系起来，支撑着生态城镇化的运作。

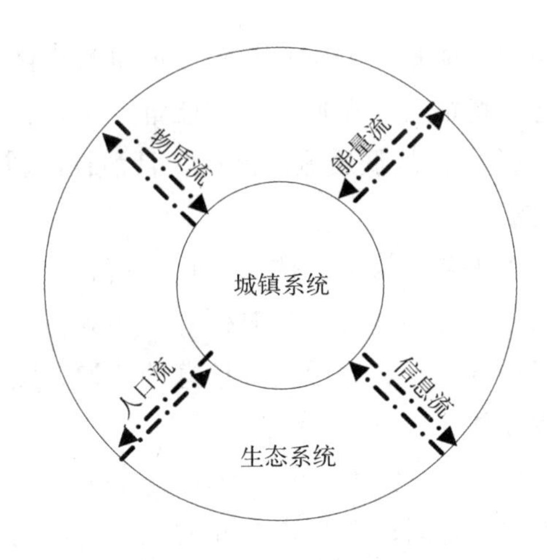

图3－3　生态城镇化闭环式生态流的作用原理

（一）物质流

物质流是指在城镇化过程中，物质运动和转化的动态过程。其中物质是由构成生物体及非生命体的物质而组成，其表现形式有三种：自然物流、废弃物流以及产品物流。顾名思义，自然物流是指自然必需品的流动，例如空气和水等，同时也是被自然力所推动；废弃物流是指生产或生活而产生的废弃物流动，由政府行政力推动；而产品物流是指由人类经过劳动加工后而产生的物质，由市场机制推动，沿着市场运行链条流动。

生态城镇系统的物质流动，必须以无污染为前提，而且要将物质的生产性质、代谢规模以及环境承载能力这三个方面综合起来进行考虑，达到净化环境、节约资源和废弃物再利用的目标，真正实现城镇与生态环境的平衡发展。

（二）能量流

能量流是指能量以各种形态，在系统内部和外部之间发生的流动。因为城镇化过程离不开能量，需要外界源源不断地为其输入能量，并将能量转变为人类需要的方式，以此保障人类的正常生产及消费运转。可以将能量形式分为三种：首先是直接从自然界获取的能量；其次是经过加工转化，易储存、运输及使用的能量；最后是创造出来的产品中的能量。城镇化过程中能量流会随物质流动而不停地转化和消耗，特征有：单向性，且能量守恒；耗散性，且逐级递减；“金字塔规律”，从低质流向高质，且消耗高质能量。

（三）信息流

信息流是以物质和能量为载体，实现了信息的获取、处理、传递和转化。信息流具有消耗性、强时效性、非守恒性等特点。生态城镇运作要重视经济、社会、政治等信息的传递，更应该加强管控环境信息的获取和传递。

（四）人口流

人口流是指在一定时段，一定空间的人口的流动。人口流从时间上，分为自然增长和机械增长；从空间上，分为区内流动与区间流动。人口的流动加强了区域内部以及与外部环境的文化和信息交流，逐步完善了自由流动的人力市场；同时，高密度高频率的人口流动会给这个区域生态系统带来很多问题，比如环境问题、交通问题和就业问题等。所以，生态城镇要依据其资源环境承载力不同，进行合理的布局规划，合理控制城镇规模发展，有效调控人口的流向和规模。

如图 3－3 所示，物质流、能量流、信息流和人口流在生态城镇化这个复杂系统中相互影响和逐渐融合。人口流是生态城镇化运行的载体；物质流和能量流是生态城镇化运行的物质基础；而信息流是生态城镇化运行的调控渠道，表现为控制整个系统生态流方向、速度和形式。生态城镇化是通过各生态流的相互运行，实现正常运转。如果任何一个生态流失控，都会导致整个系统的功能失调。在生态城镇化中，物质、能量、信息、人口等要素，在平等与协调的基础上，在外界环境之间流入和流出，实现了物质、能量等循环再生，避免了城镇化过程对外界生态资源的过度“掠夺”。

三　子系统间生态流的要素指标

生态城镇是一个十分复杂的系统，由功能多样、目标多元、关系交错的一系列子系统所构成，其中包含若干个要素。一个或者多个要素组成单元，称为系统元，多个系统元可组成子系统，多个子系统可组成结构复杂的系统。将生态城镇化中表示生态流的要素组成的单元称为生态元。

生态城镇化实质是指城镇化与生态环境系统耦合协同发展的过程，所以将复杂的生态城镇化划分为两个大系统，六个子系统。由于系统要素之间非常复杂，其中部分要素有交叉，所以要素划分不能只进行简单的机械分割，要按照主要内涵，将其大概划分为不同子系统。又因为表现系统的要素指标较多，而且某些还难以量化或者收集困难，所以根据研究需要，本书挑选出某些有代表性的要素指标，大概划定了一个初步的结构，见表3－2。

表3－2　**生态城镇化的指标体系**

名称	系统	子系统	生态元	要素指标
生态城镇化	城镇化	人口城镇化	城镇人口规模	城镇人口比重（%）
			非农就业人数	第二、第三产业就业人数比重（%）
			城镇人口集中度	城市人口密度（人/平方千米）
			人均收入水平	城镇居民人均可支配收入（元/人）
			人均生活质量	城镇居民恩格尔系数（%）
			公共教育服务	人均公共财政教育支出（元/人）
			社会保障服务	每千人拥有医疗机构床位数（张）
		空间城镇化	城镇建设面积	建成区面积（平方千米）
			人均城镇建设面积	人均建成区面积（平方米/人）
			固定资产投入	人均固定资产投资（元/人）
			房屋建设面积	人均房屋竣工面积（平方米/人）
			道路建设面积	人均拥有道路面积（平方米/人）
			交通基础设施	每万人拥有公共交通车辆运营数（辆）
			城镇绿化面积	人均公园绿地面积（平方米/人）

续表

名称	系统	子系统	生态元	要素指标
生态城镇化	城镇化	经济城镇化	经济总量状况	GDP 总量（亿元）
			经济水平状况	人均 GDP（元/人）
			产业转型升级	人均工业总产值（元/人）
			产业结构状况	第二、第三产业产值之和占 GDP 比重（%）
			产业分布变化	第二、第三产业产值之间比重（%）
			产业效能状况	人均公共财政收入（元/人）
			开放程度状况	出口总额占 GDP 比重（%）
	生态环境	生态环境压力	工业废水排放状况	人均工业废水排放量（千克/人）
			工业二氧化硫排放状况	人均工业二氧化硫排放量（千克/人）
			工业烟尘排放状况	人均工业烟尘排放量（千克/人）
			用电总量状况	人均消耗电量（千瓦小时/人）
		生态环境状态	土地资源状况	人均土地面积（平方米/人）
			水资源状况	人均水资源拥有量（立方米/人）
			城市绿化状况	建成区绿化覆盖率（%）
			粮食耕种状况	人均耕种面积（平方米/人）
		生态环境响应	废物利用状况	工业固体废物综合利用率（%）
			工业二氧化硫去除状况	工业二氧化硫去除率（%）
			工业烟尘去除状况	工业烟尘去除率（%）
			污水处理状况	污水集中处理率（%）

在不同的子系统中，同一主体或客体可以相互转化。因此，本书认为系统和要素没有绝对的划分标准，以上对系统和要素的划分是根据研究需要而进行的主观划分，只是为人们了解客观存在的规律提供的一种便利快捷的研究方法。

第四章　生态城镇化的运行机理

生态城镇化不同于传统城镇化，是更高层次的生态城镇建设，追求城镇化与生态环境协调发展，从而达到自然、空间、社会、经济、文化等全面均衡、和谐同生。系统论提出“任何系统的良好运行和稳定发展，都必须有足够动力和科学机制的支持”。所以，生态城镇化良性发展必将需要科学的运行机理支撑。本书主要研究生态城镇化运行机理，即为实现生态文明，城镇化和生态环境系统结构中各要素在一定环境下相互联系和相互作用的运行原理。

第一节　生态城镇化的经济原理

从环境经济学的角度，可运用环境库兹涅茨曲线（EKC）分析生态城镇化的内在原理，即分析在保持适当经济发展速度的前提下，生态城镇化过程对资源环境压力作用的经济原理。

一　环境库兹涅茨曲线（EKC）

美国著名经济学家西蒙·库兹涅茨（Simon Smith Kuznets）通过长期的研究提出了一个假说：在经济发展的过程中，人们的收入差距是随着时间的推移而不断变化的，表现为前期扩大后期缩小，即人均收入水平与收入分配不公平程度之间有倒“U”形的关系，库兹涅茨对这种关系进行了总结，表现出来的曲线被称作库兹涅茨曲线（Kuznets Curve，KC）。美国经济学家 Grossman 和 Krueger 利用环境监控系统提供的数据研究发现环境质量与人均收入呈倒“U”形曲线，即环境库兹涅茨曲线。1992年Shafik和Bandyopadhyay用EKC对不同国家经济增长与环境质量的关系进行了分析，验证了环境库兹涅茨曲线的存在性。Selden等人的研究表明一氧化碳和氮氧化物的排放量与人均收入之间存在倒“U”形关系。环境库兹涅茨曲线（EKC）直观地揭示出人均收入水平和环境质量之间关系，初期环境质量随人均收入增长表现为逐渐恶化，当人均收入达到某个拐点后环境状况逐渐变好（见图4－1）。

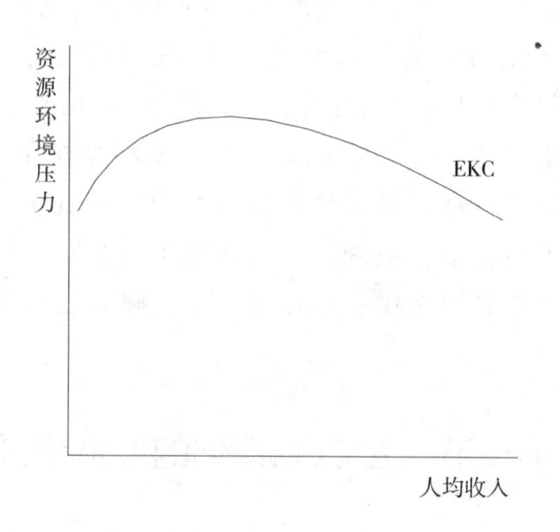

图4－1　环境库兹涅茨曲线（EKC）

随着研究的深入，人们对环境库兹涅茨曲线也有了一些不同的认识，有的认为环境库兹涅茨曲线是存在的；有的认为环境库兹涅茨曲线虽然存在，但是人均收入水平与环境状况之间并不只是倒“U”形的关系，也可能呈现为其他关系类型：如“N”形、“U”形，递增或递减的关系等；还有的因为实证结果不能得出一致的结论，认为环境库兹涅茨曲线并不存在。由于变量选取、分析方法、样本选择等不正确，导致对环境库兹涅茨曲线的质疑和非议，这可以促进人们对环境库兹涅茨曲线的认识。假设科学技术发展水平、政府管控力度、环境保护支出水平等保持相对稳定的情况下，环境库兹涅茨曲线所揭示出的经济发展水平和环境质量之间的倒“U”形关系确实存在。

环境库兹涅茨曲线所表现出的关系并不是固定的。随着人们认识的提高，可以采取相应的措施进行曲线优化。为了避免中国重复走发达国家先污染后治理的老路，可以在平衡考虑经济发展和环境保护的基础上，采取一些前瞻性的环境保护措施，使环境库兹涅茨曲线的弧度变得更低，或者让倒“U”形曲线变成一条近似水平的直线。许多研究也证实，确实可以通过改变弧度或者通过曲线整体的移动，优化环境库兹涅茨曲线（见图4－2）。

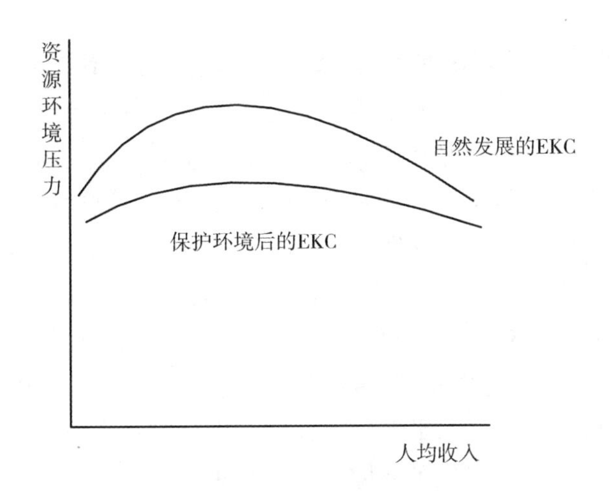

图4－2　注重保护环境后优化的 EKC 曲线

二　生态城镇化优化 EKC 曲线

从环境经济学角度来看，生态城镇化基本含义就是在推进城镇化进程中重视资源节约和环境保护，即采取各种措施不断优化环境库兹涅茨曲线（具体见图4－3）。

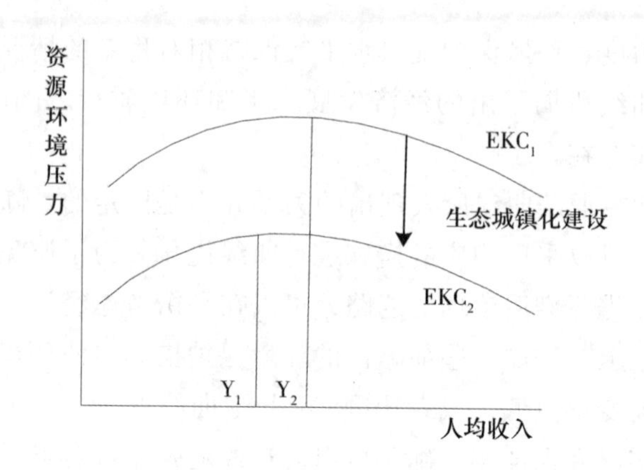

图4－3　生态城镇化发展对EKC曲线的影响

（一）生态城镇化发展使环境库兹涅茨曲线整体下移

环境库兹涅茨曲线的整体降低与使弧线变得平缓，两种情况分析过程相似，现对“整体下移”情况进行分析。生态城镇化使环境库兹涅茨曲线整体下移，表明在相同的经济发展与城镇化水平下，资源和环境状态较好。如图4－3所示，图中的EKC_1代表通常情况下的环境库兹涅茨曲线，EKC_2代表重视资源节约和环境保护的生态城镇化过程中环境库兹涅茨曲线。生态城镇化会促使环境库兹涅茨曲线从较高位置的EKC_1移动到较低位置的EKC_2。从图中可看出，在相同人均收入水平下，生态城镇化可以逐步减小资源环境压力，即生态城镇化优化了环境库兹涅茨曲线。

生态城镇化使环境库兹涅茨曲线整体降低，主要有两个原因。第一是生态城镇化可以促进技术创新，在原有产业结构的情况下，提高资源的利用率，降低各种资源的消耗，进而减少废弃物的排放量，在相同的产出条件下大大降低资源环境压力。第二是生态城镇化能推动经济粗放型增长模式向集约型增长模式的转变，通过产业的转型升级，减少能源的消耗，可以在相同的产出条件下，降低资源环境压力。

（二）生态城镇化发展使环境库兹涅茨曲线拐点左移

假设环境库兹涅茨曲线表现为倒“U”形，生态城镇化使得环境库兹涅茨曲线拐点向左下移动，这表明在城镇化发展的初期，资源消耗和环境保护问题就已经得到有效控制和改善。如图 4－3 所示，Y_1代表生态城镇化的 EKC 出现拐点时的人均收入，Y_2代表通常状况下的 EKC 出现拐点时的人均收入。可以看出，Y_1小于 Y_2，这说明在生态城镇化中，全社会可以通过法律、行政、经济等多种手段促进资源节约和环境友好，环境库兹涅茨曲线拐点比自然情况下提前到来。

综上所述，在同等的经济发展水平下，生态城镇化发展可以在一定程度减小对资源环境的外在压力，优化环境库兹涅茨曲线。

第二节　生态城镇化的作用机理

一　城镇化对生态环境系统的作用机理

城镇化和生态环境系统耦合是由多种要素相互作用而构成多重反馈的复合系统。从生态学理论分析，城镇与生态环境系统之间进行能量、物质、信息等要素交换和转化。通过能量流动、物质循环、信息传递和人口迁移，可以维持城镇与生态环境复合系统的正常运转。本书根据国内外学者的相关研究，总结出生态城镇化过程中子系统之间的作用机理。

（一）人口城镇化对生态环境系统的作用

人口城镇化对生态环境系统有优化作用。人口向城镇流动和会集，将人口的农村散点式转变为城镇集中式形态，高效利用城镇土地、绿地、水等公共资源，实现规模化生产和经营，逐步提高经济和社会的综合效益。人口城镇化对生态环境同时也存在胁迫作用，随着人口数量的增多和物质生活水平的提高，资源消耗和废弃物排放持续增长，逐步超出生态环境的自我调控和自我净化能力。

人口城镇化对生态环境系统的优化和胁迫作用是共生的，可根据联动效应，分为协调状态和非协调状态。协调状态即人口城镇化对生态环境系统的优化作用大于胁迫作用，表现为在一定时期和一定区域范围内，人口数量适宜，其活动产生的压力在资源环境承载力范围内，人口城镇化与生态环境之间会趋于协调、稳定状态。非协调状态，即胁迫作用大于优化作用，表现为人类活动产生压力大于生态环境的承载限度，并受到自我调节能力的限制，人口城镇化与生态环境系统之间将出现不稳定和混乱状态。

人口城镇化中最明显的外在特征是人口数量。人口数量是由人口的出生数量、死亡数量、迁入数量、迁出数量因素综合决定的①。人口数量变化是指在一定时段内，一定区域的人口向外界流动的状态，与城镇经济水平、产业结构相关。如果经济发展水平较高，则会吸引更多的人力资源集聚，并从事技术密集型产业，反过来促进经济的增长，即是经济对人口城镇化的“推拉效应”。同时城镇的产业发展、教育升迁、社会保障等要素，也对人口产生了不同程度的吸引。

通过科学技术进步和资金投入，采取多种措施保护环境和治理污染，适当扩大城镇层次和规模，容纳更多的人口或者降低人口密度，提高城镇的资源环境承载力，将会维持人口城镇化与生态环境系统耦合状态稳定和良性循环。

（二）经济城镇化对生态环境系统的作用

经济城镇化对生态环境系统有优化作用。城镇作为一个开放系统，农村或城郊区域为其不断提供原料、粮食和劳动力等要素，支撑城镇经济的快速发展，为生态环境保护和治理，积累更多的资金，推动科学技术进步，支撑生态环境治理和重新建设，实现“边发展，边治理”，也为“预防”环境污染积聚力量。同时，经济城镇化对生态环境也有胁迫作用。经济城镇化的快速发展，非农产业的生产将会大量制造出“废气、废水、废物”，污染了大气、水、土壤等资源，严重破坏了生态环境的平衡。

经济城镇化对生态环境优化和胁迫共同作用，产生联动效应，根据效应可以分为协调状态和非协调状态。协调状态即经济城镇化对生态环境系统的优化作用大于胁迫作用，表现在一定时期和一定

① 人口增长数量 = 人口出生数量 − 人口死亡数量 + 人口迁入数量 − 人口迁出数量。

范围内，经济增长在资源环境承载力范围内，经济增长带动城镇及毗邻区域的梯度发展，以其经济优势和区位优势，吸引更多的人力、资金、技术等非自然资源，支撑生态环境的保护和治理体系，城镇化与生态环境系统关系处于稳定和协调。非协调状态即经济城镇化优化作用小于胁迫作用，表现在经济增长速度超过了本层次城镇的经济增长阈值范围，同时也超过了本城镇的资源环境承载力范围，将严重破坏了生态环境的平衡，生态环境的破坏也会抑制经济城镇化产业结构的调整和规模的扩大，城镇化与生态环境系统关系处于不稳定和混乱状态。

经济城镇化发展所需因素有资金输入、劳动力流动、产业转型升级等。资金是城镇化发展的动力，同样也是其发展的经济产物。资金规模必须与城市规模相匹配，这样才能促建经济城镇化的良性发展。城镇在充足资金和劳动力前提下，产业结构也要随着经济增长进行调整，须由“123 型”逐渐转向为“321 型”。

（三）空间城镇化对生态环境系统的作用

土地从功能可分为城镇用地与农村用地，城镇用地是指非农产业发展和城镇居民住宅用地，农村用地是指以可耕种用地和农民宅基地；城镇用地将改变原有地形地貌，主要是指硬化土地，并重视土地的投入产出比率。而农村用地基本保持其原来状态，对原生态扰动较少，并重视粮食种植数量和质量产出。城镇用地是通过政府的土地规划方案，占用和转换农村土地，实现城镇空间的扩大。所以，空间城镇化的外在特征表现为合理规划及利用城镇用地和农村用地。

空间城镇化对生态环境有优化作用。空间城镇化将通过集中利用土地，合理规划空间，提高土地的利用效率，扩大绿色空间，并通过扩散效应，逐步改善附近地区的生态环境。同时，空间城镇化也对生态环境有胁迫作用，主要表现为两点。一是城镇建成区土地规模扩张过快。有些地区的建成区土地规模，快过人口增长速度，农村土地被城镇大量占用，严重破坏生态环境。二是建设用地扩大，吸引更多资金、技术和劳动力的流入和集中，可能改变其生态环境系统的结构布局和组成功能。

空间城镇化对生态环境的优化和胁迫共同作用，产生联动效应，根据效应可以分为协调状态和非协调状态。协调状态即空间城镇化对生态环境的优化作用大于胁迫作用，表现在一定时期和一定范围内，城镇用地面积适度增大，土地集中高效利用，提升城镇的层次和级别，增大资源环境承载力，空间城镇化与生态环境系统关系处于稳定和协调状态。非协调状态即优化作用小于胁迫作用，表现在农村土地被城镇大量占用，严重破坏生态环境，必然改变其生态环境系统的结构布局和组成功能，空间城镇化与生态环境系统关系处于不稳定和混乱状态。

土地资源是稀缺的、有限的，所以城镇和农村用地的总面积是固定不变的，城镇用地的不断扩张必然减少农村用地的数量，尤其是可耕土地的数量，同样会减少粮食作物的产量和种类，无法满足人口生产及生活需求，有可能会导致整个生态系统的崩溃。所以要采取多种措施和手段，严格控制城镇空间无序化扩张，要合理规划和集约利用，实现空间城镇化与生态环境的和谐共生。

二　生态环境系统对城镇化的作用机理

生态环境系统也是一个开放的有机系统，由各种要素紧密联系和相互作用构成，比如水、空气、土地资源要素等。生态环境内部要素的运行，必将通过反馈和调控机制，对城镇化发展产生巨大的促进和约束作用。

（一）生态环境系统对城镇化的促进作用

生态环境系统与城镇化协调发展，不仅可以带给社会发展的强劲动力和支撑，而且可以给人类提供优美的生存和生活环境。

1. 提供人类生存的物质基础

生态环境是人类生存的客观环境，是人类生活和生产活动的空间。生态环境给人类主动提供生存和发展所必需的物质基础，比如水、空气、土地和生物等资源。一个地区的资源分布和数量，决定了这个地区城镇化发展速度和规模。如果没有生态环境要素的支持，则人类则无法生存，城镇化发展则必将成为“无水之源，无木之本”。

2. 改善人类发展的环境质量

水、空气、土地等资源，作为生态环境要素为城镇化发展提供了客观载体，生态资源的开发与利用程度会直接影响城乡居民生存和生活的外在环境。随着人们生活质量不断提高，优质、优美、优良的生态环境必将成为人类生活的必需品。

3. 增强城镇化发展的区位优势

良好的生态环境，不仅为城镇居民创造了一个环境优美、方便舒适的生活环境，而且可以通过扩散效应，逐步改善周边地区的生态环境。通过塑造山清水秀、文化深厚有特色的城镇形象，将吸引更多战略性新兴产业、现代服务业集聚，吸引更多人才和先进技术聚集，提高城镇的综合竞争力。

（二）生态环境系统对城镇化的约束作用

1943 年，美国心理学家亚伯拉罕·马斯洛提出，人类需求从低到高分为五种，人类会在低层次需求满足后，追求更高层次的需求成了人类行为的动力。人类自出现以来，从来没有停止过追求物质需求的脚步，尤其是进入工业化和城镇化阶段。但是有限的自然禀赋远不能满足于人类无限的现实需求，人类不断追求物质的行为，会促使城镇化快速发展，当速度超过了资源环境承载范围时，则产生了严重的后果，必将损害人类的利益，主要表现在两方面。

1. 降低城镇化发展的区位优势

生态环境与城镇化是不可分割的、互相影响的，资源环境承载力则决定了城镇化发展的空间和需求状况。如果一个区域在一定时期的资源环境承载力下降，将会直接影响到该地区的技术密集型和资本密集型产业的发展，减少了高层次人才的引进和高科技企业的入驻，减弱了城市的支撑能力，减弱了城镇的综合实力和整体形象，直接降低了城镇化发展的区位优势。

2. 降低城镇化发展的速度规模

一个区域随着生态环境要素质量的降低，在一定时期内该区域的资源环境承载力也会相应减小，将会直接影响到城镇居民的身体健康和生活质量，同时也降低社会经济和城镇化发展的速度；生态环境的恶化也会促使农民工和产业“逃离”城镇，必然会降低城镇现代化的进程。

三　城镇化与生态环境系统耦合协同的作用机理

在城镇化与生态环境系统的交互耦合作用中，人口、基础设施、产业等区位集聚，会排放出大量的生活和生产的废弃物，消耗大量的自然资源，将增大对外界生态环境的压力和胁迫效应；同时因技术效应和规模效应，城镇资源集约程度和污染集中治理能力的提高，也使资源环境承载力得以提升，使得城市更适宜居住。城镇化发展对一个地区生态环境起到“胁迫”或“优化”作用。同理，一个地区的生态环境系统自我调节和自我净化的反馈过程，也会对城镇化发展具有“约束”或“促进”效能。生态城镇化过程中城镇化和生态环境系统就像两个运作的齿轮，要相互协调作用、良性循环运行、逐步融合，整个社会才会正常运转和发展，见图4－4。

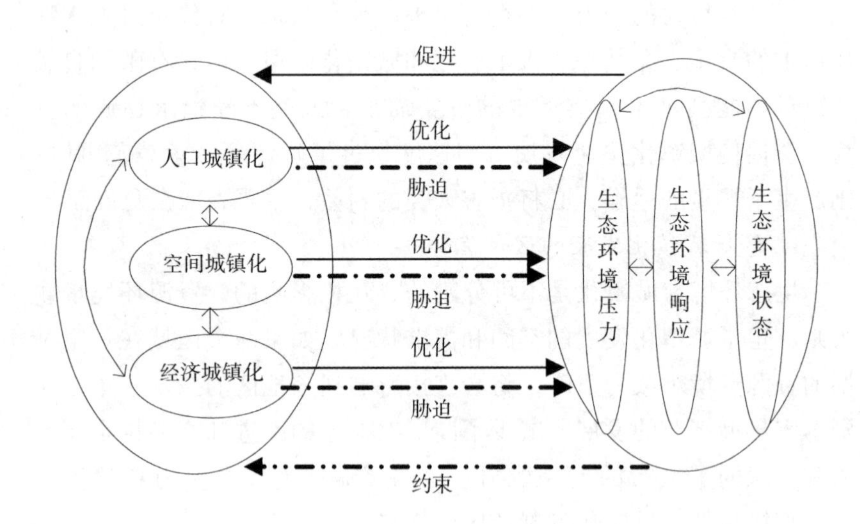

图4－4　生态城镇化运行机理

第三节　生态城镇化的演化动态分析

生态城镇化是以空间地域为基础的开放性系统，在系统内部与外界环境之间，进行着生态流持续不断的输入和输出。因为生态城镇化各子系统间不是简单的因果关系，而是相互促进或制约复杂的非线性关系，所以在生态城镇化复合系统中，不可能存在绝对静止和平衡状态，而是存在着绝对运动和相对平衡，即是非平衡与平衡之间周而复始的变化过程。基于力学传导理论，生态环境与城镇化的作用力和反作用力会互相影响，共同作用，产生短期波动。生态城镇化运行过程从短期、局部来看，将是波动的，或者是不平衡的，但从整体与长远看，将是稳定的，或者相对平衡的。

一　城镇化与环境压力作用的动态分析

根据国内外学者研究结果，城镇化发展和生态环境系统的关系将呈现出规律性变化，可分为五阶段。第一是环境压力初现阶段，工业发展处于前期①，城镇化缓慢发展，进入初期②，资源短缺和环境污染开始出现，资源环境压力逐步增加；第二是环境压力加速阶段，工业化发展处于中期，城镇化发展也进入中期，速度开始加快，资源环境问题逐渐突出，资源环境压力持续增大；第三是环境压力极大阶段，工业化发展处于后期前半段，城镇化发展速度加快，仍处于中期，环境污染治理已逐步开展，资源环境压力趋向于最大化；第四是环境压力减弱阶段，工业化发展后期后半段，城镇

① 依照工业化水平综合指数对应的数值来看，工业化时期可以划分为：前工业化时期为0，工业化前期的前半阶段为1—16，工业化前期的后半阶段为17—33；工业化中期的前半阶段为34—50，工业化中期的后半阶段为51—66，工业化后期的前半阶段为67—83，工业化后期的后半阶段为84—99，最后后工业化时期为100。

② 根据城市化率的变化，城市化过程大致分为三个阶段（谢文蕙、邓卫，1999）。城市化初期：城市化水平低于30%，城市化速度比较慢；城市化中期：城市化水平为30%—70%，城市化速度非常快，属于加速阶段；城市化后期：城市化水平高于70%，城市化速度比较慢，属于成熟阶段。

化发展逐渐减缓，但仍处于中期，环境污染得到控制，资源环境压力逐步减小；第五是环境压力极小阶段。工业发展处于后工业化时期，城镇化发展进入后期，环境污染逐步减小，资源环境压力趋势于极小值。这五个发展阶段可呈现出动态的变化，见图4－5。

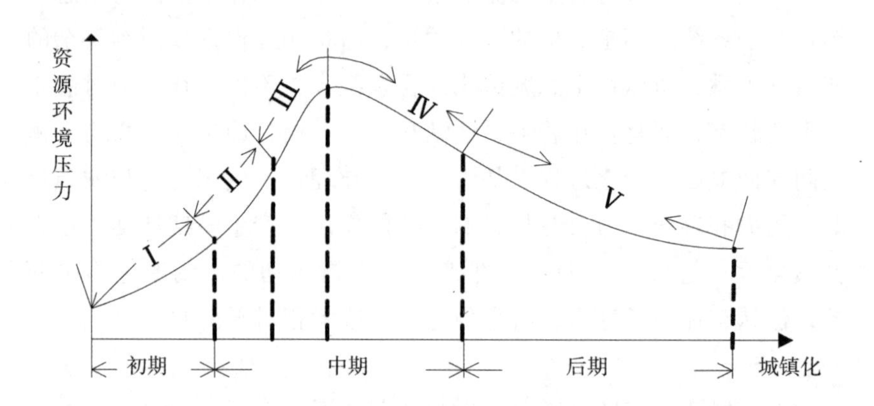

图4－5　城镇化与资源环境压力关系的动态变化

注：Ⅰ．环境压力初现阶段；Ⅱ．环境压力加速阶段；Ⅲ．环境压力极大阶段；Ⅳ．环境压力减弱阶段；Ⅴ．环境压力极小阶段。

二　生态城镇化演变的阶段分析

根据城镇化与资源环境压力关系的五个阶段分析，可将生态城镇化发展过程大致划分为三个阶段，为生态整治、生态整合、生态文明。生态整治阶段包括第一环境压力初现阶段、第二环境压力加速阶段和第三环境压力极大阶段。生态整合阶段包括第四环境压力减弱阶段，生态文明阶段包括第五环境压力极小阶段。

（一）生态整治阶段

生态整治阶段是生态城镇化的起步阶段，从“先污染后治理、高投入低效益”的状态，逐步鼓励“生态导向、经济可行”的绿色技术，回收处理生产和生活的“三废”，为城镇居民提供干净清洁的生存和发展环境。该阶段要求，必须为城镇居民提供安全清洁的饮水、安全食品和安全住房等基本生活条件。

（二）生态整合阶段

生态整合阶段是生态城镇化的全面展开阶段，系统内多种要素关系开始全面整合治理，例如对城镇与产业、城镇与环境、社会与生态等多种关系的整合，以及社会制度“生态化”转型。生态城镇化将从传统开放式物质流动模式（见图3－2），趋向于新型的闭环式物质流动模式（见图3－3），技术特点是资源再生化和利用减量化，核心为提高生态效率。

（三）生态文明阶段

生态文明阶段是生态城镇化的最终优化阶段，即通过生态文明的全面普及，引领生态城镇化的快速发展，进入良性生态循环模式，逐步转变为自组织化的生态城镇。生态文明是人类各种文明在自然界和人类关系方面的外在体现，表现在社会价值观、道德规范、政策法规、管理机制等方面，其核心是通过影响人类的行为模式及价值取向，构建出人与自然和谐共生的思想观念、生产方式和生活方式，使人类自觉维护生态文明，真正实现人与自然的和谐共生。

通过工业化水平综合指数测算，整个“十二五”时期（2010—2014年），中国工业化综合指数年均增长速度为4.4，2014年达到83.69，位于工业化后期的前半段①。中国2014年城镇化率54.77%，处于城镇化中期，可以推断出中国城镇化发展现处于生态整治中的环境压力极大阶段，工业发展速度超过了城镇化发展速度，同时再加上粗放型发展模式，造成了工业和城镇化的发展超出了资源环境承载力。

---

① 《工业化蓝皮书：社科院预计中国2020年基本实现工业化》［EB/OL］，《中国青年报》（2016－01－23），http://nation.chinaso.com/detail/20160123/1000200032758161453519865925543158_1.html。

第五章　中国城镇化演变过程及空间格局

改革开放以来，伴随着工业化进程加速，中国城镇化经历了一个起点低、速度快的发展过程。1978—2016 年，城镇常住人口从 1.7 亿人增加到 7.9 亿人，城镇化率从 17.92% 提升到 57.4%，年均增长速度为 3.11%，高于世界平均水平；城市数量从 193 个增加到 657 个，建制镇数量从 2173 个增加到 20883 个。在地级以上城市中，按 2015 年末市辖区户籍人口划分，100 万—300 万人口规模的城市数量增长迅速，达到 121 个；300 万—500 万人口规模的城市 13 个；500 万以上人口的城市达 13 个。水、电、路、气、信息网络等基础设施显著改善，教育、医疗、文化体育、社会保障等公共服务水平明显提高，人均住宅、公园绿地面积大幅增加。城镇化的快速推进，吸纳了大量农村劳动力转移就业，提高了城乡生产要素配置效率，推动了国民经济持续快速发展，带来了社会结构深刻变革，促进了城乡居民生活水平全面提升。本章针对中国大陆 31 个省区市 1996—2015 年城镇化发展的演变规律进行归纳分析，然后就 2001 年、2015 年 31 个省区市城镇化发展的空间格局进行对比分析，总结出中国各省区市城镇化发展趋势及空间特征。

第一节　城镇化发展水平的综合测度

一　城镇化的评价指标体系

城镇化是人口、空间、经济和社会城镇化综合作用的过程。其中，人口城镇化是城镇化的核心，其实质是农村人口经济活动不断向城镇转移的过程；空间城镇化是城镇化的载体，其实质是土地形式发生改变的过程；经济城镇化是城镇化的内在动力，其实质是经济效率提高和经济结构非农化。社会城镇化是生活方式、价值观念和城市文化等精神意识逐步向乡村地域扩散，其部分指标可以量化的，已经被包含在前三个概念中，某些指标难以实际量化，可以忽略分析。为了彰显人口城镇化、空间城镇化、经济城镇化的内涵，根据前面章节的分析，选取了图 5－1 中要素指标对城镇化综合发展水平进行评价。

（一）指标解释

城镇化过程分为人口城镇化、空间城镇化、经济城镇化三部分，可以评价其发展水平的具体指标见图 5－1。

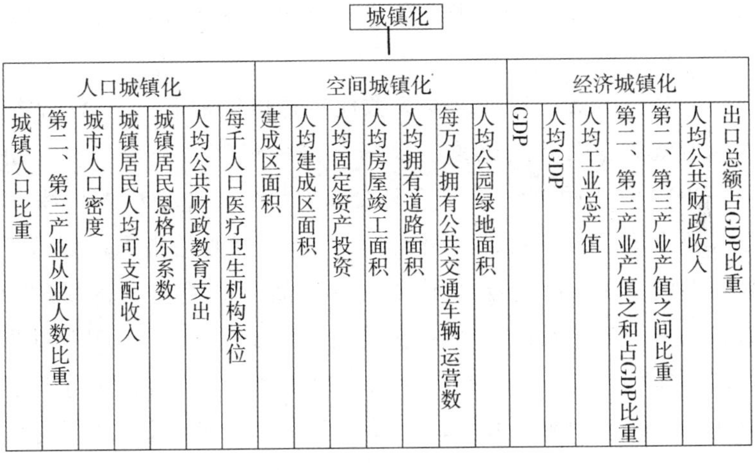

城镇化

人口城镇化	空间城镇化	经济城镇化
城镇人口比重	建成区面积	GDP
第二、第三产业从业人数比重	人均建成区面积	人均GDP
城市人口密度	人均固定资产投资	人均工业总产值
城镇居民人均可支配收入	人均房屋竣工面积	第二、第三产业产值之和占GDP比重
城镇居民恩格尔系数	人均拥有道路面积	第二、第三产业产值之间比重
人均公共财政教育支出	每万人拥有公共交通车辆运营数	人均公共财政收入
每千人口医疗卫生机构床位	人均公园绿地面积	出口总额占GDP比重

图 5－1　城镇化发展水平的综合评价指标

（二）元素数据来源与指标解释

1. 数据来源

由于《中国统计年鉴》中统计口径的变化，有些指标在前面年份中缺失，为了统计数据的准确性，只能选择分析中国

1996—2015 年城镇化发展状况。各元素指标数据均直接或间接来源于国家统计局编制的 1997—2016 年《中国统计年鉴》《中国城市统计年鉴》。

2. 指标解释

根据《中国统计年鉴》对统计指标的概念和口径的解释，现对本书中使用的指标加以解释。

（1）城镇人口比重是指年末城镇常住人口占该地区常住人口总数的比重。常住人口指在某地区实际居住半年以上的人口。城镇人口是指居住在城镇范围内的全部常住人口；实质内涵是居住在城市或集镇地域范围之内，享受城镇服务设施，以从事第二、第三产业为主的特定人群，它既包括城镇中的非农业人口，又包括在城镇从事非农产业或城郊农业的农业人口，其中一部分是长期居住在城镇，但人户分离的流动人口。据有关资料表明，城镇人口每提高一个百分点，GDP 增长 1. 5 个百分点；城镇化率每递增 1%，经济就增长 1. 2%。

（2）第二、第三产业从业人数比重是指年末第二、第三产业就业人数占就业总人数的比重。根据《国民经济行业分类》（GB/T 4754—2011），中国的三次产业划分是：第一产业是指农、林、牧、渔业（不含农、林、牧、渔服务业）。第二产业是指采矿业（不含开采辅助活动），制造业（不含金属制品、机械和设备修理业），电力、热力、燃气及水生产和供应业，建筑业。第三产业即服务业，是指除第一产业、第二产业以外的其他行业。中国目前第三产业就业人数的比例明显太低，远远低于发达国家，也大大低于一般的发展中国家。

（3）城镇居民人均可支配收入是指反映一个国家或地区核算期内（通常为一年）城镇居民平均每人能用于安排家庭日常生活的收入，即为全年城镇居民可支配收入与年末常住人口总数的比值。城镇居民可支配收入是指城镇居民可用于最终消费支出和储蓄的总和，即居民可用于自由支配的收入。既包括现金收入，也包括实物收入。可支配收入 = 家庭总收入 – 缴纳个人所得税 – 个人缴纳社会保障支出－记账补贴。

（4）城镇居民恩格尔系数是指一个国家或地区核算期内城镇居民在食品支出总额占个人消费支出总额的比重。恩格尔系数是根据恩格尔定律而得出的比例数。19 世纪中期，德国统计学家和经济学家恩格尔对比利时不同收入的家庭的消费情况进行了调查，研究了收入增加对消费需求支出构成的影响，提出了带有规律性的原理，由此被命名为恩格尔定律。其主要内容是指一个家庭或个人收入越少，用于购买生存性的食物的支出在家庭或个人收入中所占的比重就越大。对一个国家而言，一个国家越穷，每个国民的平均支出中用来购买食物的费用所占比例就越大。恩格尔系数则由食物支出金额在总支出金额中所占的比重来最后决定。恩格尔系数达 59% 以上为贫困，50%—59% 为温饱，40%—50% 为小康，30%—40% 为富裕，低于 30% 为最富裕。

（5）每千人口医疗卫生机构床位是指一个国家或地区年末每千人拥有的医疗卫生机构床位数，即为年末医疗卫生机构床位数与年末常住人口总数比值再乘以千人，代表了一个国家或者地区的医疗保障水平。

（6）人均公共财政教育支出是指一个国家或者地区核算期内平均每人拥有的一般公共财政预算教育经费，即为全年一般公共财政预算教育经费与年末常住人口总数的比重。公共财政性教育经费是指政府投入教育事业费用的总称，包括公共财政预算教育经费，各级政府征收用于教育的税费，企业办学中的企业拨款，校办产业和社会服务收入用于教育的经费，其他属于国家财政性教育经费。预算内教育经费来源于政府拨款。

（7）城市人口密度是指某一时点城市单位面积土地上居住的人口数。它是表示世界各地人口的密集程度的指标。通常以每平方千米或每公顷内的常住人口数量为计算单位。人口密度是使用城市人口密度。城市人口密度指生活在城市范围内人口稀密的程度。

（8）建成区面积是指市行政区范围内经过征用的土地和实际建

设发展起来的非农业生产建设地段，它包括市区集中连片的部分以及分散在近郊区与城市有着密切联系，具有基本完善的市政公用设施的城市建设用地（如机场、铁路编组站、污水处理厂、通信电台等）。建成区范围，一般是指建成区外轮廓线所能包括的地区，也就是这个城市实际建设用地所达到的境界范围，因此，它是一个闭合的完整区域，一城多镇分散布点的城市，其建成区范围则可能由几个相应的闭合区域组成。

（9）人均建成区面积是指一个国家或地区核算期内平均每人拥有的建成区面积，即为年末建成区面积除以年末常住人口总数，作为衡量省际基本市政公用设施的城市建设均衡指标。人均建成区面积考虑到了各地区的人口因素，能够更好反映该地区城市非农用地情况。

（10）每万人拥有的公共交通车辆运营数是指一个国家或地区核算期内平均每人拥有的公共交通运营车标台数，即为年末公共交通运营车标台总数与年末常住人口总数比值再乘以万人，是按城市人口计算的每万人平均拥有的公共交通车辆标台数的指标。

（11）人均公园绿地面积是指年末平均每人拥有的园林和绿化的各种绿地面积。在《中国统计年鉴》中1996—2005年使用的是人均公共绿地概念，2006年使用的是人均公园绿地概念。公共绿地是指向公众开放的市级、区级、居住区级各类公园、街旁游园，包括其范围内的水域。公园绿地是指城市中向公众开放的、以游憩为主要功能，有一定的游憩设施和服务设施，同时兼有健全生态、美化景观、防灾减灾等综合作用的绿化用地。包括综合公园、社区公园、专类公园、带状公园和街旁绿地。两个概念数据的统计口径变化不大，所以本书使用了人均公园绿地面积指标。

（12）人均固定资产投资是以一个国家或地区核算期内平均每人拥有的全社会固定资产投资数量，即为全年全社会固定资产投资总数除以年末常住人口总数。固定资产投资是以货币表现的建造和购置固定资产活动的工作量，它是反映固定资产投资规模、速度、比例关系和使用方向的综合性指标。全社会固定资产投资按登记注册类型可分为国有、集体、个体、联营、股份制、外商、港澳台商等。全社会固定资产投资总额分为城镇项目投资、农村建设项目投资和房地产开发投资三个部分。

（13）人均拥有道路面积指一个国家或地区核算期内平均每人拥有的城市道路面积，即为年末城市道路面积总数与年末常住人口总数的比值。

（14）人均房屋竣工面积是一个国家或地区核算期内平均每人拥有的全社会投资的房屋竣工面积总和，即为全年全社会投资的房屋竣工面积总和与年末常住人口总数的比值。房屋竣工面积指在报告期内房屋建筑按照设计要求已经全部完工，达到住人和使用条件，经验收鉴定合格或达到竣工验收标准，可正式移交使用的各栋房屋建筑面积的总和。

（15）国内生产总值（GDP）是指一个国家所有常住单位在核算期内生产活动的最终成果。国内生产总值有三种表现形态，即价值形态、收入形态和产品形态。从价值形态看，它是所有常住单位在一定时期内生产的全部货物和服务价值与同期投入的全部非固定资产货物和服务价值的差额，即所有常住单位的增加值之和；从收入形态看，它是所有常住单位在一定时期内创造的各项收入之和，包括劳动者报酬、生产税净额、固定资产折旧和营业盈余；从产品形态看，它是所有常住单位在一定时期内最终使用的货物和服务价值与货物和服务净出口价值之和。在实际核算中，国内生产总值有三种计算方法，即生产法、收入法和支出法。三种方法分别从不同的方面反映国内生产总值及其构成。对于一个地区来说，称为地区生产总值或地区 GDP。

（16）人均国内生产总值（Real GDP per capita），又称“人均GDP”，是一个国家或者地区核算期内平均每人实现的国内生产总值，即为全年国内生产总值与年末常住人口总数的比值，常作为发展经济学中衡量经济发展状况的指标，是最重要的宏观经济指标之一，它是人们了解和把握一个国家或地区的宏观经济运行状况的有效工具。

（17）人均工业总产值是指一个国家或者地区核算期内平均每人实现的工业生产总值，即为全年工业生产总值与年末常住人口总数的比值，可作为发展经济学中衡量经济发展状况的指标，是衡量该国或地区工业发展水平的一个标准。

（18）第二、第三产业产值之和占 GDP 比重是指一个国家或者地区核算期内第二和第三产业产值之和与国内生产总值的比重。在一国国民经济中，三次产业的关系随着经济发展阶段的变化而变化，不同的发展阶段关注的重点迥异。世界各国经验显示，当一国经济处于低收入发展阶段，第一、第二产业的关系相对重要；而当一国经济进入高收入的发达阶段，由于第一产业比重大幅下降，第二、第三产业对经济的贡献依次增大，第二、第三产业关系则上升为重要的产业关系。就第三产业占 GDP 的比重来看，中国远远低于发达国家，也低于一般的发展中国家。

（19）人均公共财政收入是指一个国家或者地区核算期内平均每人拥有一般公共预算收入，即为全年一般公共预算收入与年末常住人口的比值。一般公共预算收入是指国家财政参与社会产品分配所取得的收入，是实现国家职能的财力保证。主要包括各项税收和非税收入，各项税收包括国内增值税、国内消费税、进口货物增值税和消费税等。非税收入主要包括专项收入、行政事业性收费、罚没收入和其他收入。财政收入按现行分税制财政体制划分为中央本级收入和地方本级收入。地方人均财政收入作为省际公共服务均等化的均衡目标。人均财政收入均衡考虑到了各地区的人口因素，同时也能够很好地符合布坎南（1950）提出的“横向公平均等化”原则。

（20）出口总额占 GDP 比重是指一个国家或地区核算期内出口总额占 GDP 的比重，称为出口依存度，可以反映一个国家在对外贸易方面的总规模和对国际市场的依赖程度，是衡量一国对外开放程度的重要指标。货物出口总额是指实际出口中国国境的货物总金额，中国规定出口货物按离岸价格统计。

（21）第二、第三产业产值之间比重是指一个国家或者地区核算期内第二产业与第三产业的产值比值，用来衡量这个国家及地区产业结构的发展状况。战后，随着社会经济和科学进步，国民经济各部门的产值和就业人员的比例不断发生变化。其变化趋势是：起初是第一产业的比重不断下降，第二产业的比重不断上升，第三产业的比重也不断上升；随后包括第一、第二产业的物质生产部门的比重都不同程度下降，第三产业的比重持续上升。这种变化趋势在发达国家比较突出。到目前为止，发达国家第三产业的产值和就业人口的比重一般都在50%以上，成为规模最大、增长最快的产业。而在发展中国家除新型工业化国家和地区以外，总的说来其产业结构层次都相对落后，转变的进程也不快。但从变化趋势看，发达国家同发展中国家基本上是一致的。

二 城镇化发展的评价公式

城镇作为一个耗散结构，需要与外界时时进行物质、能量或信息等要素流动，从而引起系统熵变，符合一般系统论的第二热力学规律，即“熵增定律”。因此，可以用“熵值法”来计算城镇化发展状况。

（一）熵值法

信息熵是数学中颇为抽象的重要概念，表示系统内有序化程度的度量值。系统要素指标（指效益指标）效用值（指标权重）越大，表示要素变化越快，系统内部状态越有序，信息熵值就越低；反之，一个系统要素指标权重越小，表示要素变化越慢，系统内部状态越混乱，信息熵值就越高。总之，要素指标权重与信息熵构成一对反函数，因此可以根据熵值法计算出各要素指标的权重。

1. 数据标准化处理

由于指标的量纲、数量级和属性都有所不同，所以在运算前对查询出的原始数据进行标准化处理。

$$y_{ij}' = \begin{cases} (x_{ij} - x_{j\min}) / (x_{j\max} - x_{j\min}) & \text{效益型} \\ (x_{\max} - x_{ij}) / (x_{j\max} - x_{j\min}) & \text{成本型} \end{cases}$$

$$(i = 1996, 1997, \cdots, 2015; j = 1, 2, \cdots, m) \quad (5-1)$$

公式（5－1）中 x_{ij} 代表第 i 年份第 j 项指标的原始数值，m 代表指标个数，$x_{j\max}$，$x_{j\min}$ 分别代表第 j 项指标的最大值和最小值，y_{ij}' 为标准化处理过的数据。为了公式（5－1）运算中对数取值有意义，需消除标准化后可能出现“0”值，所以将标准化后的全部数据，向右平移一个单位，即 $y_{ij} = y_{ij}' + 1$。

2. 计算第 j 项指标的信息熵 E 和效用值 D

$$p_{ij} = y_{ij} / \sum_{i=1996}^{2015} y_{ij} \quad (5-2)$$

$$E_j = -(\ln m)^{-1} \sum_{i=1996}^{2015} (p_{ij} \times \ln p_{ij}) \quad (5-3)$$

$$D_j = 1 - E_j \quad (5-4)$$

3. 计算第 j 项指标的权重 W

$$W_j = D_j / \sum_{j=1}^{m} D_j \quad (5-5)$$

4. 计算第 i 年各子系统的得分 S

$$S_i = \sum_{j=1}^{m} W_i \times P_{ij} \quad (5-6)$$

（二）耦合度函数

耦合表示两个或者两个以上子系统以某种途径相互作用和影响的现象。子系统内部序参量的作用，直接影响子系统从无序状态转化为有序状态，间接影响子系统之间协调状态。而耦合度是衡量子系统之间协调程度的标尺，也是衡量内部序参量作用程度的函数，表示系统在临界点后的变化趋势。本书中，人口、经济、空间城镇化两两耦合和三者耦合度是指人口、空间和经济城镇化两两之间和三者之间相互作用和影响的程度。

$$C = \{(u_1 \times u_2 \times \cdots \times u_m) / [\Pi(u_i + u_j)]\}^{\frac{1}{n}} \quad (5-7)$$

公式（5－7）中 C 是耦合度，取值在［0，1］区间，且随数值增大表示而使各子系统之间处于良性耦合，系统内部趋向有序状态，反之同理。u_i 代表各子系统对总系统有序度的贡献，本节为人口、经济、空间城镇化 3 个子系统对总系统有序度的贡献。

（三）耦合协同度函数

耦合度表示系统之间互相作用的程度，但有时无法反映出实际的状态。比如系统发展水平相等，但处于低水平阶段，无法显示出较高的协调度，所以，引用了耦合协同度模型。

$$D = (C \times T)^{\frac{1}{2}} \tag{5-8}$$

公式（5－8）中，D 是耦合协同度；C 是耦合度；T 是各子系统的综合评价指数，反映各系统的整体效益或水平，在本节中是指人口、经济、空间城镇化发展水平的综合评价指数。

$$T = a \times U_1 + b \times U_2 + c \times U_3 \tag{5-9}$$

公式（5－9）的 U_i（$i=1, 2, 3$）表示各系统的时间函数，表示人口、经济、空间城镇化的时间函数；a、b、c 为待定参数，运算两者耦合协同度时，则令 $c=0$，$a=b=10$；运算三者耦合协同度时，则令 $a=b=c=20/3$。根据耦合协同度数值，可划分四个阶段，当 $0 \leqslant D \leqslant 0.4$ 时，表示处于低度耦合协同阶段，当 $0.4 < D \leqslant 0.5$ 时，表示处于一般耦合协同阶段；当 $0.5 < D \leqslant 0.8$ 时，表示处于高度耦合协同阶段；当 $0.8 < D \leqslant 1$ 时，表示处于极度耦合协同阶段。

第二节　中国城镇化发展的演化过程

一　时间测度

首先将收集的 1996—2015 年的中国城镇化发展的各项指标数值 420 个数据（仅包括中国大陆 31 个省区市，不包括港澳台），根据公式（5－1）进行数值的标准化处理，然后根据公式（5－2）—公式（5－4）计算出各个指标的信息熵 E 和效用值 D，根据公式（5－5）计算得出各指标的作用权重，详见表 5－1。

表5－1　1996—2015年城镇化系统发展水平的指标权重

系统层	准则层	序参量	作用
城镇化水平综合评价体系	人口城镇化	城镇人口比重	0.0976
		第二、第三产业从业人数比重	0.1435
		城市人口密度	0.1816
		城镇居民人均可支配收入	0.1931
		城镇居民恩格尔系数	0.0794
		人均公共财政教育支出	0.1440
		每千人口医疗卫生机构床位	0.1608
	空间城镇化	建成区面积	0.1541
		人均建成区面积	0.2141
		人均固定资产投资	0.1450
		人均房屋竣工面积	0.1233
		人均拥有道路面积	0.1155
		每万人拥有的公共交通车辆运营数	0.1174
		人均公园绿地面积	0.1306
	经济城镇化	GDP	0.1464
		人均GDP	0.1805
		人均工业总产值	0.1060
		第二、第三产业产值之和占GDP比重	0.0851
		第二、第三产业产值之间比重	0.1515
		人均公共财政收入	0.1631
		出口总额占GDP比重	0.1673

运用公式（5－6）计算得到1996—2015年中国人口、空间、经济及其综合城镇化水平（见表5－2），然后再用折线图表示出20年间的中国人口、空间、经济城镇化发展过程及趋势，见图5－2。

表 5 - 2　　　1996—2015 年全国城镇化系统发展水平

年份	PU	SU	EU	PSEU
1996	0. 0358	0. 0360	0. 0359	0. 1076
1997	0. 0368	0. 0370	0. 0371	0. 1108
1998	0. 0376	0. 0381	0. 0376	0. 1132
1999	0. 0382	0. 0395	0. 0383	0. 1161
2000	0. 0389	0. 0402	0. 0401	0. 1192
2001	0. 0400	0. 0429	0. 0408	0. 1236
2002	0. 0409	0. 0386	0. 0422	0. 1217
2003	0. 0420	0. 0413	0. 0443	0. 1275
2004	0. 0432	0. 0439	0. 0462	0. 1333
2005	0. 0446	0. 0464	0. 0485	0. 1395
2006	0. 0504	0. 0474	0. 0508	0. 1486
2007	0. 0519	0. 0500	0. 0531	0. 1550
2008	0. 0535	0. 0525	0. 0544	0. 1604
2009	0. 0559	0. 0552	0. 0536	0. 1646
2010	0. 0584	0. 0565	0. 0571	0. 1720
2011	0. 0612	0. 0622	0. 0604	0. 1837
2012	0. 0643	0. 0647	0. 0623	0. 1913
2013	0. 0667	0. 0674	0. 0643	0. 1984
2014	0. 0688	0. 0694	0. 0661	0. 2043
2015	0. 0708	0. 0713	0. 0673	0. 2091

注：其中 PU、SU、EU、PSEU 分别代表人口、空间、经济及其综合城镇化水平。

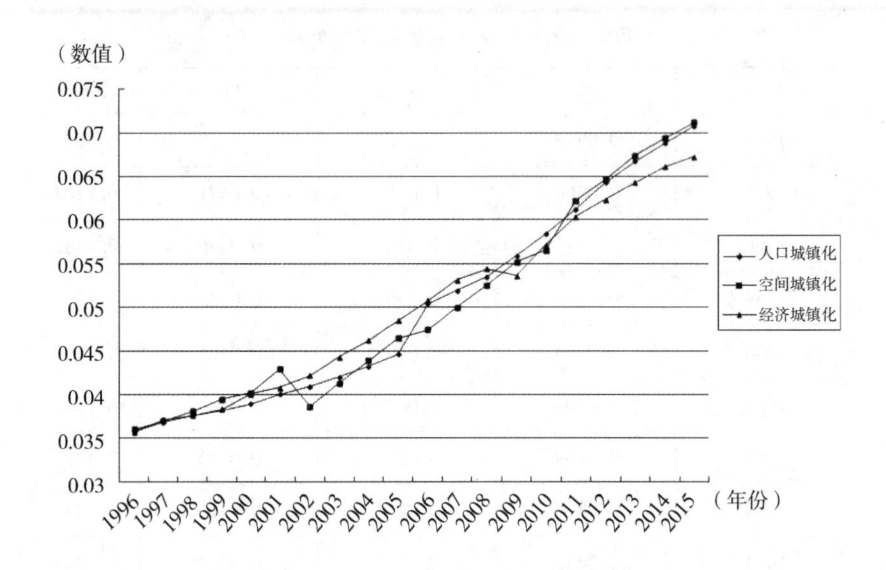

图 5－2　1996—2015 年全国城镇化发展演化过程

运用表 5－2 的数据，结合上述公式（5－7）—公式（5－9），可得出在 1996—2015 年，人口、经济、空间城镇化彼此之间的耦合协同度，见表 5－3。然后再用折线图表示出 20 年间的中国人口、空间、经济城镇化耦合协同发展过程及趋势，见图 5－3。

表 5－3　**1996—2015 年全国城镇化系统发展的耦合协同度**

年份	DPS	DPE	DSE	DPSE
1996	0. 5993	0. 5981	0. 5989	0. 5035
1997	0. 6072	0. 6078	0. 6086	0. 5111
1998	0. 6151	0. 6130	0. 6151	0. 5166
1999	0. 6235	0. 6188	0. 6240	0. 5231
2000	0. 6290	0. 6285	0. 6335	0. 5300
2001	0. 6435	0. 6354	0. 6465	0. 5397
2002	0. 6304	0. 6445	0. 6353	0. 5353
2003	0. 6451	0. 6564	0. 6538	0. 5481

续表

年份	DPS	DPE	DSE	DPSE
2004	0. 6600	0. 6682	0. 6711	0. 5604
2005	0. 6744	0. 6821	0. 6887	0. 5732
2006	0. 6992	0. 7113	0. 7006	0. 5917
2007	0. 7137	0. 7246	0. 7180	0. 6044
2008	0. 7280	0. 7343	0. 7309	0. 6147
2009	0. 7452	0. 7396	0. 7375	0. 6229
2010	0. 7578	0. 7599	0. 7537	0. 6366
2011	0. 7852	0. 7796	0. 7828	0. 6580
2012	0. 8031	0. 7955	0. 7967	0. 6714
2013	0. 8189	0. 8092	0. 8114	0. 6838
2014	0. 8312	0. 8210	0. 8230	0. 6938
2015	0. 8423	0. 8317	0. 8306	0. 7020

注：DPS、DPE、DSE、DPSE 分别代表人口—空间、人口—经济、空间—经济城镇化以及人口—空间—经济城镇化的耦合协同度。

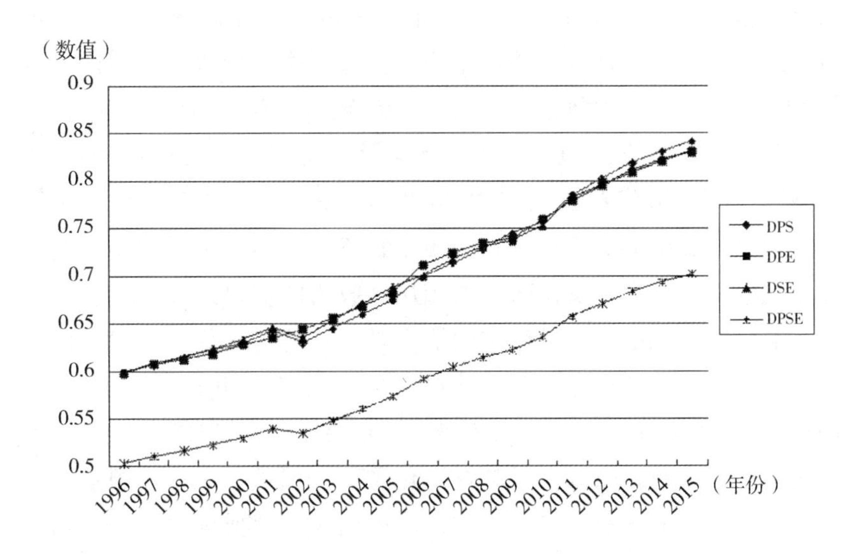

图 5 - 3　1996—2015 年全国城镇化耦合协同的演化过程

二　评价分析

（一）主要影响因子

从表5-1中指标权重可以看出，人口城镇化中起主导作用的指标依次是城镇居民人均可支配收入、城市人口密度。城镇居民可支配收入是衡量人口城镇化的最重要指标，人均可支配收入从1996年4838.9元增长到2015年的31790.3，增长6.6倍，表明在1996—2015年，随着中国经济的快速发展，城镇居民收入变化显著，人均可支配收入也在大幅度地提高。城市人口密度是人口城镇化主要的外在表征，从1996年的333人/平方公里增长到2015年的2399人/平方公里，增长7.2倍。人口城镇化通常指人口向城镇集中或乡村地区转变为城镇地区，从而变乡村人口为城镇人口，使城镇人口比重不断上升的过程，城市生活方式全面普及的一种状态。中国城镇化过程中城镇人口数量增加比例比城市建成区面积扩展的比例大，从而导致其城镇人口密度增加较为明显。

人口城镇化作用最小的指标是城镇居民恩格尔系数，是食品支出总额占个人消费支出总额的比重，表示一个家庭或个人收入越少，用于购买生存性的食物的支出在家庭或个人收入中所占的比重就越大。恩格尔系数达59%以上为贫困，50%—59%为温饱，40%—50%为小康，30%—40%为富裕，低于30%为最富裕。中国城镇居民恩格尔系数从1996年的48.76%下降到34.8%，表明中国城镇居民生活水平已经达到小康，逐步富裕起来，但是变化幅度速度较平稳，食物支出仍为城镇居民收入的重要部分。

空间城镇化中起主导作用的依次是人均建成区面积、建成区面积、人均固定资产投资，人均建成区面积从1996年的16.5平方米增长到37.9平方米，增长2.3倍，说明在1996—2015年，空间城镇化是一个土地扩张为主导的城镇化过程，偏重于土地资源量的开发和固定资产的投资，所以人均建成区面积、建成区面积和人均固定资产投资起到主导作用。空间城镇化中作用最小的指标依次是人均拥有道路面积、每万人拥有的公共交通车辆运营数，表明中国空间城镇化发展缺少对相关公共服务设施的配套建设，忽视城镇居民生活水平的提高，片面强调土地资源粗放式开发对社会经济发展的带动作用。

经济城镇化中起主导作用的指标依次是人均 GDP、出口总额占 GDP 比重、人均地方财政收入。人均 GDP 从 1996 年的 5898 亿元增长到 2015 年的 49992 亿元，增长了 8.5 倍，人均地方财政收入从 1996 年的 605.282 元增长到 2015 年的 11077.187 元，增长 18 倍，表明在 1996—2015 年，中国经济增长速度惊人。据中国国家统计局的数据，按 2010 年美元不变价计算，2016 年中国经济增长对世界经济增长的贡献率达到 33.2%，居全球首位。如果按照 2015 年价格计算，中国增长的贡献率则更高。其中出口对于中国经济发展的拉动作用显而易见的，说明中国城镇化发展不仅要刺激国内需求增长，更应该坚持对外开放，加强与世界各国的经济及文化交流。

作用最小的指标依次是第二、第三产业总值占 GDP 的比重，人均工业总产值，中国以工业为主的第二产业占 GDP 的比重从 1996 年的 47.1% 下降到 2015 年的 40.9%，第三产业从 1996 年的 33.6% 上升到 2015 年的 57.2%，第一产业从 1996 年的 19.3% 下降到 2015 年的 8.9%。综观世界各国的工业化进程历史，可依第一、第二、第三产业占 GDP 的比重状况，将一个国家的工业化进程划分为两大阶段：第一阶段，第二产业在国民经济（GDP）中的比重，以较快的速度增加，并逐渐超过 50%；同时第一产业的比重则以更快的速度下降；第三产业的比重有所上升，但变动幅度不大。第二阶段，第三产业在国民经济（GDP）中的比重，以较快的速度增加，并逐渐超过 50%；同时第二产业的比重则以略慢一些的速度下降；第一产业的比重进一步下降，但变动幅度不大。由此判断，中国目前的产业结构形态，处于工业化进程中第二阶段的初期。

（二）城镇化特征

1. 城镇化发展特征

（1）整体性特征

从表 5－2、图 5－2 中可以看出，人口、经济、空间及其综合城镇化水平都表现出明显的上升趋势，1996—2015 年，人口城镇化年均增长速度为3.65%；空间城镇化年均增长速度为3.66%；经济城镇化年均增长速度为3.39%；综合城镇化年均增长速度3.56%。从年均增长速度可以看出空间城镇化 > 人口城镇化 > 综合城镇化 > 经济城镇化的演变特征，而总量水平上则表现出由 1996 年空间城镇化 > 经济城镇化 > 人口城镇化的结构属性，逐渐演变为 2015 年的空间城镇化 > 人口城镇化 > 经济城镇化。空间城镇化的位序不变，表明城镇化建设中，土地等空间资源消耗仍然较大，对社会人口发展起到了支撑和促进作用；社会人口发展在整个城镇化进程中的主导地位越来越明显。整体来看，城镇化进程日趋合理、协调。

（2）阶段性特征

从表5－2、图5－2中同时看出，人口、经济、空间及综合城镇化水平都表现出较为明显的阶段性特征，大体可以分为三个阶段：1996—2001 年是缓慢发展阶段，就年均增长速度而言，人口城镇化为2.24%，空间城镇化为3.54%，经济城镇化为2.67%，综合城镇化2.82%，空间城镇化 > 综合城镇化 > 经济城镇化 > 人口城镇化；2002—2009 年是加速发展阶段，就年均增长速度而言，人口城镇化为4.55%，空间城镇化为5.34%，经济城镇化为3.47%，综合城镇化为4.41%，空间城镇化 > 人口城镇化 > 综合城镇化 > 经济城镇化；2010—2015 年是平稳发展阶段，就年均增长速度而言，人口城镇化为3.95%，空间城镇化为4.75%，经济城镇化为3.33%，综合城镇化为4.01%，空间城镇化 > 综合城镇化 > 人口城镇化 > 经济城镇化。从年均增长速度来看，前期缓慢发展阶段中空间城镇化是整个城镇化进程中的主导力量，属于空间导向型城镇化；中期加速发展阶段中空间城镇化仍占据主导地位，其次是人口城镇化，属于空间—人口导向型城镇化；后期平稳发展阶段中空间城镇化仍占主导地位，仍属于空间导向型城镇化。从整个过程来看，人口城镇化作用逐步加强，其年均增长速度与空间城镇化年均增长速度的差距逐步变小。结合空间城镇化指标权重分析，说明中国空间城镇化发展较快，资源消耗速度明显加快，整体来看仍处于一个低效运行的过程。

综上分析，中国城镇化是以空间城镇化发展为主的，经济城镇化与之相比，发展速度较慢；人口城镇化发展速度也相对较缓。但就城镇化发展实质来看，人口城镇化是城镇化的核心，所以中国要逐步加强人口城镇化的建设。

2. 城镇化耦合协同性特征

（1）人口—空间城镇化耦合协同性

人口—空间城镇化耦合协同系统的评价值由 1996 年的 0.5993 增长到 2015 年的 0.8423，年均增长速度为 1.81%，说明二者之间的耦合协同性是在一个不断完善的过程中（见图 5－3）。根据耦合协同度划分的四个阶段，当 $0 \leqslant D \leqslant 0.4$ 时，表示处于低度耦合协同阶段，当 $0.4 < D \leqslant 0.5$ 时，表示处于一般耦合协同阶段，当 $0.5 < D \leqslant 0.8$ 时，表示处于高度耦合协同阶段；当 $0.8 < D \leqslant 1$ 时，表示处于极度耦合协同阶段。人口—空间城镇化耦合协同度分为两个阶段，在 1996—2011 年，耦合协同度年均增长速度为 1.82%，处于高度耦合协同阶段；在 2012—2015 年，耦合协同度年均增长 1.6%，处于极度耦合协同阶段，可以看出，人口—空间城镇化耦合协同度增长速度在逐步减缓。具体来说，由于人口城镇化主要体现在农民工进城务工和学子进城求学，这类行为主体流动性强，加上户籍管理制度的制约以及国家经济的宏观调控，导致人口城镇化增加得相对缓慢，而空间城镇化随着城市经济发展速度的波动而或缓慢或加速上升，且总体上升速度明显高于人口城镇化，从而表现出二者耦合协同度呈缓慢增长的趋势。

（2）空间—经济城镇化耦合协同性

空间—经济城镇化耦合协同的评价值由 1996 年的 0.5989 增长到 2015 年的 0.8306，年均增长速度为 1.74%，说明二者之间的耦合协同性在一个不断完善中。按照耦合协同度来分，可分为两个阶段，1996—2012 年，空间—经济城镇化耦合协同度年均增长 1.8%，处于高度耦合协同阶段；在 2013—2015 年，耦合协同度年均增长1.17%，处于极度协调耦合阶段，可以看出，空间—经济城镇化耦合协同度增长速度大幅度减小。具体来看，在1996—2012年，国家实行土地有偿使用制，为了积累资金（地方财政收入）而大规模地扩展城市建设用地，财政收入的提高又进一步改善了经济发展的支撑条件（道路、公共环境等），极大地促进了经济的发展，二者耦合协同度加速增长，而在2013—2015年，由于经济（主要是房地产）的宏观调控而使二者的耦合协同度增长趋势逐步变缓。

（3）人口—经济城镇化耦合协同性

人口—经济城镇化耦合系统的评价值由1996年的0.5981增长到2015年的0.8317，年均增长速度为1.75%，说明二者之间的耦合协同性是在一个不断完善的过程当中（见图5－3）。按照耦合协同度来分，可分为两个阶段，1996—2012年，空间—经济城镇化耦合协同度年均增长1.8%，处于高度耦合协同；在2013—2015年，耦合协同度年均增长1.38%，处于极度协调耦合，可以看出，人口—经济城镇化耦合协同度减小幅度较大。在1996—2010年，国家经济发展较为稳定，农民工大量涌入城市，使得两者耦合协同发展，呈相对快速的增长趋势，而在2010年，由于全球金融危机的影响，中国的经济增加幅度有所下降，从1996年GDP增长10.01%下降到2015年GDP增长6.9%，制造业、金融业、房地产、商业等行业链条各个环节都一并收紧，导致城市第二、第三产业就业岗位急剧减少，进而致使人口—经济城镇化耦合协同度增长有较大幅度的降低。

（4）人口—空间—经济城镇化耦合协同性

人口—空间—经济城镇化耦合协同的评价值由1996年的0.5035增长到2015年的0.7020，说明三者之间的耦合协同性处于一个不断完善的过程中。从过程来看，1996—2015年人口—空间—经济城镇化都处于高度耦合协同阶段。

第三节　各省区市城镇化发展的空间格局

根据第二节分析，发现2001年是城镇化发展中的重要拐点，所以在分析中国大陆31个省区市城镇化分布格局，就使用了2001年和2015年各省区市城镇化空间格局进行对比分析。

一　空间测度

（一）评价公式

由于各指标的量纲、数量级及指标的效益（正向指标）、成本（负向指标）属性均有所不同，故首先应对原始数据进行标准化处理：

$$y_{ij}^{'}=\begin{cases}(x_{ij}-x_{j\min})/(x_{j\max}-x_{j\min}) & \text{效益型}\\(\mathrm{x}_{\max}-x_{ij})/(x_{j\max}-x_{j\min}) & \text{成本型}\end{cases}$$

$$(i=1,2,\cdots,31;j=1,2,\cdots,m) \tag{5-10}$$

公式（5-10）中x_{ij}是第i省区市（按照《中国统计年鉴》中的各省区市排序，对31个省区市赋1—31数值）；第j项指标的原始数值，$x_{j\max}$，$x_{j\min}$分布代表某省区市第j项指标的最大值和最小值，$y_{ij}^{'}$为标准化处理后的数据，m代表指标个数。但标准化后，有可能出现“0”值，为了使数据处理后对数取值有意义，文中将标准化后数据整体向右平移一个单位，即$y_{ij}=y_{ij}^{'}+1$。

第i省区市第j项指标占该指标的比重　$p_{ij}=y_{ij}/\sum_{i=1}^{31}y_{ij}$ （5-11）

第j项指标的信息熵　$E_j=-(\ln m)^{-1}\sum_{i=1}^{31}(p_{ij}\times\ln p_{ij})$ （5-12）

第j项指标的效用值　$D_j=1-E_j$ （5-13）

第j项指标的权重　$W_j=D_j/\sum_{j=1}^{m}D_j$ （5-14）

第i省区市系统综合发展水平　$S_i=\sum_{j=1}^{m}W_i\times p_{ij}$ （5-15）

（二）测度结果

1. 2001 年 31 个省区市城镇化评价测度

通过 2002 年、2016 年的《中国统计年鉴》和《中国城市统计年鉴》，直接或间接收集了中国大陆 31 个省区市（不包含港澳台）21 个指标的 1302 个数据。

首先运用公式（5－10）将原始数据，进行标准化处理后，运用公式（5－11）—公式（5－12），计算出各指标的信息熵 E_j，接着运用公式（5－13），计算出效用值 D_j，接着通过公式（5－14），计算出各指标的权重 W_j，再运用公式（5－15）计算可以得出各省区市人口、空间、经济城镇化发展水平的指标数值，最后运用第五章中耦合协同公式（5－7）—公式（5－9），计算人口—空间、人口—经济、空间—经济、人口—空间—经济的耦合协同度指标数值，见表 5－4。

表 5－4　2001 年 31 个省区市城镇化子系统耦合协同发展水平

省区市	PU	SU	EU	PSEU	DPS	DPE	DSE	DPSE
北　京	0.0464	0.0420	0.0408	0.1293	0.6647	0.6599	0.6436	0.5516
天　津	0.0397	0.0340	0.0381	0.1119	0.6062	0.6239	0.6001	0.5129
河　北	0.0320	0.0319	0.0316	0.0955	0.5652	0.5642	0.5635	0.4745
山　西	0.0320	0.0294	0.0299	0.0913	0.5536	0.5562	0.5447	0.4637
内蒙古	0.0315	0.0311	0.0293	0.0919	0.5593	0.5512	0.5495	0.4653
辽　宁	0.0342	0.0340	0.0346	0.1028	0.5838	0.5863	0.5856	0.4921
吉　林	0.0318	0.0319	0.0301	0.0938	0.5646	0.5563	0.5567	0.4702
黑龙江	0.0313	0.0339	0.0310	0.0962	0.5710	0.5583	0.5693	0.4761
上　海	0.0454	0.0373	0.0460	0.1287	0.6415	0.6759	0.6435	0.5493
江　苏	0.0329	0.0344	0.0367	0.1041	0.5802	0.5898	0.5962	0.4950
浙　江	0.0359	0.0364	0.0368	0.1092	0.6015	0.6031	0.6051	0.5072

续表

省区市	PU	SU	EU	PSEU	DPS	DPE	DSE	DPSE
安　徽	0.0284	0.0297	0.0296	0.0878	0.5391	0.5386	0.5448	0.4548
福　建	0.0317	0.0304	0.0346	0.0967	0.5573	0.5753	0.5694	0.4770
江　西	0.0294	0.0281	0.0295	0.0870	0.5360	0.5427	0.5368	0.4528
山　东	0.0322	0.0339	0.0351	0.1012	0.5750	0.5798	0.5875	0.4883
河　南	0.0295	0.0300	0.0302	0.0897	0.5457	0.5464	0.5486	0.4599
湖　北	0.0303	0.0343	0.0311	0.0956	0.5676	0.5539	0.5713	0.4744
湖　南	0.0308	0.0297	0.0305	0.0910	0.5499	0.5538	0.5486	0.4631
广　东	0.0360	0.0371	0.0421	0.1153	0.6046	0.6241	0.6289	0.5206
广　西	0.0293	0.0292	0.0295	0.0880	0.5408	0.5420	0.5418	0.4554
海　南	0.0305	0.0326	0.0298	0.0929	0.5615	0.5491	0.5583	0.4678
重　庆	0.0295	0.0289	0.0298	0.0883	0.5406	0.5447	0.5421	0.4562
四　川	0.0287	0.0298	0.0303	0.0888	0.5408	0.5427	0.5482	0.4574
贵　州	0.0268	0.0285	0.0281	0.0834	0.5259	0.5238	0.5319	0.4433
云　南	0.0285	0.0304	0.0293	0.0882	0.5424	0.5377	0.5463	0.4559
西　藏	0.0302	0.0366	0.0289	0.0956	0.5762	0.5435	0.5703	0.4734
陕　西	0.0314	0.0290	0.0296	0.0900	0.5494	0.5523	0.5415	0.4605
甘　肃	0.0286	0.0289	0.0284	0.0859	0.5362	0.5341	0.5351	0.4500
青　海	0.0323	0.0310	0.0292	0.0925	0.5628	0.5542	0.5487	0.4668
宁　夏	0.0305	0.0301	0.0294	0.0900	0.5509	0.5472	0.5454	0.4606
新　疆	0.0321	0.0352	0.0299	0.0973	0.5800	0.5567	0.5698	0.4782

注：其中PU、SU、EU、PSEU分别代表人口、空间、经济及其综合城镇化水平；DPS、DPE、DSE、DPSE分别代表人口—空间城镇化、人口—经济城镇化、空间—经济城镇化以及人口—空间—经济城镇化的耦合协同度。

借助ArcGIS 10.2绘图软件，在空间上可以表现出人口、空间、经济和综合城镇化发展水平，见图5-4、图5-5、图5-6、

图5－7。为了便于研究，文中运用自然断裂法将各指标数值划分为5个层次。然后根据三者之间的协调度，也借助ArcGIS 10.2绘图软件展示中国大陆人口、空间、经济城镇化耦合协同发展的特征，见图5－8。

2. 2015年31个省区市城镇化评价测度

按照上述熵值法可以计算得出2015年中国大陆31个省区市的人口、空间、经济、综合城镇化发展水平的指标数值，人口—空间、人口—经济、空间—经济、人口—空间—经济耦合协同度指标数值，见表5－5。

表5－5　2015年31个省区市城镇化系统耦合协同发展水平的测度指标数值

省区市	PU	SU	EU	PSEU	DPS	DPE	DSE	DPSE
北　京	0.0386	0.0360	0.0417	0.1163	0.6107	0.6335	0.6226	0.5231
天　津	0.0361	0.0366	0.0401	0.1128	0.6030	0.6168	0.6191	0.5154
河　北	0.0314	0.0315	0.0296	0.0925	0.5611	0.5522	0.5526	0.4669
山　西	0.0323	0.0291	0.0301	0.0915	0.5538	0.5583	0.5440	0.4642
内蒙古	0.0317	0.0349	0.0320	0.0986	0.5770	0.5643	0.5781	0.4819
辽　宁	0.0318	0.0341	0.0330	0.0989	0.5740	0.5693	0.5792	0.4828
吉　林	0.0323	0.0323	0.0292	0.0938	0.5683	0.5539	0.5543	0.4698
黑龙江	0.0341	0.0313	0.0296	0.0950	0.5714	0.5636	0.5517	0.4727
上　海	0.0394	0.0273	0.0447	0.1114	0.5728	0.6477	0.5911	0.5062
江　苏	0.0354	0.0400	0.0400	0.1154	0.6135	0.6133	0.6323	0.5210
浙　江	0.0352	0.0360	0.0385	0.1098	0.5969	0.6069	0.6103	0.5084
安　徽	0.0303	0.0318	0.0289	0.0910	0.5571	0.5439	0.5506	0.4629
福　建	0.0315	0.0336	0.0341	0.0993	0.5707	0.5726	0.5819	0.4835
江　西	0.0324	0.0300	0.0291	0.0914	0.5579	0.5539	0.5434	0.4639
山　东	0.0312	0.0384	0.0350	0.1045	0.5881	0.5746	0.6054	0.4954

续表

省区市	PU	SU	EU	PSEU	DPS	DPE	DSE	DPSE
河　南	0.0332	0.0292	0.0298	0.0922	0.5579	0.5607	0.5432	0.4657
湖　北	0.0313	0.0323	0.0311	0.0948	0.5642	0.5587	0.5630	0.4726
湖　南	0.0331	0.0288	0.0301	0.0920	0.5557	0.5618	0.5428	0.4653
广　东	0.0311	0.0359	0.0406	0.1076	0.5780	0.5964	0.6178	0.5020
广　西	0.0292	0.0286	0.0284	0.0862	0.5375	0.5367	0.5337	0.4507
海　南	0.0281	0.0303	0.0301	0.0885	0.5400	0.5392	0.5496	0.4565
重　庆	0.0308	0.0329	0.0329	0.0966	0.5641	0.5640	0.5736	0.4769
四　川	0.0309	0.0300	0.0299	0.0908	0.5514	0.5514	0.5472	0.4625
贵　州	0.0307	0.0280	0.0285	0.0872	0.5414	0.5440	0.5314	0.4531
云　南	0.0299	0.0283	0.0286	0.0868	0.5393	0.5409	0.5333	0.4523
西　藏	0.0290	0.0304	0.0287	0.0881	0.5448	0.5370	0.5435	0.4556
陕　西	0.0327	0.0311	0.0298	0.0936	0.5647	0.5588	0.5521	0.4696
甘　肃	0.0311	0.0286	0.0282	0.0879	0.5462	0.5442	0.5332	0.4550
青　海	0.0321	0.0302	0.0283	0.0906	0.5580	0.5491	0.5410	0.4619
宁　夏	0.0299	0.0378	0.0294	0.0970	0.5794	0.5444	0.5773	0.4765
新　疆	0.0334	0.0345	0.0299	0.0978	0.5828	0.5621	0.5669	0.4797

注：其中 PU、SU、EU、PSEU 分别代表人口、空间、经济及其综合城镇化水平；DPS、DPE、DSE、DPSE 分别代表人口—空间城镇化、人口—经济城镇化、空间—经济城镇化以及人口—空间—经济城镇化的耦合协同度。

借助 ArcGIS 10.2 绘图软件，在空间上表现人口、经济、空间、综合城镇化发展水平，见图 5－4、图 5－5、图 5－6、图 5－7。为了便于研究，文中运用自然断裂法将得分划分为 5 个层次。然后根据三者之间的协调度，并借助 ArcGIS 10.2 绘图软件表现在空间上，见图 5－8，对比展示出 31 个省区市人口、经济、空间城镇化耦合协同发展的特征。

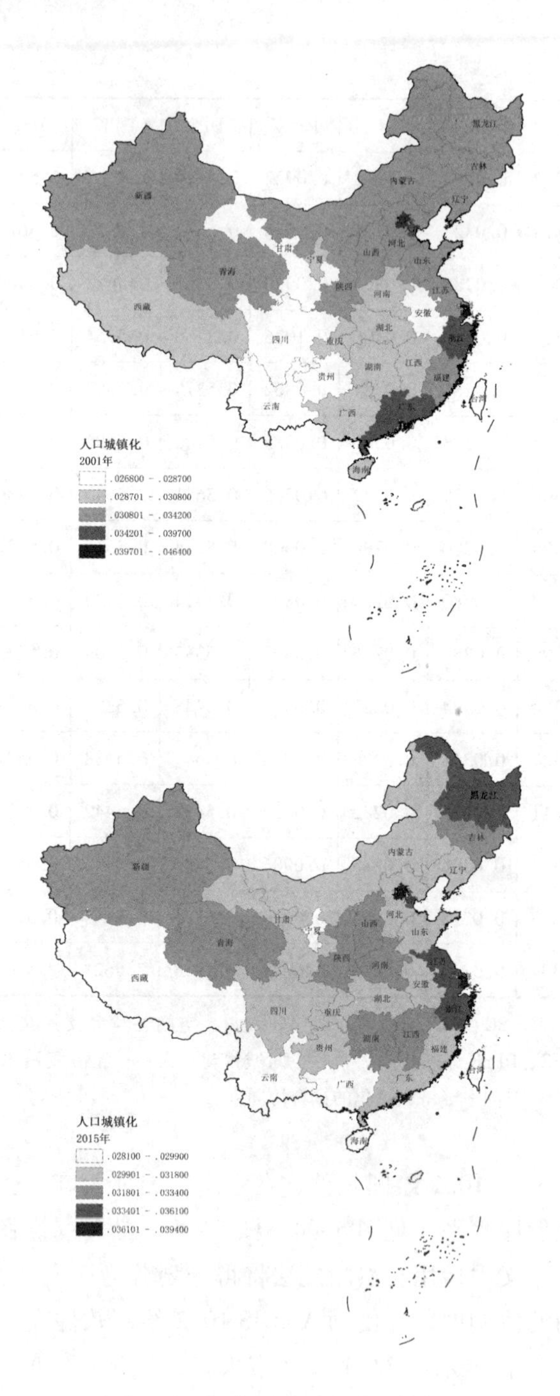

图 5－4　2001 年和 2015 年中国人口城镇化发展水平的空间格局

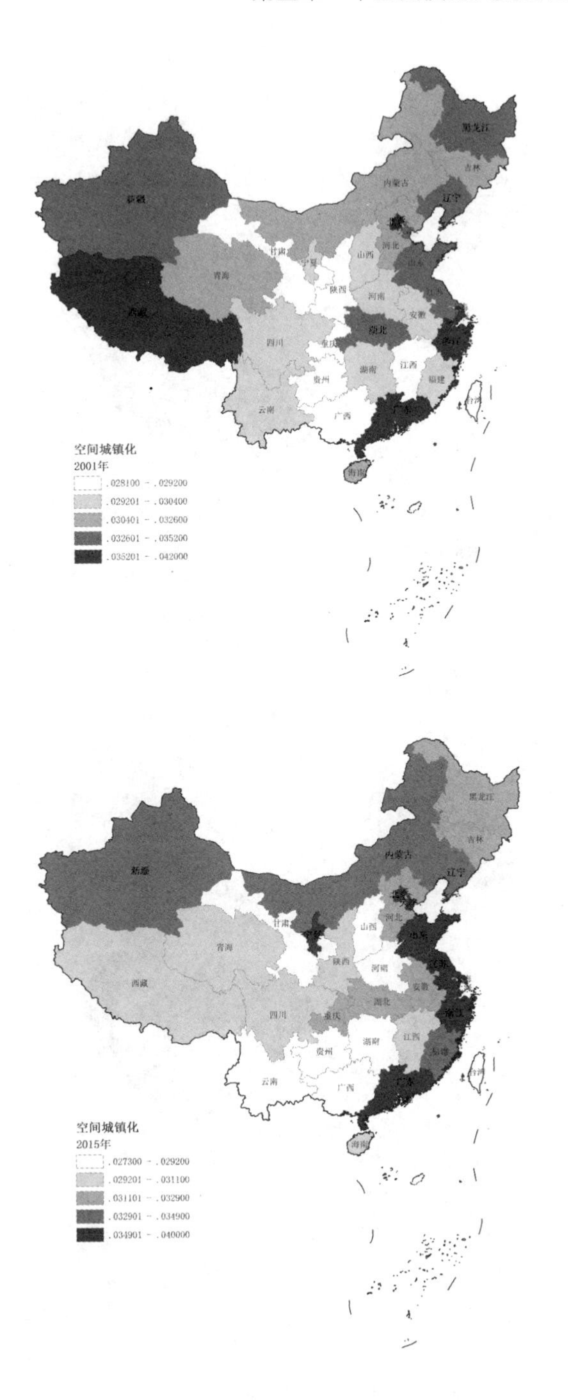

图 5－5　2001 年和 2015 年中国空间城镇化发展水平的空间格局

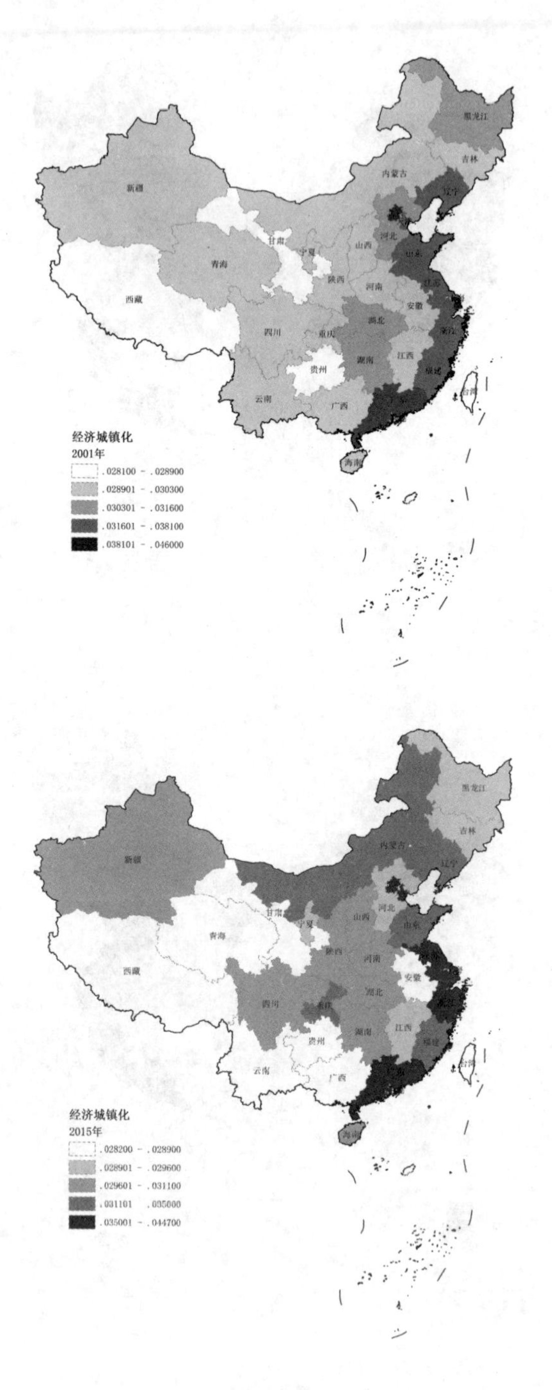

图 5－6　2001 年和 2015 年中国经济城镇化发展水平的空间格局

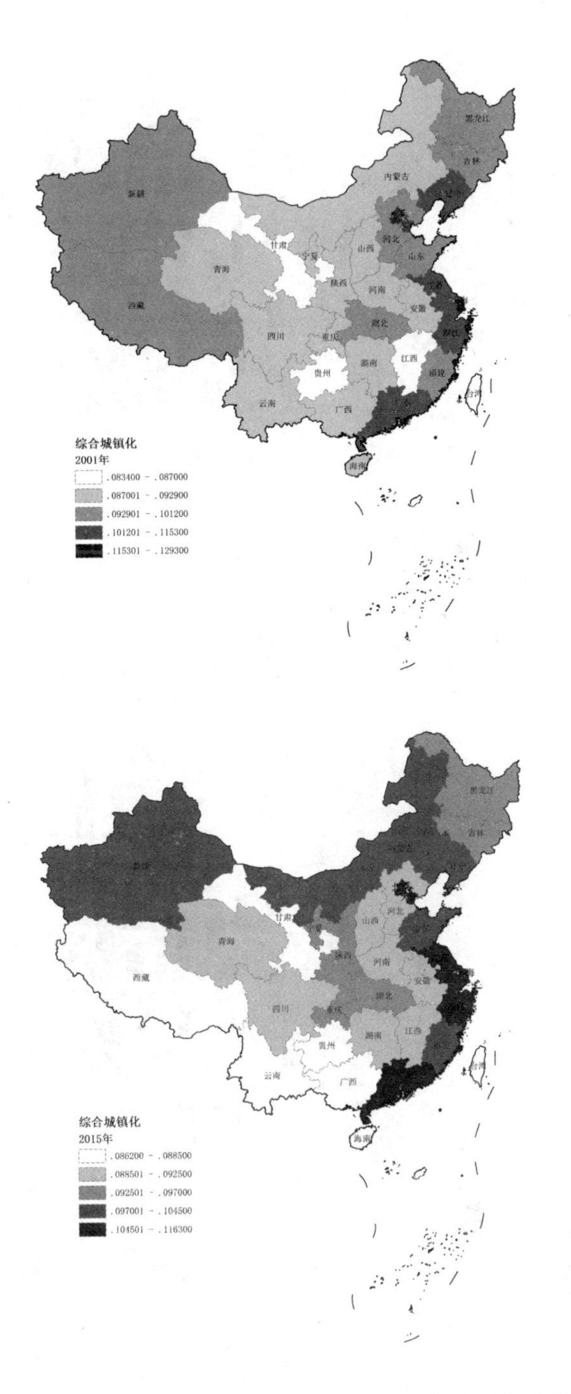

图 5-7　2001 年和 2015 年中国综合城镇化发展水平的空间格局

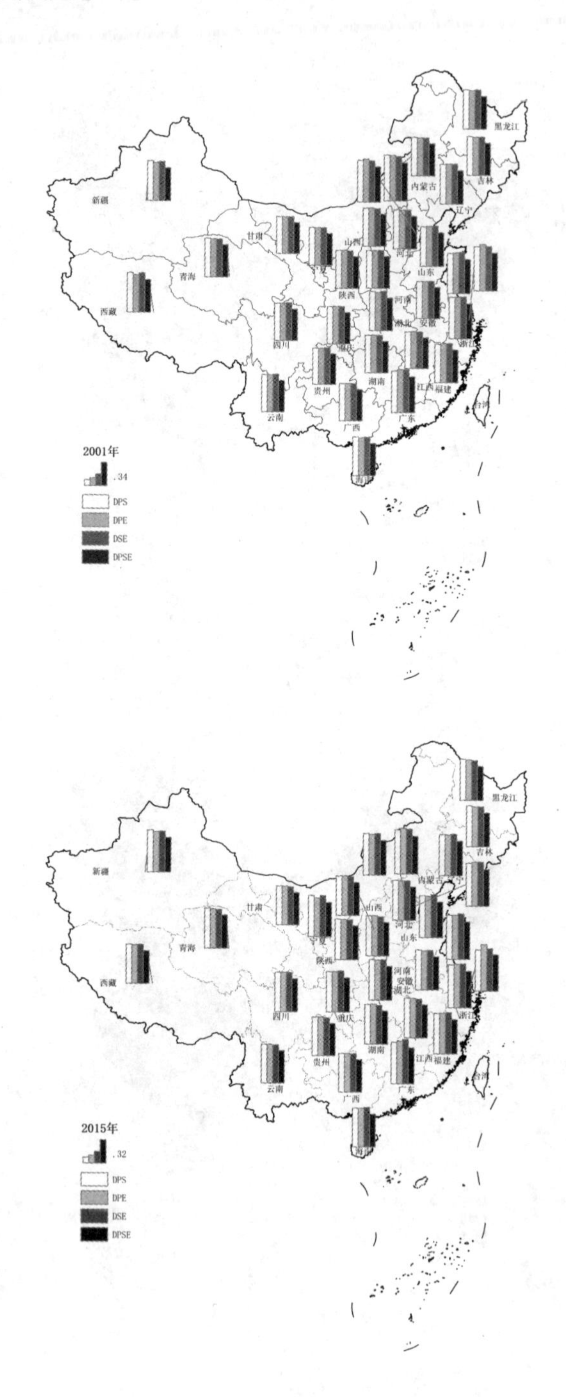

图5－8　2001年和2015年中国城镇化耦合协同发展的空间格局

二　评价分析

（一）人口、经济、空间城镇化耦合协同发展的空间格局特征

1. 整体空间格局特征

人口城镇化2001年发展水平最高的是北京，最低的是贵州，两者相差1.73倍；2015年，人口城镇化发展水平最高的是上海，最低的是海南，两者相差1.7倍；与2001年相比，2015年最高和最低水平的差距减小了0.03倍，全国31个省区市中只有天津、浙江、山西、吉林、重庆5个省市位次没有改变，其余26个省区市位次都发生了变化。

空间城镇化2001年发展水平最高的是北京，最低的是江西，两者相差1.49倍；2015年，空间城镇化发展水平最高的是江苏省，最低的是上海，两者相差1.47倍；与2001年相比，2015年最高和最低水平的差距减小了0.02倍，全国31个省区市中只有山西、贵州2个省份位次没有改变，其余的29个省区市位次都发生了变化。

经济城镇化2001年发展水平最高的是上海，最低的是贵州，两者相差1.64倍。2015年，经济城镇化发展水平最高的是上海，最低的是甘肃，两者相差1.59倍，与2001年相比，2015年最高和最低水平的差距减小了0.05倍，全国31个省区市中只有天津、上海、山东3个省市位次没有改变，其余的29个省区市位次都发生了变化。

2. 省际空间格局特征

从各省区市层面来看，2001年人口城镇化中排名前三位的是北京、上海、天津，最后三名是贵州、安徽、云南；2015年前三位是上海、北京、天津，后三位海南、西藏、广西。其中，江苏省2015年居第4位，仅位于北京、上海、天津3个直辖市之后，比2001年第7位有了显著提升；河南省也在31个省区市排名提升幅度最大，从2001年第23位提升到第8位；广东省在31个省区市排名降低幅度最大，从2001年第4位降低到第21位。

在空间城镇化各省区市对比中，2001年排前三名的是北京、

上海、广东，后三名是江西、贵州、甘肃；2015年排前三名的是江苏、山东、宁夏，后三名是上海、贵州、云南。与2001年相比，2015年宁夏在31个省区市排名中提升幅度最大，从第20位上升到第3位；上海市在31个省区市排名中降低幅度最大，从第2位下降到第31位；江苏省从第7位上升到第1位，位次提升幅度较为显著；河南省反而从第21位降低到第24位。

在经济城镇化各省区市对比中，2001年排前三名的是上海、广东、北京，后三名是贵州、甘肃、西藏；2015年排前三名的是上海、北京、广东，后三名是甘肃、青海、广西。与2001年相比，2015年内蒙古在31个省区市排名中提升幅度最大，从第26位提升到第11位；江苏省从第6位上升到第5位，位次仅位于北京、上海、天津3个直辖市和广东省之后；河南省反而从第15位降低到第18位。

在综合城镇化各省区市对比中，2001年排前三名的是北京、上海、广东，后三名是贵州、甘肃、江西；2015年排前三名的是北京、江苏、天津，后三名是广西、云南、贵州。与2001年相比，江苏省从第6位上升到第2位，河南省从第23位上升到第19位。

全国从整体水平来说，人口城镇化、经济城镇化呈现出由东往西、由南向北依次递减的趋势，两者城镇化发展较协调，说明在2001年到2015年间，东部和中部城镇化是以经济为导向的，人口城镇化发展也相对较快，很大程度上印证了市场经济发育程度、战略性资源等均受到经济、人口城镇化的影响；全国西部和北部空间城镇化发展较快，与人口城市演变趋势，似乎存在一种“互补”的内在规律，说明西部和北部城镇化发展以空间为导向，形成的城镇化是一种由城市空间建设而促使的“虚假城镇化”，对社会经济的拉动作用极其有限。

（二）城镇化协调度评价及分析

1. 协调阶段划分

根据耦合协同度划分标准，2001年中国31个省区市人口—经济、人口—空间、空间—经济城镇化耦合协同度，都略高于0.5，已进入高度耦合协同阶段，而人口—空间—经济城镇化只有北京、天津、上海、浙江、广东5个省市耦合协同度高于0.5，表示已经进入高度耦合协同阶段，其余省区市耦合协同度处于$0.4<D\leq0.5$，表示仍处于一般耦合协同阶段。2015年中国31个省区市人口—经济、人口—空间、空间—经济城镇化耦合协同度，都略高于0.5，已进入高度耦合协同阶段，而人口—空间—经济城镇化只有北京、天津、上海、江苏、浙江、广东6个省市耦合协同度高于0.5，表示已经进入高度耦合协同阶段，其余省区市耦合协同度处于$0.4<D\leq0.5$，表示仍处于一般耦合协同阶段，与2001年相比，各省区市耦合协同度变化不大。

2. 协调水平的类型划分

基于位序排名，将全国31个省区市的人口、经济、空间城镇化的耦合协同度划分为3种类型。划分的基本依据：首先将2015年人口—经济、人口—空间、空间—经济城镇化耦合协同度分别在31个省区市之间排序，然后将各省区市3个耦合协同度排名最小（排名越靠前）的作为其划分的主导类型（排名越小意味着耦合协同度越高）。

（1）人口—经济协调导向型。全国31省区市有10个省区市城镇化发展是以人口—经济协调为主导的。以东部和中部经济发达省区市为主。中国经济发达地区工业的快速发展，吸引大量农村劳动力和学子流向这些省区市，从而带动劳动力资源和其他要素资源的流向，促进了经济的发展。

（2）人口—空间协调导向型。全国31省区市有10个省区市城镇化发展是以人口—空间协调为主导的，以西部省区市为主。据本书对城镇化内涵的分析可知，人是行为主体，是主动关系，空间是载体，是被动关系，所以人口—空间协调导向型城镇化实质是以空间主导的、人口和空间协调的城镇化，经济发展较为缓慢。在上述城市中，都带有明显的计划经济色彩，政府在这些地区的城镇化发展中扮演着重要的角色。为此，这类地区的发展，只有摆脱国有计划经济体制的束缚，才有可能实现社会经济的协调、可持续发展。其次需要加强产业结构的调整，不能只局限于有能源、原材料基地的输出功能；也需要进一步加强国家政策税收的扶持。

（3）空间—经济协调导向型。全国31个省区市有11个省区市城镇化发展是以空间—经济协调为主导的，这类地区位于沿海东部或者地理位置相对较好的中部，比较容易受到区域中心城市经济集聚和扩散的"扰动"，通常表现为各种经济发展所需的"要素流"被截流，而衰退产业、老化过时技术等外迁扩散到这些地区，从而促进经济某种程度的发展，但通常这种经济发展属于典型的粗放型经济增长模式，对廉价的土地资源有着巨大的潜在市场需求，进而导致了经济与空间城镇化的协调，而与人口城镇化的不协调。

（4）人口—空间—经济耦合协同发展。江苏省人口—空间、空间—经济城镇化耦合协同度在31个省区市排名中都位于第1名，人口—空间—经济耦合协同度排第2名；天津市人口—经济、人口—空间、空间—经济、人口—空间—经济城镇化耦合协同度在31个省区市排名中都位于第3名，说明这两个地区人口、空间、经济城镇化速度和规模相互协调，共同发展，是综合城镇化良性发展的典型代表。

第六章　苏豫两省城镇化发展现状及共性问题

从第五章分析数据可以清楚地看出，2015 年在 31 个省区市中，江苏省综合城镇化发展水平排第 2 位，人口—空间—经济城镇化耦合协同度也排第 2 位，作为东部省区市的代表，江苏省城镇化建设具有典型代表性。2015 年 2 月，国家发改委等联合印发《国家新型城镇化综合试点方案》，将江苏省、安徽两省和宁波市等 62 个地市（镇）列为国家新型城镇化综合试点地区①。2015 年，江苏省在 13 个省辖市成功创建了国家园林城市，获得“联合国人居奖城市”和“中国人居奖城市”殊荣最多；绿色建设标识项目的总量已达到 1.1 亿个，超过了全国总量的 1/5②。河南省位于中国大陆中部地区，城镇化发展较为缓慢，综合城镇化位于大陆 31 个省区市的第 19 位，所以本书将以江苏省为对象，对比分析中部代表河南省，研究生态城镇化的发展机理及路径。

第一节　地区概况

江苏，简称“苏”，省会南京，位于中国大陆东部沿海地区，面积 10.72 万平方千米，占全国总面积的 1.12%；地形以平原为

① 《江苏、安徽和 62 个城市（镇）成为国家新型城镇化综合试点地区》，新华网（2015 - 02 - 04），http：//news. xinhuanet. com/local/2015 - 02/04/c_ 1114257098. htm。

② 周岚：《江苏绿色建设标识项目超全国 1/5》，人民网（2016 - 03 - 09），http：//js. people. com. cn/n2/2016/0309/c360302 - 27892919. html。

主，占全省70%以上，河湖数量较多，平原和水面占江苏省90%以上，居中国大陆各省区市首位。水资源十分丰富，省内降雨年径流深一般在150—400毫米。2015年末，江苏省常住人口达7976.3万人，居全国第5位，但人均国土面积或人口密度在全国最小。江苏和上海、浙江、安徽共同组成的长江三角洲城市群，已成为世界上六大著名城市群之一。江苏省共辖1个副省级城市（南京）、12个地市、21个县级市、21个县。2015年，江苏13市GDP都进入全国城市前100名，人均GDP达87995元人民币，居全国各省区市首位。综合竞争力、地区发展与民生指数（DLI）也均居全国各省区市的首位，已迈入“中上等”发达国家的水平①。

河南省位于中国中东部、黄河中下游，下辖17个省辖市，1个省直管市，省会郑州。河南是全国第一人口大省、传统农业大省，截至2015年末，全省常住人口9480万人，占全国总人口的6.9%；全省面积16.7万公里，占全国总面积的1.73%；全省粮食产量1154.46亿斤，占全国总产量的9.5%；生产总值连续居全国第5位、中西部首位。2015年，全省城镇化率达到46.85%，低于全国城镇化率56.10%近10个百分点。2015年，河南有可耕地12288万亩，居全国第3位，但人均耕地面积1.23亩，低于全国平均水平，且郑州、商丘等多地区耕地后备资源已近枯竭。水资源人均占有量440立方米，居全国第22位。全省森林覆盖率约为17.32%，低于国内森林覆盖率21.63%，更远低于国际标准。

第二节　苏豫两省城镇化发展中的共性问题

虽然中国在改革开放后，江苏省和河南省城镇化都进入了一个快速发展的阶段，取得了一定的成绩，但是也遇到了不少问题，主要表现在两点。第一，城镇化内部质量问题。江苏省在1996年至

① 《2003—2016年江苏省统计年鉴》，江苏省统计局网站，http://www.jssb.gov.cn。

2015 年，城镇建成区面积不断扩张，年均增长速度为 9.71%，是城镇人口 4.8% 增长速度的 2.02 倍，空间城镇化增长速度远远大于人口城镇化速度，导致大量土地资源利用粗放低效，且很多农民并没有享受到相应的社会保障和市民权利。江苏省 2015 年二元对比系数①为 0.267，略高于全国的二元对比系数 0.248，但仍低于发展中国家一般水平②，且比 1996 年的 0.233 增长了 0.034，增长速度较为缓慢。而河南省 2015 年二元对比系数为 0.201，低于全国二元对比系数，远低于发展中国家一般水平，可见中国城镇化发展一定程度上加剧了城乡差异。第二，江苏省城镇化发展速度高于全国平均水平，规模增长较快，一些城市逐渐超出了其城市资源环境承载力的范围，河南省某些地市城镇化与资源环境承载力之间的矛盾愈演愈烈，造成了不同程度的水资源紧缺、交通拥堵、垃圾围城、空气污染和城市贫困等“大城市病”。

一　城镇化建设内部问题

（一）制度创新出台滞后

1. 户籍管理制度改革问题新增

中国自改革开放以来，二元管理体制结构有所松动，但由于城乡分割政策的惯性，户籍制度尚未完全彻底改革，城乡二元结构依然存在，城乡差距在不断加剧，人口自由流动受到很多条件限制。在户籍制度改革的过渡阶段，居住证制度③还在不断探索实践，缺乏相关配套制度支撑，对已取得居住证的流动人口无法提供相应公共服务。从 2016 年 1 月 1 日起，中国《居住证暂行条例》正式施

---

① 二元对比系数是指农业劳动生产率与非农业劳动生产率之比，计算公式：$B_1 = (G_1/G) / (L_1/L)$；$B_2 = (G_2/G) / (L_2/L)$；$G_1 + G_2 = G$；$L_1 + L_2 = L$；$R_1 = B_1/B_2$；G 为总产值（或总收入）；G_1 为农业部门产值（或收入）；G_2 为非农业部门产值（或收入）；L 为劳动力数；L_1 为农业部门劳动力数；L_2 为非农业部门劳动力数；R_1 为二元对比系数。数值在 0 到 1 之间，数值越大表示二元结构越小，反之亦然。

② 发展中国家的二元对比系数一般为 0.31—0.45，发达国家通常为 0.52—0.86。

③ 居住证是中国一些发达城市借鉴发达国家“绿卡”制度进行的尝试，为中国制定技术移民办法，最终将为形成中国国家“绿卡”制度积累经验。

行，规定“公民离开常住户口所在地，到其他城市居住半年以上，符合有合法稳定就业、合法稳定住所、连续就读条件之一的，可以申领居住证”。对于领到暂住证的农村人口，各地政府要提供相应就业、安置、社保等方面的公共服务，支付数量巨大的对接成本。据江苏省财政厅测算，农民市民化享受的社会保障和保障性住房、就业及子女教育四项，需财政担负人均成本约4万元，而全省潜在转移人口800万人，成本总量达到2400亿元[①]，这将成为户籍管理制度改革中新的难题。

2. 流动人口涉及社会问题增多

2015年，中国流动人口规模达2.47亿人，占总人口的18%，相当于每6个人中有一个是流动人口。未来一二十年，中国仍处于城镇化快速发展阶段，按照《国家新型城镇化规划》的进程，2020年中国仍将有2亿以上的流动人口。“十三五”期间，人口继续向沿江、沿海、沿主要交通线地区聚集，超大城市和特大城市人口继续增长，中部和西部地区省内流动农民工比重明显增加[②]。江苏省与外省及省内城镇之间流动人口也日趋活跃，2014年底，苏州市流动人口实有登记数为698.9万人，同比增加45万人，增长率为6.89%；河南省2015年年末流动人数为1292万人，主要流向经济发达的沿海地区，以广东为最多，其次是北京、浙江和江苏，省外流动人数出现减缓趋势，省内流动处于增长趋势。流动人数增长明显增加了人口管理的难度，因为大部分外来人口缺乏系统的专业知识和职业技能培训，其文化程度、学历水平和收入水平都较低，尤其在子女教育、卫生医疗、养老等方面存在严重问题，还有外来人口刑事犯罪概率较大，并且很多案件都与城镇化引起的经济贫困存在关联。

---

① 《新华日报》:《江苏获批国家新型城镇化试点，800万农民将进城落户》，新华网（2015－01－31），http：//www.js.xinhuanet.com/2015－01/31/c_1114201286.html。

② 《中国流动人口2.47亿，数据：人口人流迁移仍继续活跃》，《中国青年报》（2016－10－20），http：//hn.chinaso.com/health/detail/20161020/1000200032826641476944101691002969_1.html。

3. 就业公共服务信息无法共享

目前，农村公共就业服务对农民及农村的覆盖面不够，而且基础比较薄弱。2014 年末，江苏省人力资源服务机构 3099 家，其中公共人力资源服务机构 262 家，社会经营性人力资源服务机构 2837 家，全年共为 117. 55 万家用人单位提供各类人力资源服务[①]。但是所处地区绝大多数都在城市，部分县乡的就业服务平台较为落后，缺少人员编制、经费保障和机构设置，导致公共就业服务没有延伸到乡村，且信息化程度较低，缺少地区间及城乡间统一规范的就业服务管理平台，导致就业信息无法共享。

（二）产业结构支撑不足

1. 第二、第三产业结构不甚合理

从世界工业革命的历史来看，工业化推动了西方城市化的发展，城市化是工业化的发展结果，二者相互促进发展。如果工业化比城镇化发展超前，会造成很多的问题出现，例如会因城市配套设施结构的缺乏，出现环境污染、交通拥挤、资源短缺和房价暴涨等一系列问题。同样，由于城镇化缺少必要的产业支撑，导致“空心化”和失业率增加等社会问题不断出现。工业化与城镇化的互动发展过程，从根本上是其产业结构和空间结构动态调整的过程，必须在空间上做到产城一体，在布局上功能分区和结构的三产融合。“工业化率”即工业增加值在经济总量中所占比例，是评价工业化水平的重要指标。“城镇化率”即城镇人口在全体人口中所占比例，是评价城镇化水平的关键指标。这两个“比率”不可直接比较，但在统计上具有相互对照的功能。2015 年，江苏省的工业化率为 39. 9%，全国平均水平为 34. 3%，高于 5. 6%；江苏省城镇化率为 66. 5%，全国平均水平为 56. 1%，高于 10. 4%，以上数据表明，江苏省工业化对城镇化推动作用较为明显。

据美国商务部数据显示，2013 年美国第一产业产值比重为

① 《关于发布 2014 年度江苏省人力资源和社会保障事业发展统计公报的通知》，江苏省人力资源和社会保障网（2015 – 04 – 22），http：//ggfw. jshrss. gov. cn/root18/auto2974/201505/t20150512_ 186277. html。

1.6%，第二产业为20.4%，第三产业为78%，产业结构为典型的"321"型，且第三产业产值是第二产业的3.82倍。中国2014年第一产业产值比重为9.2%，第二产业为42.7%，第三产业为48.1%，表示全国产业结构模式已经转变为"321"型。而2014年江苏省第一产业产值比重为5.6%，第二产业为47.4%，第三产业为47%，表明江苏省产业结构仍是"213"模式。2015年江苏省第一产业产值比重仍为5.7%，第二产业降低到45.7%，第三产业略微增长到48.6%，表明江苏省产业已经向"321"模式发展。同年，河南省第一产业产值比重为11.4%，第二产业为48.4%，第三产业为40.2%，表明河南省产业结构为"213"模式。以上资料说明了江苏省和河南省产业结构不甚合理，不符合世界城镇化产业结构的发展趋势。

2. 转移就业难度日趋增大

转移就业是指主动离开原有工作，另外寻找更适合自己发展的工作。目前导致转移就业压力大的主要原因有两个。第一，就业总量供需矛盾依然存在。中国2015年城镇新成长劳动力大约1500万人，其中高校毕业生749万人，另外还有中专、技校、初中高中毕业后不再升学的学生，以及需转移就业的农村富余劳动力300万人[①]。在全国宏观经济下行的形势下，就业需求总量会适度减小，在一定时间内将存在就业总量供大于求的矛盾。第二，结构矛盾更加突出。转移就业的农村富余劳动力，大多数都是文化知识和技能水平偏低的中年妇女和中年男性群体，其受教育程度及年龄处于劣势，增加了转移就业的难度，结构性矛盾更加突出，"招工难"和"就业难"现象共存，其中不稳定转移就业和隐性失业人数增多。

3. 持续吸纳就业能力不足

国际上，许多国家和地区的第三产业就业人数高于第二产业，中高等收入国家的第三产业就业人数一般是第二产业的2—3倍。

① 《2015年中国就业形势更严峻》，中国日报网（2015－03－12），http://edu.sina.com.cn/en/2015－03－12/111588255.shtml。

2013 年，美国第三产业产值占 GDP 的 78%，第三产业就业人数约占总人数的 80%。而中国第三产业就业人数比重在 2013 年首次超过第二产业，成为吸收社会就业的主要渠道，2015 年第三产业就业人数比重增长到 42.4%，第二产业比重减小到 29.3%。而 2015 年江苏省第三产业就业比重为 38.6%，第二产业比重为 43%；河南省第三产业就业比重为 30.2%，第二产业比重为 30.8%。由此可知，江苏省和河南省第三产业吸纳就业的能力均低于全国平均水平；第二产业吸纳就业的能力虽高于全国平均水平，但是将受到产业结构调整升级和外部经济环境等因素影响和制约，第二产业的持续吸纳就业能力将逐渐减弱。

（三）公共设施融资薄弱

城镇基础设施建设既可以改变城镇面貌，还可以提高城镇的综合承载能力，以支撑城镇化发展，但公共基础设施建设离不开资金的投入。随着城镇化的快速发展，公共基础设施数量不断增大，国家政府财政支出压力也在持续增加，公共基础设施建设的融资问题逐渐显现。

1. 融资需求缺口较大

伴随着中国新型城镇化不断加快，城市基础设施建设任务变得更加繁重，在城建资金方面，缺口依然较大。到 2030 年，江苏省将形成 2 个特大城市，15 个大城市，11 个中等城市，27 个小城市，共 540 个乡镇①，构成的等级规模体系，新建区域基础设施建设成本，以及老城区基础设施维修和更换成本需求会逐步增大，尤其是电力、交通、排水、垃圾处理等基础设施的资金需求量会快速增长，必然导致资金缺口增大。

2. 融资供给能力受限

中国城镇化基础设施融资供给量不足，主要是因为三点。第一，融资渠道比较单一。城镇化基础设施资金主要来源于政府投资，其他方式较少，尤其民间融资难度较大。第二，融资供给难以

---

① 乡镇：作为农村地域的基本公共服务中心和镇域非农产业集聚中心。

持续。基础设施建设资金多来源于“土地财政”，但目前由于国家不断加大对房地产的调控力度，导致土地成交量不断下滑，收入大幅度减少，“土地财政”难以持续。第三，投资和融资平台的运营机制不够健全，导致其融资能力受到制约。

二　城镇化建设外部问题

在快速城镇化进程中，城镇化发展占用大量土地，消耗大量资源，增加“三废”排放量，导致一系列外部问题出现，如环境污染严重、资源短缺等，这些都制约着江苏省和河南省城镇化建设。

（一）资源承载能力减小

特大城市和超级城市开始涌现，使得城镇化发展和城市资源环境承载力的矛盾加剧，经济发展所需资源总量已经远远超过了资源环境的承载能力，尤其是中国经济快速粗放式增长，对资源消耗需求急剧增加。从国际范围来看，2013 年，中国创造了全球 GDP 的 12.3%，能源消费占了全球总量的 21.5%，中国单位 GDP 能耗约为世界平均水平的 1.8 倍，为日本单位能耗的 3.8 倍，为美国单位能耗的 2.3 倍，明显高于墨西哥、巴西等发展中国家[①]，所以资源环境因素对中国社会经济增长的约束影响，比世界上其他发展中国家更为严重。

1. 可利用资源匮乏

2014 年底，中国人口数量达到 13.68 亿，占世界人口的 18.84%，与此对比，各类资源都相当匮乏，中国 2014 年森林覆盖率为 21.63%，远低于全球平均水平的 31%，人均森林面积仅占世界人均水平的 1/4，人均森林蓄积仅占世界人均水平的 1/7，森林资源仍然处于总量不足、质量不高、分布不均的状况[②]。江苏省森林覆盖率为 15.8%，在全国各省区市排名倒数第 8 位，河南省森林

---

① 《能源消费弹性系数须降下来》，能源评论（2014-12-18），http://news.hexun.com/2014-12-18/171549893.html。

② 《全国森林覆盖率已达 21.63%》，中国经济网（2014-02-26），http://news.jschina.com.cn/system/2014/02/26/020376087.shtm。

覆盖率为21.5%，在全国各省区市排名倒数第12位[①]。

2. 可耕土地数量降低

伴随着中国城镇化和工业化进程的加快，工业、商业和居住用地以及交通等建设用地逐渐表现出递增的态势，从城镇不断向耕地大量扩展，而耕地减少及其质量下降会对粮食产量造成不利影响，将会对城镇化发展造成双重制约。2014年，据河南省第二次土地调查主要数据发布，河南省人多地少的基本省情并未改变，人均耕地面积1.23亩，仍低于全国水平，并且郑州、许昌、漯河、商丘等地区耕地后备资源几近枯竭。江苏省人多地少的矛盾也特别突出，自2000年全省经济保持持续快速增长，建设用地不断扩张，在2013年达到3340万亩，提前7年超过了国家规定的3335万亩规划空间。土地开发强度从2000年的14.9%增长到2014年的20.9%，全省人均耕地面积减少到0.86亩，远远低于全国人均水平1.51亩。如果继续粗放低效利用土地资源，中国的粮食安全将受到威胁，人类生活空间、生态多样性、耕地湿地功能等生态环境同样会被严重破坏，重金属、土壤污染等问题将集中凸显，经济和社会发展将不可持续。

3. 城镇建设用地供需矛盾

按照江苏省2015—2030年城镇规划，到2030年全省城镇化率达到80%[②]，将有2110万农村人口流转迁移到城市。城镇化的建设是离不开土地供应的，如果按照城市中每万人口占用1平方千米计算，江苏省将要增加城区、县城镇或建制镇建成区面积2110平方千米，建设用地需求量增大[③]。由于国家实行18亿亩耕地的红线制度和严格的土地流转制度，加上迁转农民的土地依赖，其中部分

---

① 《环境统计资料》，中国统计局（2014－04－20），http：//www.stats.gov.cn/ztjc/ztsj/hjtjzl/2014/201609/t20160913_1399550.html。

② 《江苏省城镇化体系规划（2015—2030）》，江苏省住房和城乡建设厅官网（2015－12－11），http：//www.jscin.gov.cn/web/showinfo/showinfo.aspx？InfoID＝5bdb9cbe－0c42－430b－a4aa－69eaae49d981。

③ 《2007年城市、县城和村镇建设统计公报》，中华人民共和国住房和城乡建设部官网，http：//www.mohurd.gov.cn/xytj/tjzljsxytjgb/200806/t20080624_173507.html。

农民还占有耕地和宅基地，这使得城镇建设用地供给更为困难，再加上建设用地低效利用和闲置浪费的现象，使得建设用地供需矛盾依然存在。

4. 城镇资源承载力供需矛盾

随着城镇居民对物质生活要求的不断提高，必然会逐步增加对水、电、天然气和汽油等资源的需求。据2015年中国水资源公告，城镇居民人均生活用水量（含公共用水）213L/d，农村居民为81L/d，城镇居民是农村居民2.63倍[①]。2014年，江苏省城镇居民平均每户用电量是1929度，农村居民平均每户用电量为1370度，城镇居民用电量是农村居民的1.4倍[②]。到了2030年时，将会有2110万农村居民转变为城镇居民，这将对城镇的资源环境承载力提出严峻的挑战。

（二）生态环境胁迫增大

1. 城市垃圾处理问题

随着中国城镇化进程加速，城市垃圾问题日益突出，成了可持续发展的障碍之一。2014年，全国约2/3的城市处于各类垃圾的包围中，1/4已经没有了填埋或堆放场地，垃圾堆存侵占土地累计已超5亿平方米，每年经济损失高达300亿元人民币。若以年均增速8%—10%计算，预计2020年城市垃圾量将达3.23亿吨[③]。因此，垃圾无害化处理迫在眉睫，江苏和河南省也不例外。由于城市快速发展，使得城市垃圾收运设施无法满足其需要，乱扔乱倒垃圾现象较为严重，监督管理较为薄弱，导致郊区成为城市垃圾的管制地，使得“垃圾围城”成了发展趋势。在城市垃圾处理方法中，主要是城市垃圾堆放和简易填埋，结果导致了土地面积浪费、空气和水体

① 《2014年中国水资源公报》，中华人民共和国水利部官网（2015-08-28），http://www.mwr.gov.cn/zwzc/hygb/szygb/qgszygb/201508/t20150828_719423.html。

② 《昆山日报》:《2014年昆山乡镇居民户均用电量超城市居民》，江苏新闻网（2015-01-22），http://www.js.chinanews.com/ks/news/2015/0122/2453.html。

③ 《全国城市垃圾堆存累计侵占土地超过5亿平方米》，中国经济网（2014-12-16），http://finance.ifeng.com/a/20141216/13358166_0.shtml。

污染等问题的出现，严重危害人类健康和生活质量。

2. 生态环境污染问题

作为人口集聚区的城镇，具有人口众多、产业集聚等特征。城镇居民因生活和生产对资源消耗和浪费，必然导致水、空气、噪声污染等问题产生。比如大量未经处理或处理不充分的工业废水、生活污水排入河流，严重污染了城镇水域，2014 年，江苏省废水排放总量 60.12 亿千克，其中工业废水排放占 34.08%，生活污水排放占 65.87%，地表水的环境质量总体处于轻度污染；河南省地表水水质基本稳定，水质级别为中度污染。

中国长期利用能源以煤为主。未经脱硫处理的煤燃烧后，会产生大量烟尘、二氧化硫等有害物质；同时随着汽车使用量的快速增长，大量汽车尾气排放，严重污染了空气，造成城镇常常处于雾霾之中，严重影响人们工作和生活环境。江苏省环保厅公布 2015 年上半年城市空气环境质量报告中，13 个省辖市 PM2.5 都没有达标。河南省环保厅公布 2015 年上半年全省 18 个省辖市的 PM10 浓度虽有小幅降低，但与国家下达的目标仍有较大差距。

随着城镇化发展，各种噪声污染问题也逐渐凸显，其中建筑工地和机动车辆是城镇噪声污染的主要诱因。

第七章　江苏省城镇化演化过程及空间格局

2015年，江苏省城镇化及城镇化耦合协同度，在中国大陆31个省区市排名第2。作为中部地区的代表省份，作为城镇化与生态环境协调发展的代表省份，研究其城镇化发展具有重要的现实意义。本章是以江苏省1996—2015年城镇化的发展历程进行动态分析，并对2003年和2015年13个地市的空间格局进行静态对比分析。

第一节　江苏省城镇化发展的演化过程

由于《中国统计年鉴》中统计口径的变化，有些年份指标数据的缺失，为了统计数据的准确性，本节选择1996—2015年江苏省城镇化发展状况进行分析，数据来源于1997—2016年《中国统计年鉴》《中国城市统计年鉴》《江苏统计年鉴》。

一　时间测度

首先运用第五章中公式（5－1）将原始数据420个，进行标准化处理，再运用公式（5－2）—公式（5－3），计算出各指标的信息熵E_j，然后运用公式（5－4），计算出效用值D_j，最后通过公式（5－5），计算出各指标的权重W_j，见表7－1。

表 7－1 1996—2015 年江苏省城镇化发展水平的评价指标权重

系统层	准则层	序参量	作 用
城镇化水平综合评价体系	人口城镇化	城镇人口比重	0.1377
		第二、第三产业从业人数比重	0.1267
		城市人口密度	0.1437
		城镇居民人均可支配收入	0.1652
		城镇居民恩格尔系数	0.0819
		人均公共财政教育支出	0.1764
		每千人口医疗卫生机构床位	0.1684
	空间城镇化	建成区面积	0.1338
		人均建成区面积	0.1320
		人均固定资产投资	0.1539
		人均房屋竣工面积	0.1497
		人均拥有道路面积	0.1536
		每万人拥有的公共交通车辆运营数	0.1128
		人均公园绿地面积	0.1643
	经济城镇化	GDP	0.1465
		人均 GDP	0.1443
		人均工业总产值	0.2779
		第二、第三产业产值之和占 GDP 比重	0.0823
		第二、第三产业产值之间比重	0.1024
		人均公共财政收入	0.1342
		出口总额占 GDP 比重	0.1124

再运用公式（5－6），计算出江苏省 1996—2015 年人口、空间、经济及其综合城镇化水平，接着运用公式（5－7）—公式（5－9），计算出人口—空间、空间—经济、人口—经济、人口—空间—经济城镇化之间的耦合协同度，具体评价数据见表 7－2，并运用表 7－2 中数据，绘制出折线图，见图 7－1、图 7－2。

表 7－2　1996—2015 年江苏省城镇化发展及耦合协同水平

年份	PU	SU	EU	PSEU	DPS	DPE	DSE	DPSE
1996	0. 0380	0. 0353	0. 0358	0. 1092	0. 6055	0. 6074	0. 5964	0. 5071
1997	0. 0387	0. 0364	0. 0367	0. 1119	0. 6128	0. 6140	0. 6049	0. 5134
1998	0. 0394	0. 0377	0. 0376	0. 1147	0. 6208	0. 6207	0. 6137	0. 5200
1999	0. 0404	0. 0386	0. 0384	0. 1174	0. 6284	0. 6275	0. 6205	0. 5260
2000	0. 0428	0. 0406	0. 0395	0. 1228	0. 6455	0. 6411	0. 6325	0. 5379
2001	0. 0407	0. 0388	0. 0402	0. 1198	0. 6305	0. 6361	0. 6286	0. 5312
2002	0. 0409	0. 0401	0. 0413	0. 1223	0. 6363	0. 6409	0. 6379	0. 5368
2003	0. 0423	0. 0416	0. 0428	0. 1268	0. 6479	0. 6526	0. 6499	0. 5467
2004	0. 0435	0. 0441	0. 0442	0. 1318	0. 6617	0. 6621	0. 6643	0. 5573
2005	0. 0451	0. 0476	0. 0467	0. 1394	0. 6804	0. 6775	0. 6867	0. 5731
2006	0. 0495	0. 0503	0. 0489	0. 1488	0. 7065	0. 7015	0. 7044	0. 5921
2007	0. 0516	0. 0532	0. 0512	0. 1560	0. 7238	0. 7170	0. 7224	0. 6063
2008	0. 0523	0. 0554	0. 0530	0. 1607	0. 7336	0. 7256	0. 7361	0. 6153
2009	0. 0547	0. 0580	0. 0535	0. 1663	0. 7505	0. 7357	0. 7465	0. 6258
2010	0. 0567	0. 0579	0. 0573	0. 1719	0. 7570	0. 7551	0. 7590	0. 6366
2011	0. 0593	0. 0601	0. 0604	0. 1799	0. 7727	0. 7738	0. 7763	0. 6511
2012	0. 0623	0. 0627	0. 0624	0. 1874	0. 7905	0. 7896	0. 7906	0. 6645
2013	0. 0652	0. 0647	0. 0646	0. 1945	0. 8059	0. 8056	0. 8041	0. 6771
2014	0. 0670	0. 0674	0. 0667	0. 2011	0. 8198	0. 8177	0. 8188	0. 6885
2015	0. 0695	0. 0696	0. 0786	0. 2176	0. 8338	0. 8596	0. 8598	0. 7155

注：PU 表示人口城镇化；SU 表示空间城镇化；EU 表示经济城镇化；PSEU 表示综合城镇化；DPS 表示人口—空间城镇化耦合协同度；DPE 表示人口—经济城镇化耦合协同度；DSE 表示空间—经济城镇化耦合协同度；DPSE 表示人口—空间—经济城镇化耦合协同度。

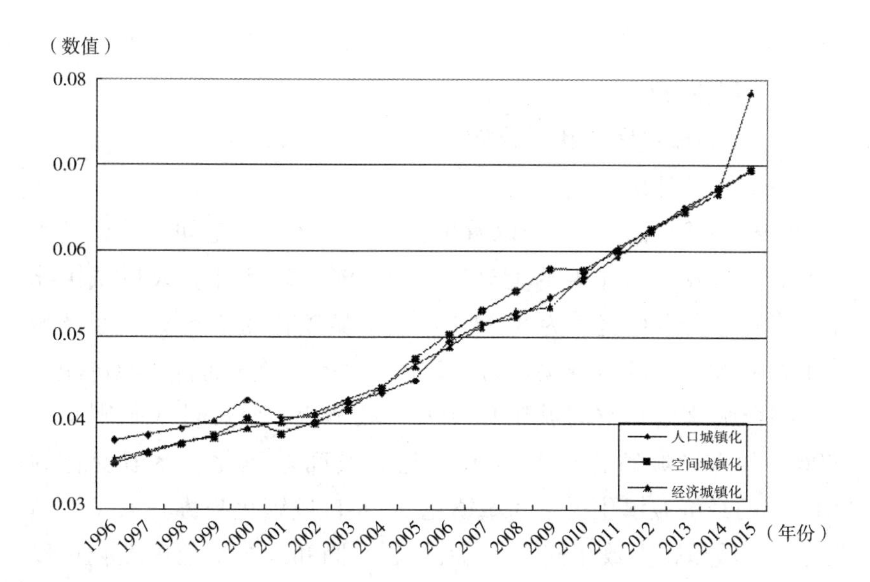

图 7－1　1996—2015 年江苏省城镇化发展趋势

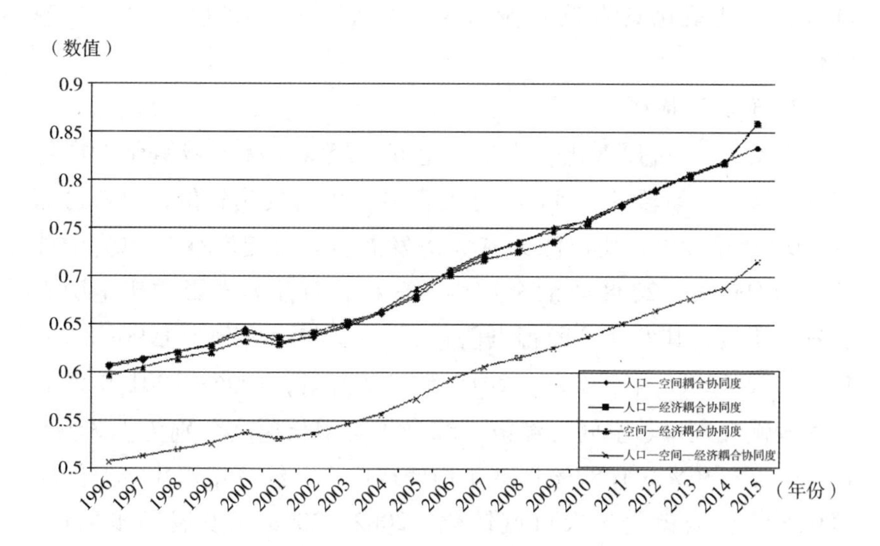

图 7－2　1996—2015 年江苏省城镇化耦合协同度演变过程

二 评价分析

（一）城镇化发展状况分析

1. 整体性特征

从表7－2、图7－1可以看出，人口、经济、空间、综合城镇化水平，均表现出显著的上升趋势，1996—2015年，人口城镇化评价值的年均增长速度为3.32%；空间城镇化为3.63%；经济城镇化为4.22%；综合城镇化为3.7%。就年均增速而言，经济城镇化>综合城镇化>空间城镇化>人口城镇化，而总量水平则是从1996年的人口城镇化>经济城镇化>空间城镇化，逐渐变化为2015年的经济城镇化>空间城镇化≥人口城镇化趋势（人口城镇化与空间城镇化大致相同）。从人口、空间和经济的位序变化可以看出，经济城镇化发展水平最快，水平最高；空间城镇化发展水平次之，人口城镇化发展速度最慢；同时结合指标权重，可以说明江苏省经济城镇化具有低效投入推进特征，相对忽视了“人”城镇化。

2. 阶段性特征

从图7－1可以看出，人口、空间、经济及综合城镇化发展都表现出明显的阶段性特征。由于江苏省是沿海发达省份，出口份额占GDP比重较大，所以江苏省经济发展、人口流动变化均受全球经济影响较大，2008年的全球金融危机，对江苏省影响比全国其他省份明显，其发展阶段拐点前移到2009年，可分为1996—2001年、2002—2008年、2009—2015年三个阶段，1996—2001年发展较为缓慢，人口、空间、经济、综合年均增长速度分别为1.37%、1.90%、2.36%、1.87%；就年均增速而言，经济城镇化>空间城镇化>综合城镇化>人口城镇化。2002—2008年发展逐步加速，人口、空间、经济、综合年均增长速度分别为4.20%、5.53%、4.25%、4.66%；就年均增速而言，空间城镇化>综合城镇化>经济城镇化>人口城镇化。人口、空间增长速度均是1996—2001年同比增长3倍左右，经济增长速度约为1.8倍。2009—2015年发展继续加速，人口、空间、经济、综合年均增长速度分别为4.06%、3.08%、6.60%、4.59%，就年均增速而言，经济城镇化>综合城镇化>人口城镇化>空间城镇化。人口、空间城镇化比2002—2008年的增长速度有所下降，属于相对平缓的发展阶段，但是经济城镇化较2002—2008年的增长速度继续上升，属于加速增长阶段。以年均增长速度分析，1996—2001年城镇化发展较为缓慢，经济城镇化占进程的主导地位，其次是空间城镇化，城镇化发展方式属于经济—空间导向型；2002—2008年发展速度较快，空间城镇化为主导力量，属于空间导向型城镇化发展方式；2009—2015年发展相对平稳，经济城镇化占主导地位，属于经济导向型城镇化发展方式。

（二）城镇化耦合协同性发展分析

从图7-1可以看出，人口—空间、人口—经济、空间—经济、人口—空间—经济城镇化耦合协同度都表现出明显的阶段性特征，可分为1996—2001年、2002—2008年、2009—2015年三个阶段。

1. 人口—空间城镇化耦合协同性

人口—空间城镇化耦合协同度评价值，从1996年的0.6055上升到2015年的0.8338，年均增速为1.7%，表明二者耦合协同性在不断完善。从整个过程来看，城镇化耦合协同度评价值，在1996—2001年，年均增速为0.81%；在2002—2008年，年均增速为2.4%，约为前者的2.96倍；在2009—2015年，年均增速为1.77%。在1996—2012年，人口—空间城镇化发展属于高度耦合协同阶段，2013—2015年，属于极度耦合协同阶段。

2. 人口—经济城镇化耦合协同性

人口—经济城镇化耦合协同度评价值，从1996年的0.6074上升到2015年的0.8596，年均增长速度为1.84%，表明二者耦合协同性在不断完善。从过程来看，在1996—2001年，耦合协同度年均增速为0.93%；在2002—2008年，年均增长2.09%；在2010—2015年，年均增长2.63%，是1996—2001年耦合协同度的2.83倍。从阶段来看，在1996—2012年，人口—经济城镇化发展属于高度耦合协同阶段；2013—2015 年，属于极度耦合协同阶段。

3. 空间—经济城镇化耦合协同性

空间—经济城镇化耦合协同度评价值，从 1996 年的 0. 5964 上升到 2015 年的 0. 8598，年均增速为 1. 83%，表明二者耦合协同性在不断完善。从整个过程来看，在 1996—2001 年，耦合协同度年均增速为 1. 06%；在 2002—2008 年，年均增速为 2. 41%，约为前者的 2. 27 倍；在 2009—2015 年，年均增速为 2. 26%，比前一阶段略微下降。主要是由于江苏省不断创新政策措施，促进产业转型升级和经济健康发展，尤其建筑业等行业，促使二者的耦合协同度逐步上升。在 1996—2012 年，空间—经济城镇化发展属于高度耦合协同阶段；2013—2015 年，属于极度耦合协同阶段。

4. 人口—空间—经济城镇化耦合协同性

人口—空间—经济城镇化耦合协同度评价值，从 1996 年的 0. 5071 上涨到 2015 年的 0. 7155，年均增速为 1. 83%，表明三者的耦合协同性在一个不断完善。从整个过程来看，城镇化耦合协同度在 1996—2001 年，年均增速为 0. 93%；在 2002—2008 年，年均增速为 2. 3%，约为前者的 2. 47 倍；在 2009—2015 年，年均增速为 2. 26%，比前一阶段略微下降。从整个过程来看，人口—空间—经济城镇化发展在 1996—2015 年都属于高度耦合协同阶段。

第二节　江苏省城镇化发展的空间格局

为了呈现江苏省城镇化发展的空间状况，本节将对江苏省 2015 年和以前某一年城镇化发展状况进行静态对比分析。从《中国统计年鉴》《中国城市统计年鉴》《江苏统计年鉴》直接或间接收集江苏省 13 个地市的 21 个指标数据，发现最早只能收集到 2002 年，而河南省却只能收集到 2003 年，为了以后本书分析指标的统一性和连续性，所以本节以江苏省 2003 年和 2015 年 13 个地市城镇化发展进行空间静态对比分析。

一　空间测度

首先将收集到的2003年和2015年的13个地市指标数据546个，运用公式（5－10）进行标准化处理后，运用公式（5－10）—公式（5－12），计算出各指标的信息熵E_j，接着运用公式（5－13），计算出效用值D_j，接着通过公式（5－14），计算出各指标的权重W_j，再运用公式（5－15）计算可以得出江苏省人口、空间、经济城镇化发展水平的指标数值，最后运用第五章中耦合协同公式（5－7）—公式（5－9），计算人口—空间、人口—经济、空间—经济、人口—空间—经济的耦合协同度指标数值，见表7－3、表7－4。

表7－3　2003年江苏省城镇化子系统耦合协同发展水平

城市	PU	SU	EU	PSEU	DPS	DPE	DSE	DPSE
南京市	0.0934	0.1006	0.0920	0.2860	0.9845	0.9628	0.9807	0.8207
无锡市	0.0999	0.0955	0.0992	0.2945	0.9882	0.9977	0.9864	0.8331
徐州市	0.0698	0.0714	0.0683	0.2095	0.8402	0.8310	0.8355	0.7026
常州市	0.0893	0.0835	0.0842	0.2570	0.9292	0.9311	0.9158	0.7781
苏州市	0.0948	0.0896	0.1104	0.2949	0.9601	1.0117	0.9973	0.8318
南通市	0.0739	0.0719	0.0726	0.2184	0.8536	0.8557	0.8500	0.7174
连云港市	0.0646	0.0643	0.0644	0.1933	0.8029	0.8032	0.8022	0.6750
淮安市	0.0613	0.0669	0.0633	0.1916	0.8003	0.7893	0.8069	0.6717
盐城市	0.0701	0.0651	0.0654	0.2007	0.8221	0.8229	0.8079	0.6875
扬州市	0.0744	0.0771	0.0723	0.2238	0.8702	0.8564	0.8640	0.7261
镇江市	0.0769	0.0704	0.0792	0.2266	0.8581	0.8835	0.8642	0.7303
泰州市	0.0694	0.0727	0.0691	0.2112	0.8427	0.8322	0.8419	0.7055
宿迁市	0.0621	0.0710	0.0595	0.1927	0.8150	0.7799	0.8064	0.6729

表7-4　2015年江苏省城镇化子系统耦合协同发展水平

城　市	PU	SU	EU	PSEU	DPS	DPE	DSE	DPSE
南京市	0.0952	0.0911	0.0925	0.2788	0.9651	0.9687	0.9582	0.8106
无锡市	0.0958	0.0798	0.0973	0.2729	0.9350	0.9827	0.9386	0.8002
徐州市	0.0707	0.0715	0.0672	0.2094	0.8433	0.8301	0.8326	0.7024
常州市	0.0841	0.0808	0.0870	0.2519	0.9079	0.9250	0.9155	0.7703
苏州市	0.0900	0.0795	0.1086	0.2781	0.9198	0.9943	0.9641	0.8059
南通市	0.0801	0.0898	0.0767	0.2467	0.9210	0.8855	0.9111	0.7616
连云港市	0.0596	0.0694	0.0599	0.1889	0.8020	0.7731	0.8029	0.6664
淮安市	0.0661	0.0644	0.0634	0.1939	0.8079	0.8046	0.7993	0.6760
盐城市	0.0779	0.0724	0.0643	0.2146	0.8667	0.8414	0.8259	0.7100
扬州市	0.0785	0.0938	0.0842	0.2564	0.9263	0.9014	0.9426	0.7763
镇江市	0.0789	0.0784	0.0826	0.2400	0.8870	0.8986	0.8973	0.7520
泰州市	0.0796	0.0893	0.0816	0.2504	0.9181	0.8976	0.9237	0.7677
宿迁市	0.0604	0.0698	0.0567	0.1869	0.8056	0.7650	0.7932	0.6623

注：PU表示人口城镇化；SU表示空间城镇化；EU表示经济城镇化；PSEU表示综合城镇化；DPS表示人口—空间城镇化耦合协同度；DPE表示人口—经济城镇化耦合协同度；DSE表示空间—经济城镇化协同耦合度；DPSE表示人口—空间—经济城镇化协同耦合度。

为了便于研究，使用ArcGIS 10.2软件的自然断裂法将人口城镇化、空间城镇化、经济城镇化、综合城镇化得分，划分为5个层次，见图7-3、图7-4、图7-5、图7-6。从图7-3、图7-4、图7-5、图7-6中可以看出，江苏省2003年与2015年城镇化发展状况的空间市际格局变动。再用四者各自耦合协调度用ArcGIS 10.2软件按位序排名，绘制空间格局图7-7，表示江苏省2003年与2015年人口、经济、空间城镇化的耦合协同发展的变化特征。

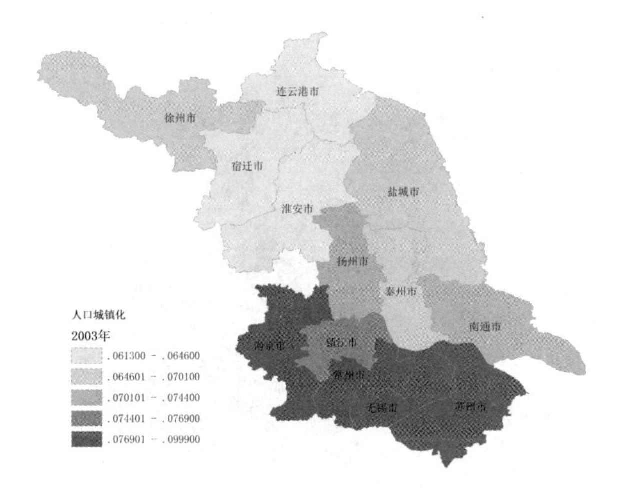

a　2003 年

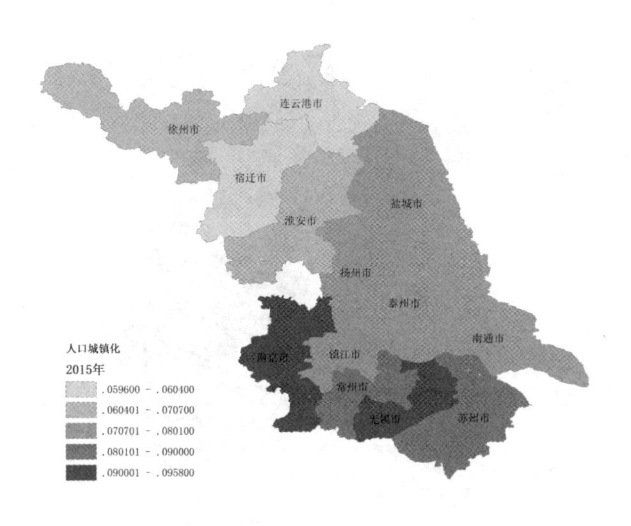

b　2015 年

图 7－3　2003 年和 2015 年江苏省各地市人口城镇化发展格局

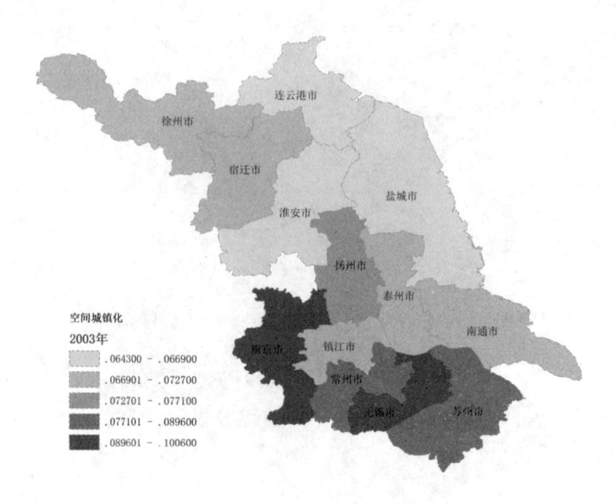

a　2003 年

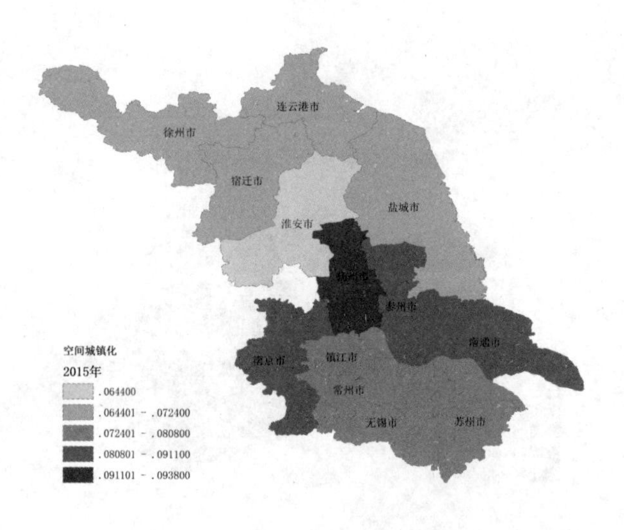

b　2015 年

图 7－4　2003 年和 2015 年江苏省各地市空间城镇化的发展格局

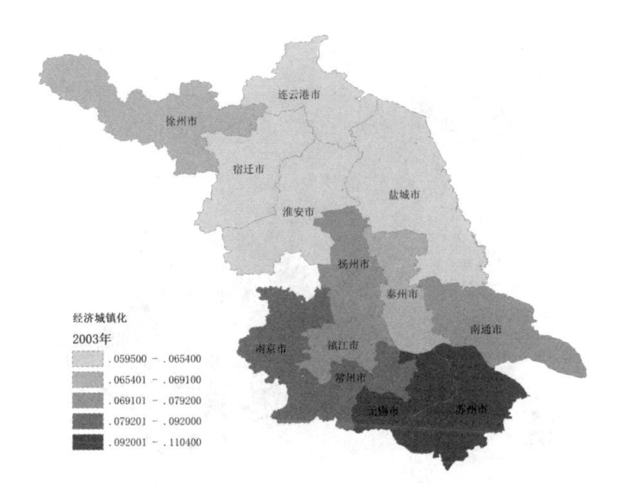

a　2003 年

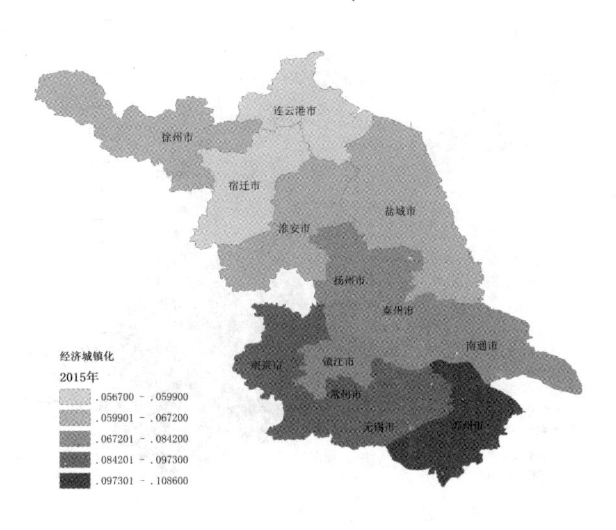

b　2015 年

图 7 - 5　2003 年和 2015 年江苏省各地市经济城镇化的发展格局

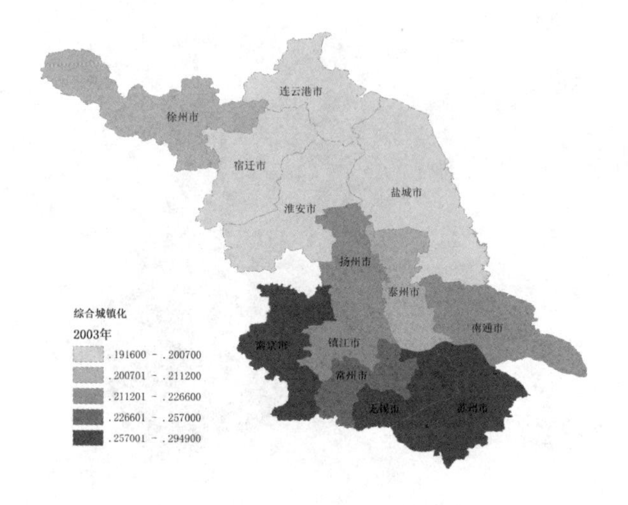

a　2003 年

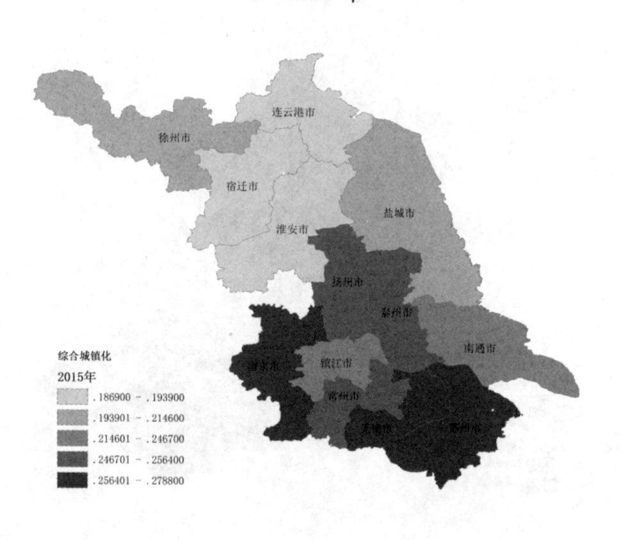

b　2015 年

图 7－6　2003 年和 2015 年江苏省各地市综合城镇化的发展格局

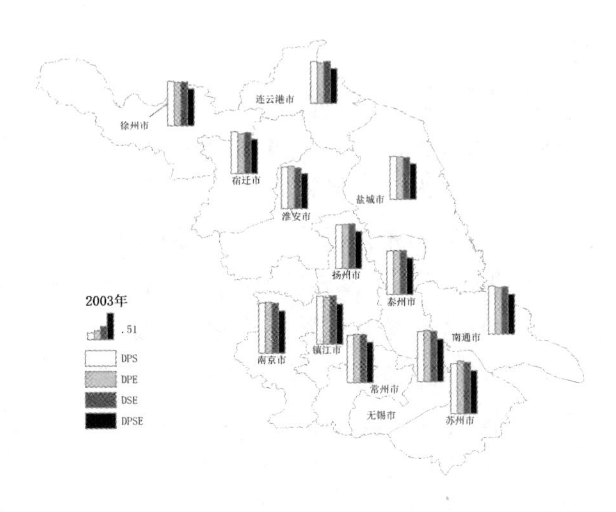

a　2003 年

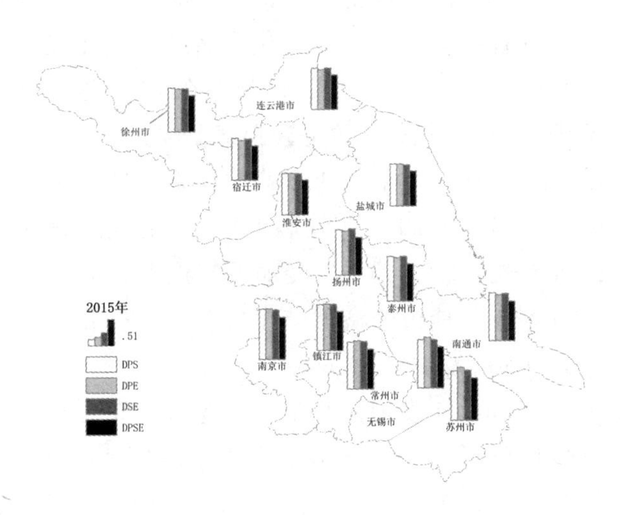

b　2015 年

图 7－7　2003 年和 2015 年江苏省各地市城镇化耦合协同发展的空间格局

二 评价分析

（一）城镇化发展的空间分析

首先从整体水平来看，人口城镇化2003年发展水平最高的是无锡市，最低的是淮安市，两者相差1.63倍；2015年发展水平最高的仍是无锡市，最低的是连云港市，两者相差1.61倍，发展水平差异变小。与2003年相比，2015年江苏省各地市人口城镇化排名顺序变化不大，但是发展水平都有了明显地提高，其中，泰州市在13个地市排名提升幅度最大，提升了4位，从第10位提升到第6位；连云港市、扬州市、镇江市排名均降低了2位；无锡市、常州市、宿迁市3个地市位次没有变化。

空间城镇化2003年发展水平最高的是南京市，最低的是连云港市，两者相差1.56倍；2015年发展水平最高的是扬州市，最低的是淮安市，两者相差1.46倍，发展水平差异变小。与2003年相比，2015年江苏省各地市空间城镇化排名顺序变化较大，而且发展水平都有了明显的提高，其中，扬州市在13个地市排名提升幅度最大，提升了7位，从第8位上升到第1位。

经济城镇化2003年发展水平最高的是苏州市，最低的是宿迁市，两者相差1.85倍；2015年发展水平最高的是苏州市，最低的是宿迁市，两者相差1.91倍，发展水平差异略变大。与2003年相比，2015年江苏省各地市经济城镇化排名顺序变化不大，而且发展水平都有了明显的发展。

综合城镇化2003年发展水平最高的是苏州市，最低的是淮安市，两者相差1.54倍；2015年发展水平最高的是南京市，最低的是宿迁市，两者相差1.49倍，发展水平差异变小。与2003年相比，2015年江苏省各地市综合城镇化排名顺序变化不大，而且发展水平都有了明显的提高。综合城镇化与经济城镇化的空间格局变化趋势基本相同，可见在综合城镇化变化中经济城镇化占的比重最大。

总而言之，从整体水平来说，人口、空间、经济、综合城镇化在2015年比2003年都有了明显地发展。江苏省分为苏南、苏中、苏北地区，苏南地区包括南京市、无锡市、常州市、苏州市、镇江市，苏中地区包括南通市、扬州市、泰州市，苏北地区包括徐州市、连云港市、淮安市、盐城市、宿迁市。从图7－7可以看出，2003年人口、空间、经济、综合城镇化程度都是从苏南、苏中到苏北，由南向北逐步减小，空间差异逐步加大，城镇化建设“苏南模式”成了代表性的发展模式。相对2003年而言，2015年城镇化的南北差异呈现逐步减小的趋势。

（二）城镇化耦合协同发展测度分析

1. 协调阶段划分

从图7－7可以看出，2003年江苏省13个地市的人口—经济城镇化耦合协同状态全部属于极度耦合协同阶段，人口—空间城镇化耦合协同除了宿迁市、淮安市处于高度耦合协同阶段，其余地市均属于极度耦合协同阶段；空间—经济城镇化耦合协同全部属于极度耦合协同阶段；人口—空间—经济城镇化耦合协同除了无锡市、苏州市、南京市处于极度耦合协同阶段，其余地市均属于高度耦合协同阶段。

2015年13个地市人口—经济城镇化耦合协同状态全部属于极度耦合协同阶段，人口—空间城镇化耦合协同除了宿迁市、连云港市处于高度耦合协同阶段，其余地市均属于极度耦合协同阶段；空间—经济城镇化耦合协同除了宿迁市、淮安市处于高度耦合协同阶段，其余地市均属于极度耦合协同阶段。人口—空间—经济城镇化耦合协同除了南京市、无锡市、扬州市极度耦合协同阶段，其余地市均属于高度耦合协同阶段。从以上分析可以看出，江苏省城镇化发展总体处于极度耦合阶段，变化不大，但是整体来看，南京市、无锡市是城镇化耦合协同发展较好的，而宿迁市、淮安市、连云港市是城镇化耦合协同发展较差的。

2. 协调导向类别判定

首先将2015年人口—经济、人口—空间、空间—经济城镇化耦合协同度，在13个地市之间从大到小分别排序，然后在3个耦合协同度排序中，挑选出序号最小的作为该地市的主导类型；如果序号相同，则以耦合协同度最大的为主。根据这种划分方法，将江苏省 13 个地市的人口、经济、空间城镇化的耦合协同度划分为 3 种类型。

（1）人口—经济协同导向型。在江苏省 13 个地市中，南京市、盐城市、淮安市、连云港市 4 个地市城镇化发展是以人口—经济协同为主导，这些地市以工业发展带动了经济发展，从而吸引大量农村劳动力和学子流向这些省份，劳动力和劳动要素资源流向又促进了经济的发展。

（2）人口—空间协同导向型。在江苏省 13 个地市中，无锡市、扬州市、苏州市、镇江市 4 个地市城镇化发展是以人口—空间协同为主导。城镇化过程中，人是行为主体，属于主动关系；空间是空间载体，属于被动关系，所以在这类城镇化过程中，实际是人口为主导的，带动人口与空间协同发展的，隐含着计划经济色彩，政府在城镇化发展中起着重要作用。对于该类地区，要逐步摆脱计划经济体制的限制，实现人口、经济、空间和社会的协同持续发展。

（3）空间—经济协同导向型。在江苏省 13 个地市中，南通市、泰州市、常州市、徐州市、宿迁市 5 个地市城镇化发展是以空间—经济协同为主导。空间—经济协同导向型的区位优势较好，极易受到核心城市的辐射和带动作用，经济发展所需要素的扩散会带动经济的发展，但同时一些衰退产业、过时技术等外迁或扩散，也会促进经济粗放式的发展，同时逐步背离人口城镇化的发展。

第八章　河南省城镇化演化过程及空间格局

2015 年河南省城镇化率仅为 46.6%，低于全国城镇化率 9.5%，城镇化发展较为缓慢。作为中部地区代表性省份，本章分析河南省 1996—2015 年城镇化的发展历程，并对 2003 年和 2015 年 18 个地市的空间格局进行静态对比分析。

第一节　河南省城镇化发展的演化过程

由于《中国统计年鉴》中统计口径的变化，有些年份指标数据缺失，为了统计数据的准确性，本节选择 1996—2015 年河南省城镇化发展状况进行分析，数据来源于 1997—2016 年《中国统计年鉴》《中国城市统计年鉴》《河南统计年鉴》。

一　时间测度

首先运用第五章中公式（5-1）将原始数据 399 个，进行标准化处理，再运用公式（5-2）—公式（5-3），计算出各指标的信息熵 E_j，然后运用公式（5-4），计算出效用值 D_j，最后通过公式（5-5），计算出各指标的权重 W_j，见表 8-1。

表 8 - 1　1996—2015 年河南省城镇化发展水平的评价指标权重

系统层	准则层	序参量	作　用
城镇化水平综合评价体系	人口城镇化	城镇人口比重	0. 1180
		第二、第三产业从业人数比重	0. 1491
		城市人口密度	0. 1752
		城镇居民人均可支配收入	0. 1429
		城镇居民恩格尔系数	0. 0686
		人均公共财政教育支出	0. 1774
		每千人口医疗卫生机构床位	0. 1688
	空间城镇化	建成区面积	0. 1504
		人均建成区面积	0. 1516
		人均固定资产投资	0. 1671
		人均房屋竣工面积	0. 1659
		人均拥有道路面积	0. 1476
		每万人拥有的公共交通车辆运营数	0. 0949
		人均公园绿地面积	0. 1226
	经济城镇化	GDP	0. 1340
		人均 GDP	0. 1409
		人均工业总产值	0. 2709
		第二、第三产业产值之和占 GDP 比重	0. 1197
		第二、第三产业产值之间比重	0. 0852
		人均公共财政收入	0. 1324
		出口总额占 GDP 比重	0. 1169

再运用公式（5 -6），计算出河南省 1996—2015 年人口、空间、经济及其综合城镇化水平，接着运用公式（5 -7）—公式（5 -9），计算出人口—空间、空间—经济、人口—经济、人口—空间—经济城镇化之间的耦合协同度，具体评价数据见表 8 -2，并运用表 8 -2 中数据，绘制出折线图，见图 8 -1、图 8 -2。

表 8－2　　河南省 1996—2015 年人口、空间、经济城镇化发展水平得分

年份	PU	SU	EU	PSEU	DPS	DPE	DSE	DPSE
1996	0.0370	0.0358	0.0372	0.1099	0.6032	0.6090	0.6037	0.5090
1997	0.0374	0.0371	0.0377	0.1122	0.6103	0.6127	0.6119	0.5143
1998	0.0373	0.0374	0.0380	0.1127	0.6114	0.6136	0.6140	0.5155
1999	0.0376	0.0384	0.0382	0.1142	0.6164	0.6157	0.6190	0.5189
2000	0.0381	0.0390	0.0393	0.1165	0.6212	0.6224	0.6259	0.5240
2001	0.0390	0.0424	0.0400	0.1214	0.6375	0.6284	0.6419	0.5347
2002	0.0399	0.0395	0.0410	0.1203	0.6298	0.6358	0.6341	0.5325
2003	0.0433	0.0434	0.0433	0.1300	0.6584	0.6578	0.6585	0.5535
2004	0.0463	0.0453	0.0439	0.1354	0.6765	0.6712	0.6676	0.5649
2005	0.0476	0.0487	0.0454	0.1417	0.6939	0.6818	0.6855	0.5777
2006	0.0491	0.0498	0.0476	0.1466	0.7033	0.6955	0.6979	0.5877
2007	0.0522	0.0543	0.0499	0.1564	0.7298	0.7143	0.7214	0.6069
2008	0.0540	0.0557	0.0516	0.1614	0.7408	0.7267	0.7323	0.6166
2009	0.0550	0.0589	0.0518	0.1658	0.7545	0.7308	0.7433	0.6246
2010	0.0576	0.0579	0.0544	0.1699	0.7599	0.7480	0.7493	0.6327
2011	0.0603	0.0599	0.0591	0.1792	0.7750	0.7725	0.7713	0.6499
2012	0.0636	0.0617	0.0630	0.1883	0.7914	0.7956	0.7895	0.6661
2013	0.0662	0.0629	0.0641	0.1931	0.8031	0.8122	0.8019	0.6775
2014	0.0681	0.0649	0.0680	0.2009	0.8151	0.8249	0.8150	0.6881
2015	0.0705	0.0670	0.0768	0.2143	0.8291	0.8797	0.8683	0.7219

注：PU 表示人口城镇化；SU 表示空间城镇化；EU 表示经济城镇化；PSEU 表示综合城镇化；DPS 表示人口—空间城镇化耦合协同度；DPE 表示人口—经济城镇化耦合协同度；DSE 表示空间—经济城镇化耦合协同度；DPSE 表示人口—空间—经济城镇化耦合协同度。

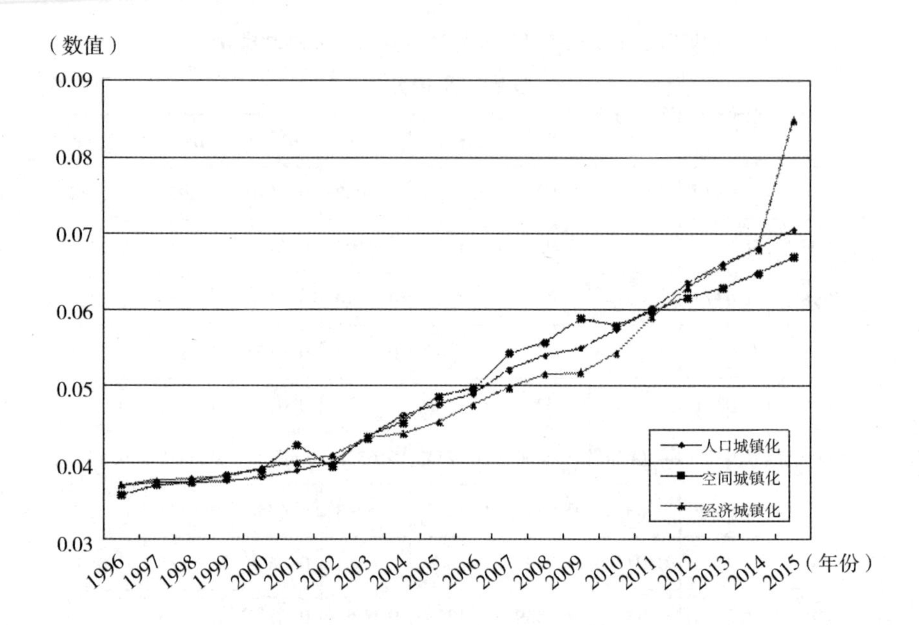

图 8-1　1996—2015 年河南省城镇化发展趋势

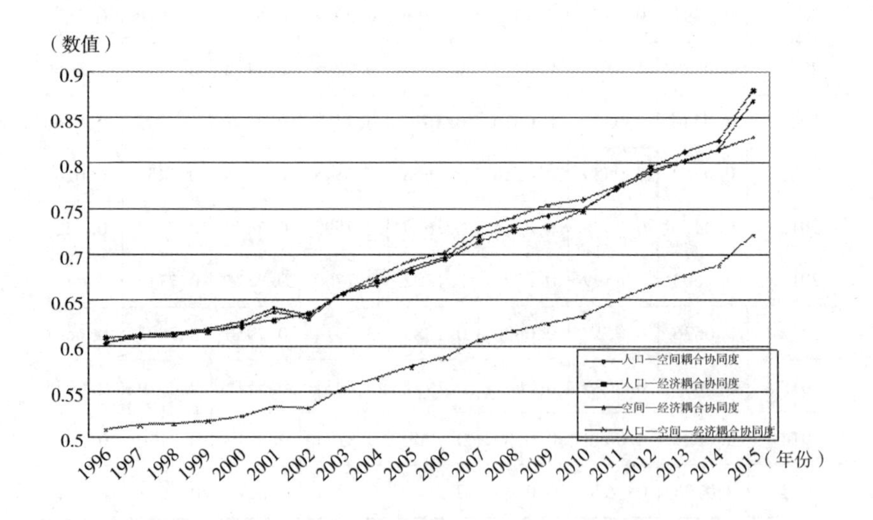

图 8-2　1996—2015 年河南省城镇化耦合协同度演变过程

二　评价分析

（一）城镇化发展状况分析

1. 整体性特征

从表8-1和图8-1可以看出，人口、经济、空间、综合城镇化水平，均表现出显著的上升趋势，1996—2015年，人口城镇化评价值的年均增长速度为3.45%；空间城镇化为3.36%；经济城镇化为4.44%；综合城镇化为3.78%。就年均增速而言，经济城镇化>综合城镇化>人口城镇化>空间城镇化，而总量水平则是从1996年的经济城镇化>人口城镇化>空间城镇化，逐渐变化为2015年的经济城镇化>人口城镇化>空间城镇化趋势。从人口、空间和经济的位序变化可以看出，经济城镇化发展水平最快，水平最高；人口城镇化发展速度较慢，空间城镇化发展最慢。同时结合省情，河南省第二产业发展较为迅速，带动经济的发展，拉动就业；但是不太符合发达国家产业结构发展趋势；同时结合指标权重，河南省经济城镇化具有典型的低效投入推进的特征，资源消耗明显增加；全省对于人口城镇化的配套措施建设较为缓慢，也相对忽视了“人”城镇化。

2. 阶段性特征

从图8-1可以看出，人口、空间、经济及综合城镇化发展都表现出明显的阶段性特征。河南省是中部省份，出口份额占GDP比重较小，虽然2008年的全球金融危机，对河南省影响较小，但是也出现了发展阶段拐点，所以，1996—2015年河南省城镇化发展过程可分为1996—2003年、2004—2009年、2010—2015年三个阶段。1996—2003年发展较为缓慢，人口、空间、经济、综合年均增长速度分别为2.25%、2.82%、2.20%、2.42%，就年均增速而言，空间城镇化>综合城镇化>人口城镇化>经济城镇化。2004—2009年城镇化发展逐步加速，人口、空间、经济、综合年均增长速度分别为3.54%、5.4%、3.39%、4.13%，就年均增速而言，空间城镇化>综合城镇化>人口城镇化>经济城镇化；其中，空间增长速度是1996—2003年的近2倍。2010—2015年发展继续加速，人口、空间、经济、综合年均增长速度分别为4.15%、2.94%、9.31%、5.53%，就年均增速而言，经济城镇化>综合城镇化>人口城镇化>空间城镇化；其中，经济城镇化增长速度是1996—2003年的近3倍，人口城镇化快速增长，空间增长速度逐步减缓。以年均增长速度分析，前期城镇化发展较为缓慢，空间城镇化占进程的主导地位，但是优势并不明显，其次是人口城镇化和经济城镇化并重，属于弱空间导向型城镇化发展方式；中期发展速度较快，空间城镇化占最主导力量，其次是人口城镇化，属于强空间导向型城镇化发展方式；后期发展速度加快，经济城镇化作用非常突出，其次是人口城镇化，属于经济导向型城镇化发展方式。

（二）城镇化耦合协同性发展分析

从图8-1可以看出，人口—空间、人口—经济、空间—经济、人口—空间—经济城镇化耦合协同也表现出明显的阶段性特征，1996—2015年耦合协同发展过程可分为1996—2001年、2002—2008年、2009—2015年三个阶段。

1. 人口—空间城镇化耦合协同性

人口—空间城镇化耦合协同度评价值，从1996年的0.6032上升到2015年的0.8291，年均增速为1.69%，表明二者耦合协同性在不断完善。从整个过程来看，在1996—2001年，耦合协同度年均增速为1.26%，发展较为缓慢；在2002—2008年，年均增速为2.21%，速度较为迅速；在2009—2015年，年均增速为1.76%，速度放缓。1996—2012年，河南省人口—空间城镇化发展都属于高度耦合协同阶段，2012—2015年，属于极度耦合协同阶段。

2. 人口—经济城镇化耦合协同性

人口—经济城镇化耦合协同度评价值，从1996年的0.6090上升到2015年的0.8797，年均增长速度为1.95%，表明二者耦合协同性在不断完善。从过程来看，在1996—2001年，耦合协同度年均增速为1.11%，发展较缓；在2002—2008年，年均增长1.72%，发展速度加快；在2010—2015年，年均增长3.30%，增速较快。从阶段来看，1996—2012 年，河南省人口—经济城镇化发展属于高度耦合协同阶段，2012—2015 年，属于极度耦合协同阶段。

3. 空间—经济城镇化耦合协同性

空间—经济城镇化耦合协同度评价值，从 1996 年的 0.6037 上升到 2015 年的 0.8683，年均增速为 1.93%，表明二者耦合协同性在不断完善。从整个过程来看，在 1996—2001 年，耦合协同度年均增速为 1.25%，速度较慢；在 2002—2008 年，年均增速为 2.17%，速度加快；在 2009—2015 年，年均增速为 2.99%，继续加快。主要是由于河南省不断创新政策措施，促进产业转型升级和经济健康发展，尤其建筑业等行业，促使二者的耦合协同度逐步上升。1996—2012 年，河南省空间—经济城镇化发展属于高度耦合协同阶段，2012—2015 年，属于极度耦合协同阶段。

4. 人口—空间—经济城镇化耦合协同性

人口—空间—经济城镇化耦合协同度评价值，从 1996 年的 0.5090 上涨到 2015 年的 0.7219，年均增速为 1.86%，表明三者的耦合协同性在不断完善。从整个过程来看，在 1996—2001 年，耦合协同度年均增速为 1.21%，速度较慢；在 2002—2008 年，年均增速为 2.02%，速度增快；在 2009—2015 年，年均增速为 2.68%，速度继续加快。从整个过程来看，河南省人口—空间—经济城镇化发展 1996—2015 年都属于高度耦合协同阶段。

第二节　河南省城镇化发展的空间格局

为了呈现河南省城镇化发展的空间状况，本节对河南省 2003 年和 2015 年 18 个地市城镇化发展进行空间静态对比分析，数据均直接或间接来自 2004 年和 2016 年的《中国统计年鉴》《中国城市统计年鉴》《河南统计年鉴》。

一　空间测度

首先将收集到的2003年和2015年的18个地市指标数据756个，运用公式（5－10）进行标准化处理后，运用公式（5－11）—公式（5－12），计算出各指标的信息熵 E_j，接着运用公式（5－13），计算出效用值 D_j，接着通过公式（5－14），计算出各指标的权重 W_j，再运用公式（5－15）计算可以得出河南省人口、空间、经济、综合城镇化发展水平的指标数值，最后运用第五章中耦合协同公式（5－7）—公式（5－9），计算人口—空间、人口—经济、空间—经济、人口—空间—经济的耦合协同度指标数值，见表8－3、表8－4。

表8－3　　2003年河南省城镇化子系统耦合协同发展

城市	PU	SU	EU	PSEU	DPS	DPE	DSE	DPSE
郑州市	0.0705	0.0755	0.0786	0.2246	0.8542	0.8629	0.8778	0.7272
开封市	0.0487	0.0519	0.0502	0.1509	0.7093	0.7032	0.7145	0.5962
洛阳市	0.0644	0.0592	0.0631	0.1867	0.7857	0.7984	0.7817	0.6631
平顶山市	0.0524	0.0502	0.0550	0.1576	0.7164	0.7326	0.7249	0.6093
安阳市	0.0579	0.0541	0.0564	0.1683	0.7479	0.7556	0.7430	0.6297
鹤壁市	0.0602	0.0615	0.0547	0.1763	0.7798	0.7573	0.7613	0.6441
新乡市	0.0555	0.0554	0.0568	0.1678	0.7447	0.7495	0.7492	0.6288
焦作市	0.0621	0.0619	0.0633	0.1874	0.7875	0.7920	0.7913	0.6645
濮阳市	0.0520	0.0559	0.0511	0.1591	0.7343	0.7181	0.7313	0.6120
许昌市	0.0544	0.0526	0.0574	0.1643	0.7313	0.7474	0.7410	0.6221
漯河市	0.0548	0.0624	0.0523	0.1695	0.7647	0.7317	0.7557	0.6311
三门峡市	0.0576	0.0538	0.0595	0.1709	0.7460	0.7652	0.7522	0.6343

续表

城市	PU	SU	EU	PSEU	DPS	DPE	DSE	DPSE
南阳市	0.0510	0.0510	0.0503	0.1524	0.7143	0.7118	0.7119	0.5993
商丘市	0.0513	0.0471	0.0464	0.1447	0.7009	0.6982	0.6835	0.5837
信阳市	0.0514	0.0458	0.0470	0.1442	0.6966	0.7010	0.6812	0.5826
周口市	0.0421	0.0471	0.0459	0.1351	0.6673	0.6633	0.6819	0.5640
驻马店市	0.0469	0.0461	0.0467	0.1398	0.6822	0.6843	0.6813	0.5740
济源市	0.0668	0.0685	0.0653	0.2005	0.8223	0.8126	0.8178	0.6875

表8-4　　2015年河南省城镇化子系统耦合协同发展

城市	PU	SU	EU	PSEU	DPS	DPE	DSE	DPSE
郑州市	0.0809	0.0671	0.0811	0.2291	0.8583	0.9000	0.8588	0.7332
开封市	0.0526	0.0540	0.0523	0.1589	0.7302	0.7242	0.7291	0.6120
洛阳市	0.0633	0.0594	0.0615	0.1842	0.7831	0.7898	0.7772	0.6587
平顶山市	0.0508	0.0506	0.0539	0.1552	0.7119	0.7233	0.7225	0.6048
安阳市	0.0544	0.0515	0.0539	0.1597	0.7274	0.7357	0.7257	0.6135
鹤壁市	0.0580	0.0589	0.0538	0.1706	0.7643	0.7472	0.7501	0.6339
新乡市	0.0571	0.0529	0.0538	0.1637	0.7412	0.7443	0.7303	0.6210
焦作市	0.0581	0.0583	0.0603	0.1767	0.7629	0.7691	0.7700	0.6452
濮阳市	0.0539	0.0534	0.0531	0.1604	0.7324	0.7315	0.7297	0.6149
许昌市	0.0547	0.0597	0.0591	0.1735	0.7560	0.7540	0.7706	0.6392
漯河市	0.0516	0.0572	0.0520	0.1608	0.7371	0.7199	0.7385	0.6153
三门峡市	0.0625	0.0545	0.0589	0.1758	0.7638	0.7788	0.7525	0.6432
南阳市	0.0466	0.0538	0.0512	0.1515	0.7073	0.6988	0.7242	0.5970
商丘市	0.0504	0.0462	0.0483	0.1449	0.6947	0.7024	0.6871	0.5841
信阳市	0.0484	0.0542	0.0482	0.1508	0.7159	0.6950	0.7150	0.5958
周口市	0.0458	0.0503	0.0473	0.1433	0.6926	0.6820	0.6982	0.5810

续表

城市	PU	SU	EU	PSEU	DPS	DPE	DSE	DPSE
驻马店市	0.0494	0.0519	0.0483	0.1496	0.7114	0.6988	0.7076	0.5936
济源市	0.0616	0.0663	0.0633	0.1912	0.7994	0.7902	0.8050	0.6712

注：PU 表示人口城镇化；SU 表示空间城镇化；EU 表示经济城镇化；PSEU 表示综合城镇化；DPS 表示人口—空间城镇化耦合协同度；DPE 表示人口—经济城镇化耦合协同度；DSE 表示空间—经济城镇化协同耦合度；DPSE 表示人口—空间—经济城镇化协同耦合度。

为了便于研究，使用 ArcGIS 10.2 软件的自然断裂法将人口城镇化、空间城镇化、经济城镇化得分，划分为 5 个层次，绘制图 8-3、图 8-4、图 8-5、图 8-6，分别表示河南省 2003 年与 2015 年各城镇化发展状况的空间市际格局变动。再将人口、空间、经济城镇化耦合协同度用 ArcGIS 10.2 软件，绘制空间格局图 8-7，表示河南省 2003 年与 2015 年人口、经济、空间城镇化耦合协同发展的变化特征。

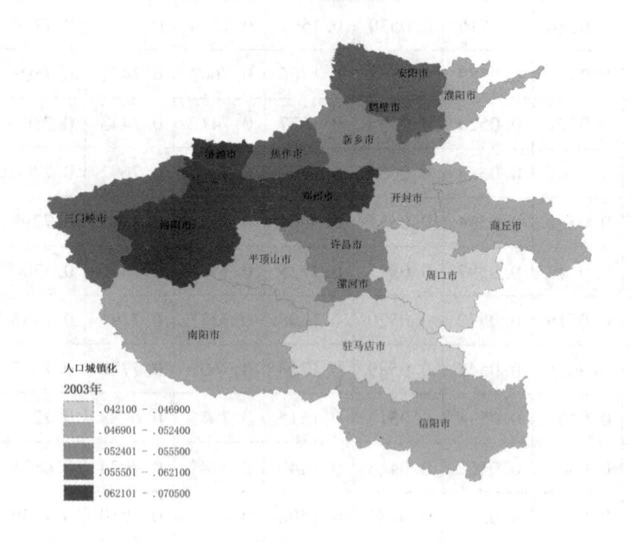

a 2003 年

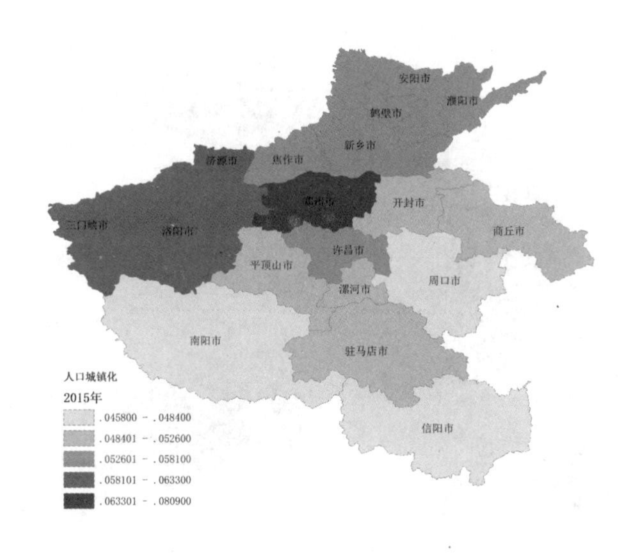

b　2015 年

图 8－3　2003 年和 2015 年河南省各地市人口城镇化的发展格局

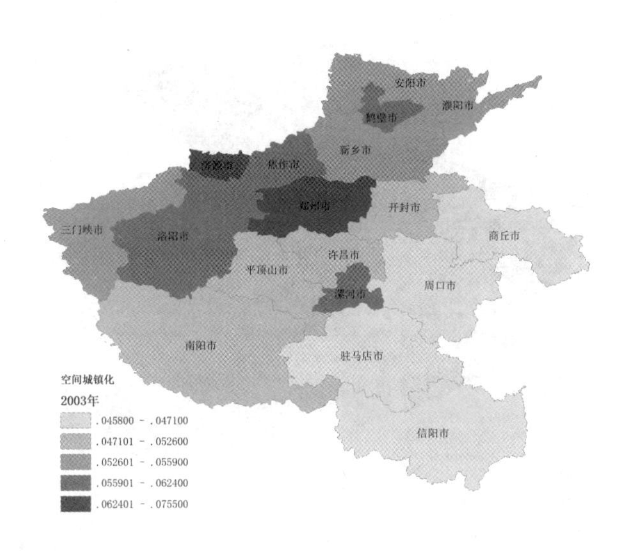

a　2003 年

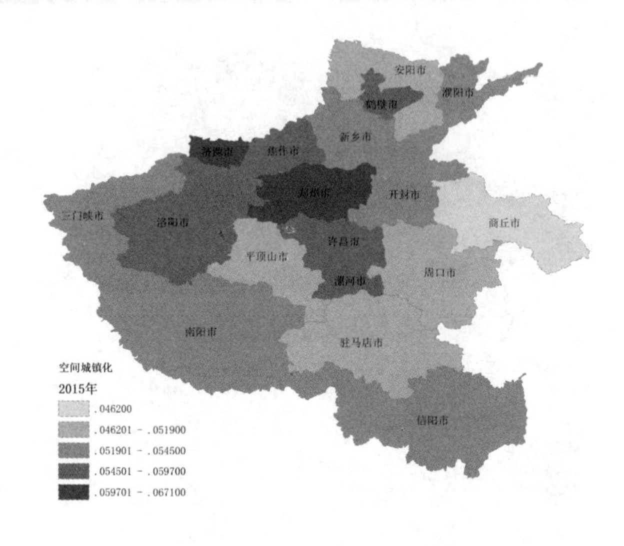

b　2015 年

图 8－4　2003 年和 2015 年河南省各地市空间城镇化的发展格局

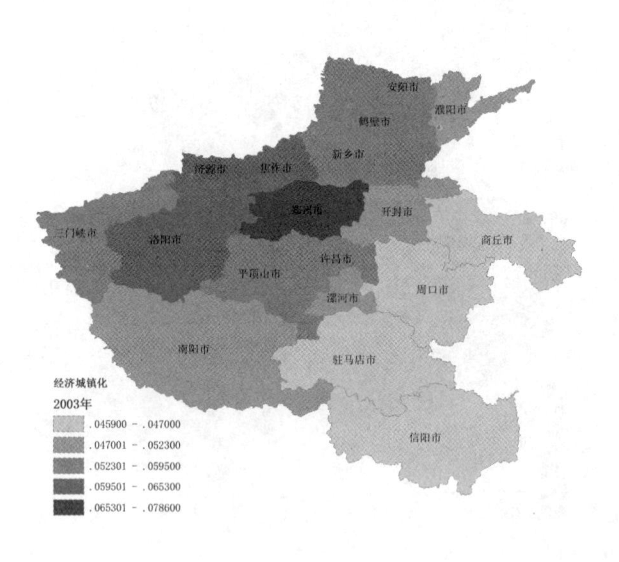

a　2003 年

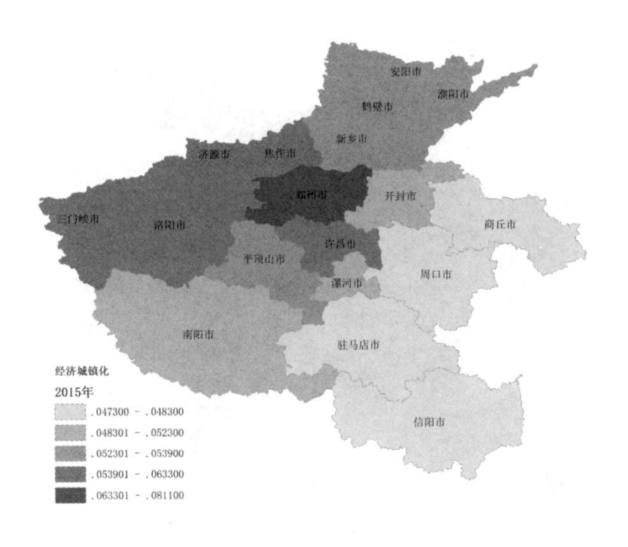

b　2015 年

图 8－5　2003 年和 2015 年河南省各地市经济城镇化的发展格局

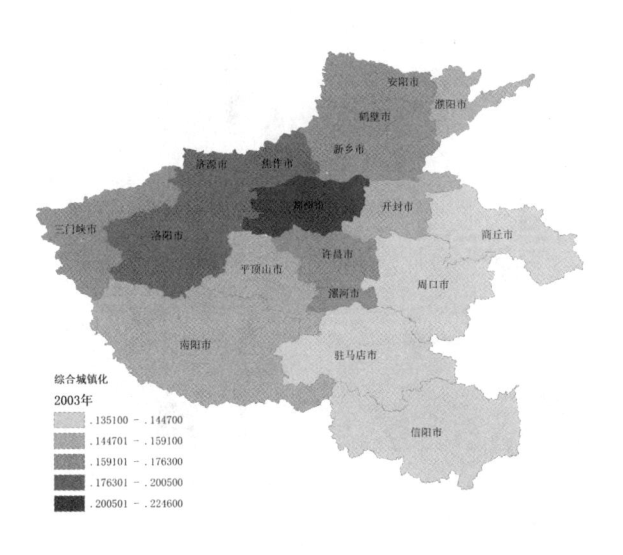

a　2003 年

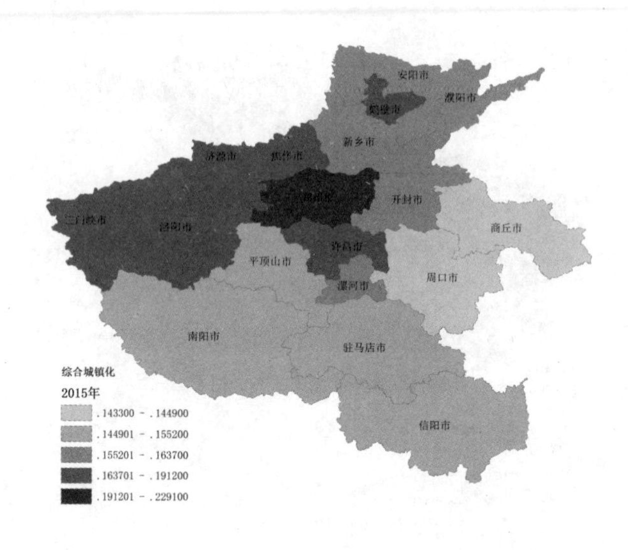

b 2015 年

图 8 - 6 2003 年和 2015 年河南省各地市综合城镇化的发展格局

a 2003 年

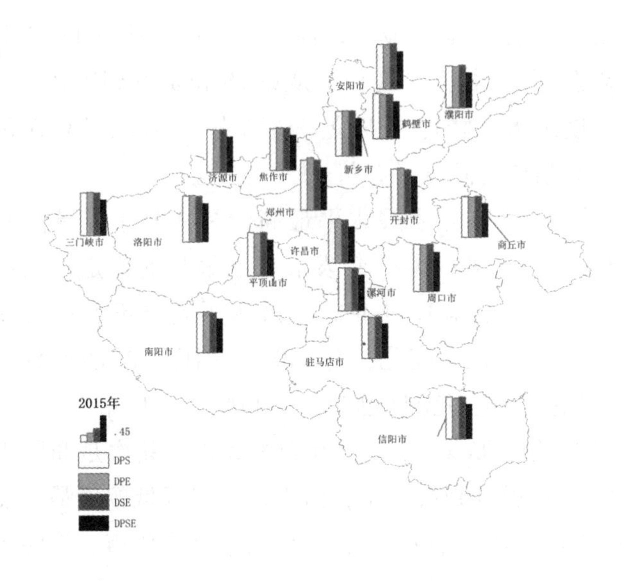

b　2015 年

图 8－7　2003 年和 2015 年河南省各地市城镇化耦合协同发展的格局

二　评价分析

(一) 城镇化发展的空间分析

首先从整体水平来看，人口城镇化 2003 年发展水平最高的是郑州市，最低的是周口市，两者相差 1.67 倍；2015 年发展水平最高的仍是郑州市，最低的仍是周口市，两者相差 1.77 倍，发展水平差异变大；郑州市、商丘市、周口市 3 个地市位次没有变化。与 2003 年相比，2015 年河南省各地市人口城镇化排名顺序变化较小，其中，开封市在 18 个地市排名中提升幅度最大，提升了 5 位，从第 16 位提升到第 11 位；安阳市、漯河市、信阳市排名均降低了 3 位。

空间城镇化 2003 年发展水平最高的是郑州市，最低的是信阳市，两者相差 1.65 倍；2015 年发展水平最高的仍是郑州市，最低的是商丘市，两者相差 1.45 倍，发展水平差异变小；郑州市、鹤壁市、济源市在 18 个地市中位次没有变化；与 2003 年相比，2015 年河南省各地市空间城镇化排名顺序变化较大，其中，许昌市在

18 个地市排名中提升幅度最大，提升了 9 位，从第 11 位上升到第 3 位，其次是信阳市提升了 8 位，从第 18 位提升到第 6 位；安阳市排名降低幅度最大，降低了 6 位，从第 9 位下降到第 15 位，其次是新乡市、濮阳市均降低了 5 位。

经济城镇化 2003 年发展水平最高的是郑州市，最低的是周口市，两者相差 1.71 倍；2015 年发展水平最高的仍是郑州市，最低的是信阳市，两者相差 1.71 倍，发展水平差异不变；仅有郑州市在 18 个地市中位次没有变化。与 2003 年相比，2015 年河南省各地市经济城镇化排名顺序变化也较大，其中，周口市在 18 个地市排名中提升了 16 位，从第 18 位提升到第 2 位，其次是濮阳市提升了 7 位，从第 12 位提升到第 5 位；洛阳市排名降低幅度最大，降低了 8 位，从第 4 位下降到第 12 位，平顶山市、焦作市、济源市均降低了 5 位。

综合城镇化 2003 年发展水平最高的是郑州市，最低的是周口市，两者相差 1.66 倍；2015 年发展水平最高的是郑州市，最低的是商丘市，两者相差 1.58 倍，发展水平差异变小；郑州市、洛阳市、济源市在 18 个地市中位次没有变化。与 2003 年相比，2015 年河南省各地市综合城镇化排名顺序变化较小，其中，周口市在 18 个地市中排名提升幅度最大，提升了 7 位，从第 18 位提升到第 11 位，其次是许昌市，提升了 5 位，从第 10 位提升到第 5 位；安阳市、焦作市、南阳市均降低了 4 位。综合城镇化的空间格局与经济城镇化的空间格局变化趋势基本相同，可见在综合城镇化变化中经济城镇化占的比重最大。

从整体水平来说，人口城镇化、空间城镇化、经济城镇化、综合城镇化在 2015 年比 2003 年都有了明显的发展，但仍然呈现出较大差异的空间格局。相对 2003 年而言，2015 年河南省各地市空间城镇化、综合城镇化空间差异变小，人口城镇化空间差异变大，经济城镇化空间差异保持不变。人口城镇化、综合城镇化各地市排名顺序变化较小，空间城镇化、经济城镇化排名顺序变化较大。其中，郑州市人口、空间、经济以及综合城镇化速度在 18 个地市中排名第一，周口市城镇化发展水平提高较为明显。从整体水平来说，河南省呈现出以郑州市为核心，城镇化速度向四面逐步减弱的过程，而且豫北比豫南发展较快，豫西比豫东发展较快。

（二）城镇化耦合协同发展测度分析

1. 协同阶段划分

从图 8－7 可以看出，2003 年河南省人口—空间、人口—经济、空间—经济城镇化耦合协同除了郑州市、济源市属于极度耦合协同阶段，其余均属于高度耦合协同阶段；人口—空间—经济城镇化耦合协同全部属于高度耦合协同阶段。

2015 年河南省人口—空间、人口—经济、空间—经济城镇化耦合协同发展除了郑州市属于极度耦合协同阶段，其余均属于高度耦合协同阶段；人口—空间—经济城镇化耦合协同全部属于高度耦合协同阶段。

从以上分析可以看出，河南省城镇化发展总体处于高度耦合阶段，变化不大，略有下降趋势。但是整体来看，郑州市是城镇化耦合协同发展最好的，信阳市、周口市是进步较大的；而商丘市、平顶山市是城镇化耦合协同发展较慢的。

2. 协同导向类别判定

首先将 2015 年人口—经济、人口—空间、空间—经济城镇化耦合协同度，在 18 个地市之间从大到小分别排序，然后在三个耦合协同度排序中，挑选出序号最小的作为该地市的主导类型。根据这种划分方法，将河南省 18 个地市的人口、经济、空间城镇化的耦合协同度划分为 3 种类型；以人口—经济耦合协同为主导的地市有 8 个，以郑州市为核心及距离较近的地市为主，比如新乡市、洛阳市、焦作市等；以空间—经济耦合协同为主导的地市有 3 个，分别是漯河市、周口市、濮阳市；以人口—空间耦合协同为主的地市有 7 个，主要是位于豫南地区，比如信阳市、南阳市等。

第九章　江苏省生态城镇化演化趋势及市际格局

生态城镇化即城镇化和生态环境系统耦合状态逐步趋于组织化和有序化的过程。为了深入分析江苏省生态城镇化发展，本章从时空两个维度进行分析：第一，以时间序列分析，江苏省1996—2015年城镇化与生态环境耦合发展演变过程；第二，从空间格局分析，江苏省2003年和2015年13个地市城镇化与生态环境耦合关系的市际分布。

第一节　生态环境系统发展水平的综合测度

一　指标体系

人类为自身发展的需要，会不断掠取生态环境系统中物质、能量等资源要素，并释放出大量“三废”，破坏生态环境系统的平衡和稳定；生态环境会通过调整系统自身结构特征来应对这种外在压力。城镇内生态环境是人类社会经济活动中各要素运动的产物，包括压力、状态和响应3类指标，称为压力—状态—响应模型（Pressure－State－Response，PSR）。

PSR模型的压力指标表示人类通过生活和生产活动，不断掠夺人类发展所必需的自然资源，同时向生态环境排放废弃物，破坏生态环境，从而改变了生态环境各要素结构和功能。比如空气污染、垃圾围城、资源消耗等。状态指标表示在规定时间段内，生态环境的状态与变化程度，比如水、土地资源现状。响应指标表示生态环境通过人类活动的反馈作用，限制人类生活和生产活动程度和范围。人类为了自身更好发展，通过一些经济和技术手段等，对被破坏的生态环境作出补救措施，保护和治理生态环境。PSR 模型表示人类活动对生态环境造成压力，改变了生态环境状态，然后通过各种手段来弥补的作用过程。

在遵循科学性原则的基础上，按照交互耦合原理设计生态环境系统协同发展水平的评价指标体系，具体见表 9 - 1。

表 9 - 1　　江苏省生态环境子系统要素指标体系

系统层	准则层	序参量
生态环境状态综合评价体系	生态环境状态	人均土地面积
		人均水资源拥有量
		建成区绿化覆盖率
		人均耕种面积
	生态环境压力	人均工业废水排放量
		人均工业二氧化硫排放量
		人均工业烟尘排放量
		人均消耗电量
	生态环境响应	工业固体废物综合利用率
		工业二氧化硫去除率
		工业烟尘去除率
		污水集中处理率

（1）人均工业废水排放量是指一个国家或者地区核算期内（通常为一年）平均每人平摊的工业排放废水总量，即指全年工业排放废水总量与年末常住人口总数的比值。工业废水排放量指报告期内经过企业厂区所有排放口排到企业外部的工业废水量。包括生产废水、外排的直接冷却水、超标排放的矿井地下水和与工业废水混排的厂区生活污水，不包括外排的间接冷却水（清污不分流的间接冷却水应计算在废水排放量内）。

（2）人均工业二氧化硫排放量是指一个国家或者地区核算期内平均每人平摊的工业排放二氧化硫总量，即为全年工业排放二氧化硫总量与年末常住人口总数的比值。工业二氧化硫排放量指企业在燃料燃烧和生产工艺过程中排入大气的二氧化硫数量。

（3）人均工业烟尘排放量是指一个国家或者地区核算期内平均每人平摊的工业排放工业烟尘总量，即为全年排放工业烟尘总量与年末常住人口总数的比值，是衡量该国家或地区工业废气排放的一个重要指标。

（4）人均消耗电量等于一个国家或者地区核算期内平均每人平摊的社会用电量，即为全年全社会用电量与年末常住人口总数的比值。全社会用电量是一个电力行业的专业词语，用于经济统计，指第一、第二、第三产业等所有用电领域的电能消耗总量，包括工业用电、农业用电、商业用电、居民用电、公共设施用电以及其他用电等。

（5）人均土地面积。一个国家或地区某一时点每人平均拥有的土地数量，即为年末土地面积与年末常住人口总数的比值。

（6）人均水资源拥有量是指一个国家或者地区核算期内可利用的淡水资源平均到每个人的占有量，是衡量一个国家或者地区可利用水资源程度指标之一。水资源总量指当地降水形成的地表和地下产水总量，即地表径流量与降水入渗补给量之和。地表水资源量指河流、湖泊以及冰川等地表水体中可以逐年更新的动态水量，即天然河川径流量。地下水资源量指地下饱和含水层逐年更新的动态水量，即降水和地表水入渗对地下水的补给量。目前中国水资源所承载的生产生活负担之重居世界前列，淡水量趋紧，人均淡水资源量约为 2100 立方米，仅为世界人均水平的 28% 左右，京津冀地区人均仅有 286 立方米，远低于国际 500 立方米“极度缺水标准”。同时水质趋差，水污染事件年均发生 1700 起以上，严重威胁饮水安全。

（7）建成区绿化覆盖率是指在一个国家或地区某一时点城市建成区的绿化覆盖面积占建成区面积的比重。绿化覆盖面积是指城市中乔木、灌木、草坪等所有植被的垂直投影面积。

（8）人均耕种面积是指一个国家或者地区核算期内平均每人平摊的农作物播种总面积，即为全年农作物播种总面积与年末常住人口总数的比值，是衡量一个国家或地区国民经济和农业生产发展的重要指标。农作物播种面积指实际播种或移植农作物的面积。凡是实际种植有农作物的面积，不论种植在耕地上还是种植在非耕地上，均包括在农作物播种面积中。也包括在播种季节基本结束后，因遭灾而重新改种和补种的农作物面积。

（9）工业固体废物综合利用率是指一个国家或者地区核算期内一般工业固体废物综合利用量占工业固体废物产生量的比重。一般工业固体废物综合利用量是指通过回收、加工、循环、交换等方式，从固体废物中提取或者使其转化为可以利用的资源、能源和其他原材料的固体废物量（包括当年利用往年的工业固体废物累计贮存量），如用作农业肥料、生产建筑材料、筑路等。一般工业固体废物产生量是指未被列入《国家危险废物名录》或者根据国家规定的危险废物鉴别标准（GB5085）、固体废物浸出毒性浸出方法（GB5086）及固体废物浸出毒性测定方法（GB/T15555）判定不具有危险特性的工业固体废物。

（10）工业二氧化硫去除率是指一个国家或者地区核算期内工业二氧化硫去除量占工业 SO_2 产生重量的比重，可近似反映环境的治理程度。二氧化硫去除量指核算期内燃料燃烧废气和生产工艺废气经过各种废气治理设施处理后去除的二氧化硫总量。

（11）工业烟尘去除率是指一个国家或者地区核算期内工业烟尘去除量占工业烟尘产生量的比重。工业烟（粉）尘产生量指当年全年调查对象生产过程中产生的未经过处理的废气中所含的烟尘及工业粉尘的总质量之和。工业烟尘去除量指报告期内企业利用各种废气治理设施去除的烟尘量。

（12）污水集中处理率指一个国家或者地区核算期内经过处理的生活污水、工业废水量占污水排放总量的比重，反映一个地方污水集中收集、处置设施的配套程度及人类对生产生活造成环境污染的补偿，是现行评价一个城市或地方污水处理工作的标志性指标，反映一个城市或地方污水处理工作的成就及对生产生活活动造成环境污染的补偿程度。

二　时间测度

首先从1997—2016年《江苏统计年鉴》，查询出原始数据，按照公式（5－1）—公式（5－6）计算出各子系统生态环境状态、生态环境压力（因为图表表现需要，将生态环境压力的各指标作为效益型指标进行标准化处理）、生态环境响应子系统各自发展水平，见表9－2，然后运用表9－2中数据，可绘制出表现三个子系统关系的折线图，见图9－1。

表9－2　　　　江苏省生态环境子系统发展水平综合测度

年份	生态环境		
	状态	压力	响应
1996	0.0566	0.047	0.0345
1997	0.0565	0.0413	0.0363
1998	0.0574	0.0480	0.0320
1999	0.0570	0.0438	0.0368
2000	0.0537	0.0439	0.0388
2001	0.0488	0.0478	0.0429
2002	0.0513	0.0362	0.0463
2003	0.0530	0.044	0.0463
2004	0.0493	0.0512	0.0479
2005	0.0527	0.0558	0.0509
2006	0.0493	0.0539	0.0535
2007	0.0477	0.0524	0.0566
2008	0.0472	0.0505	0.0585
2009	0.0469	0.0500	0.0593

续表

年份	生态环境		
	状态	压力	响应
2010	0.0471	0.0527	0.0585
2011	0.0467	0.0569	0.0577
2012	0.0454	0.0562	0.0601
2013	0.0442	0.0565	0.0608
2014	0.0435	0.0566	0.0608
2015	0.0457	0.0555	0.0615

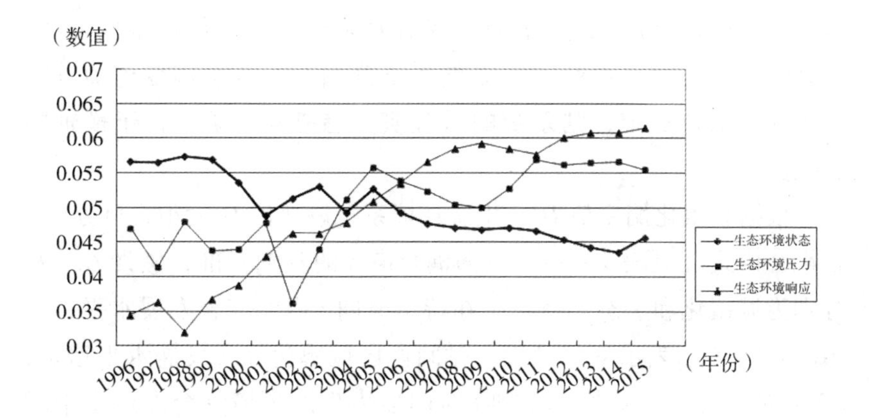

图 9－1　江苏省 1996—2015 年生态环境系统发展趋势

三　评价分析

从表 9－2 可知，江苏省生态环境状态水平从 1996 年的 0.0566 开始，先降后升，时升时降，到 2015 年下降到 0.0457，整体显示出下降趋势，表示城镇化是以生态资源消耗为主的发展，使得生态环境状态在持续下降；生态环境压力发展水平从 1996 年的 0.047 开始，先涨后降，时跌时涨，最后上升到 0.0555，生态环境压力整体呈现出略微上涨的趋势；生态环境响应发展水平得分是 0.0345，逐步攀升到 0.0615，总体上呈现出一条快速增长的曲线，表明江苏保护和治理生态环境的作用逐渐增强，效果越来越明显。

第二节　江苏省生态城镇化发展的演化趋势

一　判别原理

城镇化与生态环境系统是一对非协同耦合的耗散结构，二者之间物质、能量和信息等要素流动规律符合“熵增定律”：$D=D_1+D_2$，D代表总熵变化值；D_1代表内熵变化值；D_2代表外熵变化值。依据城镇整个系统总熵变数值大小可以判断其耦合的演变趋势，若总熵变值$D<0$，表示整个系统混乱度减小，则系统的耦合演变趋势是一条波折上升曲线；若总熵变值$D>0$，表示系统混乱度增加，则系统的耦合演变趋势是一条波折下降曲线；若总熵变值$D=0$，表示系统维持稳定，则系统的耦合演变趋势是一条平行于横轴的直线。

根据城镇化熵变值D_c、生态环境系统熵变值D_e大小，可分为4种耦合模式（见表9－3）。根据耦合模式的判别标准，假设C_t、E_t分别为城镇化和生态环境系统在特定时间t内的综合发展水平，则$\Delta C_t=C_t-C_{t-1}$表示从$t-1$到t时间段内城镇化综合发展水平增量，$\Delta E_t=E_t-E_{t-1}$表示从$t-1$到t时间段内生态环境综合发展水平增量。并且，若$\Delta C>0$，则$D_c<0$；若$\Delta C<0$，则$D_c>0$；若$\Delta C=0$，则$D_c=0$。ΔE与D_e也有相同的规律。

表9－3　生态城镇化耦合模式（即城镇化与生态环境系统耦合模式）

耦合模式	判别依据
协调型	$D_c\leqslant 0$ 且 $D_e\leqslant 0$
磨合型	$D_c>0$，$D_e<0$ 且 $\|D_c\|\leqslant\|D_e\|$；$D_c<0$，$D_e>0$ 且 $\|D_c\|\geqslant\|D_e\|$
拮抗型	$D_c>0$，$D_e<0$ 且 $\|D_c\|>\|D_e\|$；$D_c<0$，$D_e>0$ 且 $\|D_c\|<\|D_e\|$
衰退型	$D_c>0$ 且 $D_e>0$

二　演化判别

按照熵值法公式（5－1）—公式（5－6）计算出生态环境各指标权重，见表9－4，然后再计算出生态环境状态、生态环境压力（为了耦合计算，生态环境压力作为成本型指标进行标准化处理）、生态环境响应子系统各自发展水平。然后结合第七章计算出的江苏省1996—2015年城镇化各子系统发展水平数据（见表7－2），可得出城镇化和生态环境各自环比变化量及各年熵变值，见表9－5。根据表9－3生态城镇化耦合模式可以判别1996—2015年江苏省生态城镇化演化趋势（即城镇化与生态环境耦合关系演化趋势），见表9－6。

表9－4　　江苏省生态环境子系统要素指标作用权重

系统层	准则层	序参量	作　用
生态环境状态综合评价体系	生态环境状态	人均土地面积	0.3002
		人均水资源拥有量	0.1385
		建成区绿化覆盖率	0.2687
		人均耕种面积	0.2926
	生态环境压力	人均工业废水排放量	0.2401
		人均工业二氧化硫排放量	0.2403
		人均工业烟尘排放量	0.2405
		人均消耗电量	0.2791
	生态环境响应	工业固体废物综合利用率	0.2170
		工业二氧化硫去除率	0.3616
		工业烟尘去除率	0.1977
		污水集中处理率	0.2237

表9－5　1996—2015年江苏省生态城镇化子系统发展水平得分

年份	城镇化				生态环境			
	人口	空间	经济	综合	状态	压力	响应	综合
1996	0.0380	0.0353	0.0358	0.1092	0.0566	0.0509	0.0345	0.1420
1997	0.0387	0.0364	0.0367	0.1119	0.0565	0.0564	0.0363	0.1492
1998	0.0394	0.0377	0.0376	0.1147	0.0574	0.0498	0.0320	0.1392
1999	0.0404	0.0386	0.0384	0.1174	0.0570	0.0547	0.0368	0.1485
2000	0.0428	0.0406	0.0395	0.1228	0.0537	0.0533	0.0388	0.1458
2001	0.0407	0.0388	0.0402	0.1198	0.0488	0.0493	0.0429	0.1410
2002	0.0409	0.0401	0.0413	0.1223	0.0513	0.0637	0.0463	0.1613
2003	0.0423	0.0416	0.0428	0.1268	0.0530	0.0524	0.0463	0.1518
2004	0.0435	0.0441	0.0442	0.1318	0.0493	0.0471	0.0479	0.1443
2005	0.0451	0.0476	0.0467	0.1394	0.0527	0.0422	0.0509	0.1459
2006	0.0495	0.0503	0.0489	0.1488	0.0493	0.0454	0.0535	0.1483
2007	0.0516	0.0532	0.0512	0.1560	0.0477	0.0481	0.0566	0.1524
2008	0.0523	0.0554	0.0530	0.1607	0.0472	0.0504	0.0585	0.1561
2009	0.0547	0.0580	0.0535	0.1663	0.0469	0.0518	0.0593	0.1580
2010	0.0567	0.0579	0.0573	0.1719	0.0471	0.0481	0.0585	0.1537
2011	0.0593	0.0601	0.0604	0.1799	0.0467	0.0475	0.0577	0.1519
2012	0.0623	0.0627	0.0624	0.1874	0.0454	0.0489	0.0601	0.1544
2013	0.0652	0.0647	0.0646	0.1945	0.0442	0.0479	0.0608	0.1529
2014	0.0670	0.0674	0.0667	0.2011	0.0435	0.0449	0.0608	0.1492
2015	0.0695	0.0696	0.0786	0.2176	0.0457	0.0472	0.0615	0.1543

表 9－6　1997—2015 年江苏省生态城镇化总熵变值及演化趋势

年份	$\Delta X(t)$	$d_{city}s$	$\Delta Y(t)$	$d_{eco}s$	$\Delta X(t)+\Delta Y(t)$	$d_{city}s+d_{eco}s$	耦合模式
1997	0.0027	<0	0.0072	<0	0.0099	<0	协调型
1998	0.0029	<0	−0.0100	>0	−0.0071	>0	拮抗型
1999	0.0026	<0	0.0094	<0	0.0120	<0	协调型
2000	0.0054	<0	−0.0028	>0	0.0027	<0	磨合型
2001	−0.0031	>0	−0.0048	>0	−0.0078	>0	衰退型
2002	0.0025	<0	0.0203	<0	0.0228	<0	协调型
2003	0.0045	<0	−0.0095	>0	−0.0050	>0	拮抗型
2004	0.0049	<0	−0.0075	>0	−0.0026	>0	拮抗型
2005	0.0076	<0	0.0016	<0	0.0092	<0	协调型
2006	0.0094	<0	0.0024	<0	0.0118	<0	协调型
2007	0.0073	<0	0.0041	<0	0.0114	<0	协调型
2008	0.0047	<0	0.0038	<0	0.0084	<0	协调型
2009	0.0056	<0	0.0019	<0	0.0074	<0	协调型
2010	0.0057	<0	−0.0042	>0	0.0014	<0	磨合型
2011	0.0079	<0	−0.0019	>0	0.0061	<0	磨合型
2012	0.0075	<0	0.0025	<0	0.0100	<0	协调型
2013	0.0071	<0	−0.0015	>0	0.0056	<0	磨合型
2014	0.0066	<0	−0.0037	>0	0.0029	<0	磨合型
2015	0.0165	<0	0.0052	<0	0.0217	<0	协调型

三　评价分析

从表 9－6 可以看出，生态城镇化 1996—2015 年发展过程，可以分为三个阶段，1996—2004 年，城镇化与生态环境耦合常在拮抗、磨合、衰退、协调中徘徊，其中 2001 年生态环境最为恶劣，为衰退型；从 2005—2009 年开始，城镇化与生态环境耦合协同发展状况逐步改善，一直保持着协调；从 2010 年起，城镇化与生态环境耦合协同发展状况有所改变，在磨合与协调中徘徊。

将表 9－6 中江苏城镇化和生态环境系统各自环比变化量，运用 Origin 8.0 软件画出 3D 散点图 9-2，表示生态城镇化的演化趋势。1996—2015 年江苏城镇化发展水平增量 ΔC 多大于 0，意味着城镇化熵变值 D_c 多小于 0，系统内部混乱程度在不断减少，发展趋势表现为一条波折上升曲线。江苏生态环境发展水平增量值 ΔE 有正有负，意味着生态环境熵变值 D_e 有正有负，系统内部混乱程度在不断变化，表现为一条波浪形的非平稳曲线，出现了显著的阶段性特征。江苏省城镇化与生态环境系统耦合水平（$\Delta C+\Delta E$）同样有正有负，意味着城镇化与生态环境系统的总熵变值 D 时正时负，映射出耦合演变趋势是一个非平稳的波浪形上升过程，表明二者交互耦合状态基本上在一定范围内上下波动，偶有少数几个较大的波动，但逐步趋于稳定协调。结合熵变值，判别二者之间耦合模式，城镇化与生态环境耦合关系在不断改善。

两者耦合关系的变化表明江苏省随着城镇化的推进，生态环境压力在略微增大，但生态环境恶化加剧的幅度却在逐步缩小。综上所述，1996—2015 年江苏省生态城镇化发展状况在逐渐改善。

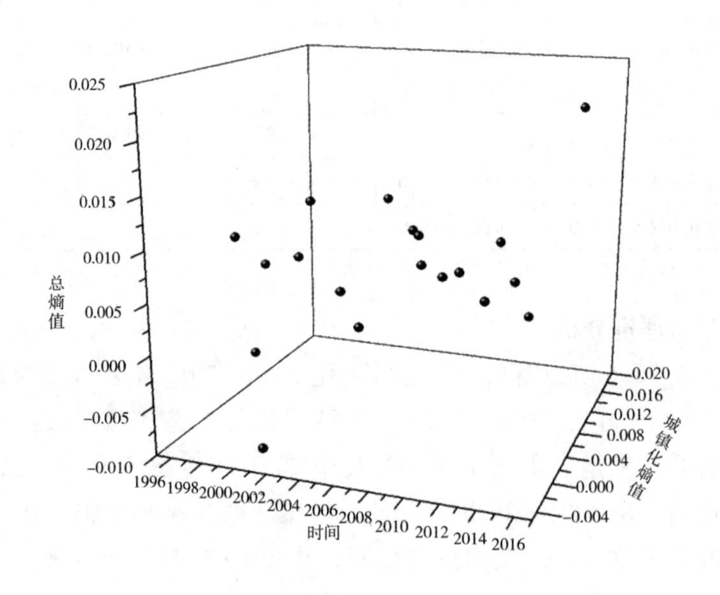

图 9-2　1996—2015 年江苏省城镇化与生态环境耦合演变过程

第三节　江苏省生态城镇化发展的市际格局

为了动态展示江苏省 13 个地市城镇化与生态环境耦合协同关系的空间变化，根据年鉴数据收集的情况，挑选出 2003 年和 2015 年，对比分析江苏省城镇化与生态环境耦合协同发展的空间状况。

一　空间判别

陈明星、陆大道等提出的象限图分类识别方法，是通过平面直角坐标的四个象限代表不同类型，来判别交互耦合两个指标或系统的关系，比如城镇化与经济发展水平的关系、城镇化与生态环境耦合协同发展的关系。根据 EKC 曲线城镇化与生态环境关系演变趋势，以中国多个地市的真实数据和江苏省各地市发展的实际状况为客观判断标准，修订了象限图分类识别法中的偏离程度，可细致判别城镇化与生态环境发展的不同关系，即生态城镇化发展的不同类型。

（一）判别原理

1. z－score 偏差法

综合城镇化发展水平可用字母组合 *URB* 来代表，生态环境综合发展水平，即资源环境承载力，可用 *ECO* 代表。将江苏省 13 个地市的 *URB*、*ECO* 数据用 z－score 偏差法公式（9－1）处理，可生成两个新的变量 *ZURB*、*ZECO*。

$$z = (x_i - \bar{x})/s \tag{9-1}$$

i 是城市排序赋值（1，2，…，m）；$\bar{x}$ 是 x_i 的平均值，$\bar{x} = \sum_{i=1}^{m} x_i/m$；$s$ 是抽样标准差，$s = \sqrt{\sum (x_i - \bar{x})^2/(m-1)}$。

将新数据 *ZECO* 作为 *X* 轴，*ZURB* 作为 *Y* 轴，点集（*ZURB*，*ZECO*）代表江苏省各地级市的城镇化发展水平和资源环境承载力的数据集合。

2. 判别依据

$ZURB$ 表征各地市城镇化发展偏离全省 URB 中心点的程度，$ZECO$ 表征各地级市资源环境承载力偏离全省 ECO 中心点的程度，$ZURB-ZECO$ 的正负符号表征城镇化与生态环境偏离各自中心点的耦合协同状态。假如 $ZURB-ZECO>0$，即（$ZURB$，$ZECO$）表示该地市城镇化偏离中心的程度大于生态环境偏离中心度，代表城镇化发展超前；同理，$ZURB-ZECO<0$，即（$ZURB$，$ZECO$）代表该地市是城镇化发展滞后；$ZURB-ZECO=0$，（$ZURB$，$ZECO$）代表城镇化发展与资源环境承载力基本协调。$|ZURB-ZECO|$ 表征各地市生态城镇化发展状况（即城镇化发展和资源环境承载力的协同度）。根据国内部分代表性城市和江苏省各地市的实际数据分析，规定 $0\leqslant|ZURB-ZECO|\leqslant0.1$，表征城镇化发展与资源环境承载力关系为基本协调；$0.1<|ZURB-ZECO|\leqslant0.5$，表征两者关系轻微偏离；$0.5<|ZURB-ZECO|\leqslant3$，表征两者关系为中度偏离；$|ZURB-ZECO|>3$，表征两者关系为严重偏离。据此，可将各地市城镇化与生态环境之间协同状态分为 7 种类型，见表 9－7。

表9－7　**生态城镇化发展类型（即城镇化与生态环境协同状态）**

类　型	分类原则	表现特征
城镇化严重超前（Ⅰ型）	$ZURB-ZECO>3$	极度不协调，城镇化发展超过资源环境承载范围，生态环境系统退化
城镇化中度超前（Ⅱ型）	$0.5<ZURB-ZECO\leqslant3$	中度不协调，处于拮抗阶段，城镇化发展速度略超过资源环境承载范围，生态环境短期退化
城镇化轻微超前（Ⅲ型）	$0.1<ZURB-ZECO\leqslant0.5$	轻微不协调，处于磨合阶段，城镇化发展速度基本在资源环境承载范围内，生态环境有退化倾向

续表

类　型	分类原则	表现特征
基本协调（Ⅳ型）	$\lvert ZURB-ZECO \rvert \leqslant 0.1$	基本协调，城镇化发展在资源环境承载力范围内
城镇化轻微滞后（Ⅴ型）	$-0.5 \leqslant ZURB-ZECO < -0.1$	轻微不协调，处于磨合阶段，城镇化发展速度略低于资源环境承载力，城镇化发展速度略有提升空间
城镇化中度滞后（Ⅵ型）	$-3 \leqslant ZURB-ZECO < -0.5$	中度不协调，处于拮抗阶段，城镇化发展速度低于资源环境承载力，城镇化发展速度有提升空间
城镇化严重滞后（Ⅶ型）	$ZURB-ZECO < -3$	极度不协调，城镇化发展速度远低于资源环境承载力，城镇化发展速度有较大的提升空间

（二）类型判别

运用公式（5－10）—公式（5－15）计算出2003年和2015年13个地市的城镇化综合发展水平 *URB*，和生态环境综合承载力 *ECO* 的数值，见附录1中表1、表2，运用公式（9－1）计算出变差 *ZURB* 和 *ZECO*，具体数值见表9－8。

表9－8　　2003年和2015年江苏省生态城镇化发展状况

江苏省2003年	*ZURB*	*ZECO*	*ZURB－ZECO*	类型	江苏省2015年	*ZURB*	*ZECO*	*ZURB－ZECO*	类型
无锡市	1.95	－1.31	3.26	Ⅰ	南京市	1.51	－1.68	3.20	Ⅰ
南京市	1.68	－1.37	3.05	Ⅰ	苏州市	1.49	－1.50	2.99	Ⅱ
常州市	0.8	－0.66	1.46	Ⅱ	无锡市	1.30	－1.13	2.44	Ⅱ
苏州市	1.96	0.57	1.39	Ⅱ	常州市	0.56	－1.02	1.58	Ⅱ
连云港市	－1.14	－1.49	0.35	Ⅲ	镇江市	0.14	－0.80	0.94	Ⅱ
镇江市	－0.13	－0.48	0.35	Ⅲ	泰州市	0.51	0.34	0.17	Ⅲ

续表

江苏省2003年	ZURB	ZECO	ZURB - ZECO	类型	江苏省2015年	ZURB	ZECO	ZURB - ZECO	类型
南通市	-0.38	-0.53	0.15	Ⅲ	扬州市	0.72	0.62	0.10	Ⅳ
扬州市	-0.21	-0.18	-0.03	Ⅳ	南通市	0.38	1.43	-1.06	Ⅵ
徐州市	-0.65	0.06	-0.71	Ⅵ	连云港市	-1.67	-0.43	-1.24	Ⅵ
淮安市	-1.2	0.14	-1.34	Ⅵ	徐州市	-0.95	0.73	-1.68	Ⅵ
盐城市	-0.92	1.11	-2.03	Ⅵ	宿迁市	-1.74	0.26	-2.00	Ⅵ
泰州市	-0.6	2.22	-2.82	Ⅵ	淮安市	-1.49	1.08	-2.57	Ⅵ
宿迁市	-1.16	1.92	-3.08	Ⅶ	盐城市	-0.76	2.11	-2.87	Ⅵ

注：Ⅰ. 城镇化严重超前；Ⅱ. 城镇化中度超前；Ⅲ. 城镇化轻微超前；Ⅳ. 基本协调；Ⅴ. 城镇化轻微滞后；Ⅵ. 城镇化中度滞后；Ⅶ. 城镇化严重滞后。

根据计算结果，按判别方法，将2003年和2015年江苏省13个地市城镇化与生态环境耦合协同关系，即生态城镇化分别划分为6类和5类，详见图9-3。

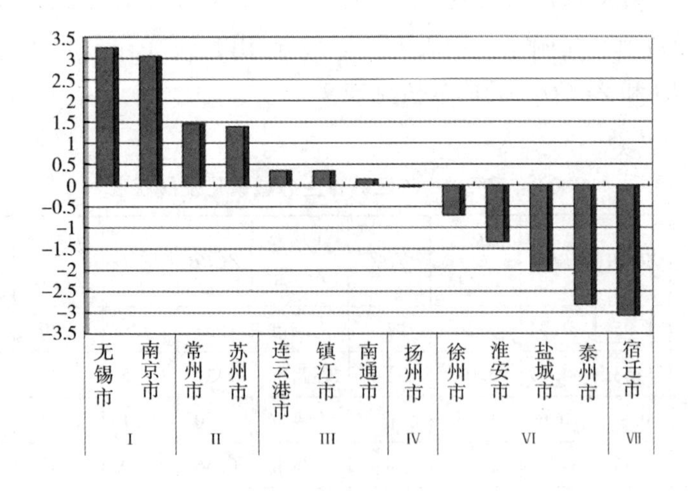

a 2003年

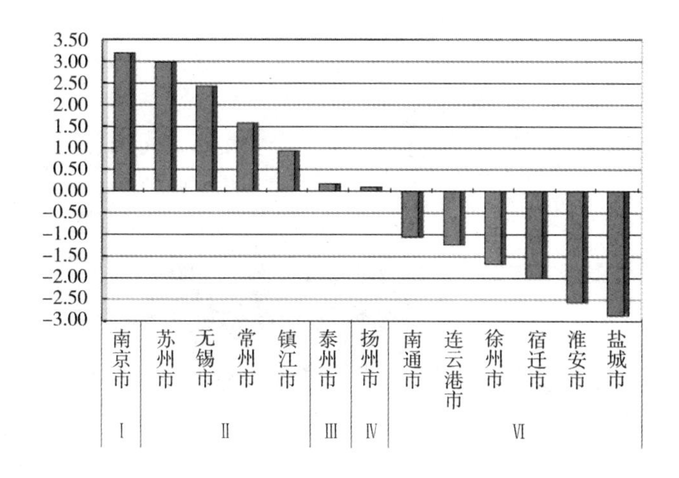

b　2015 年

图 9-3　江苏省 2003 年和 2015 年生态城镇化发展类型

注：Ⅰ. 城镇化严重超前；Ⅱ. 城镇化中度超前；Ⅲ. 城镇化轻微超前；Ⅳ. 基本协调；Ⅴ. 城镇化轻微滞后；Ⅵ. 城镇化中度滞后；Ⅶ. 城镇化严重滞后。

基于分析结果，可以按照生态城镇化类型，用 ArcGIS 10.2 软件绘制出 2003 年和 2015 年江苏省城镇化发展的市际格局（见图 9-4a、图 9-4b），以及生态城镇化的市际格局（见图 9-5a、图 9-5b）。

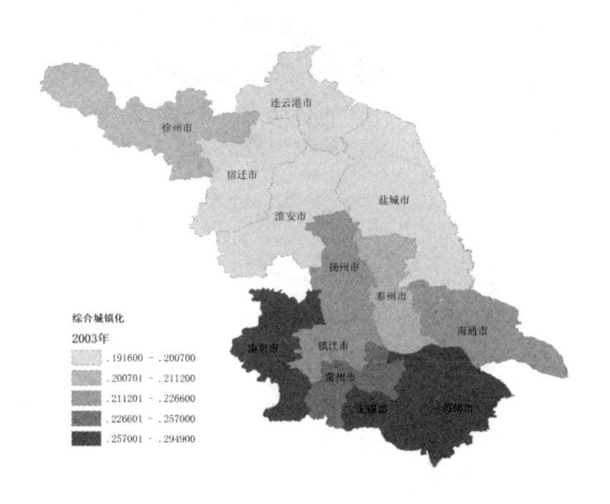

a　2003 年

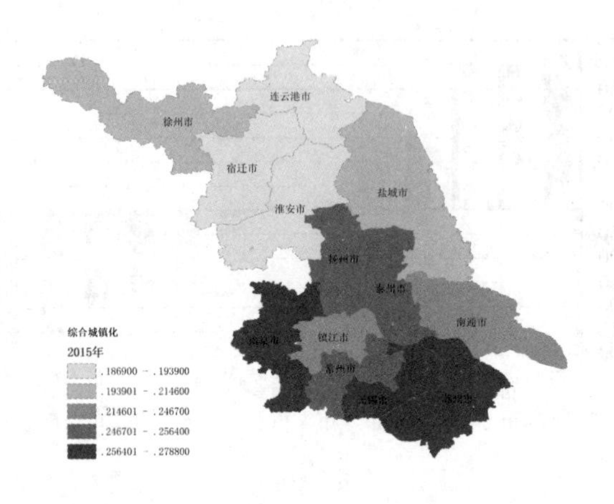

b　2015 年

图 9 - 4　2003 年和 2015 年江苏省各地市综合城镇化发展的市际格局

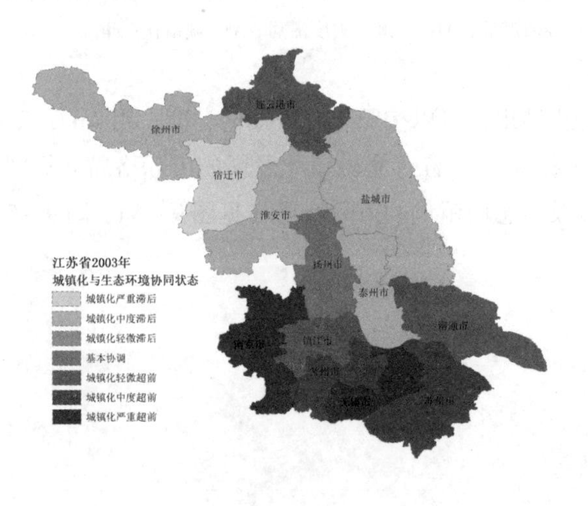

a　2003 年

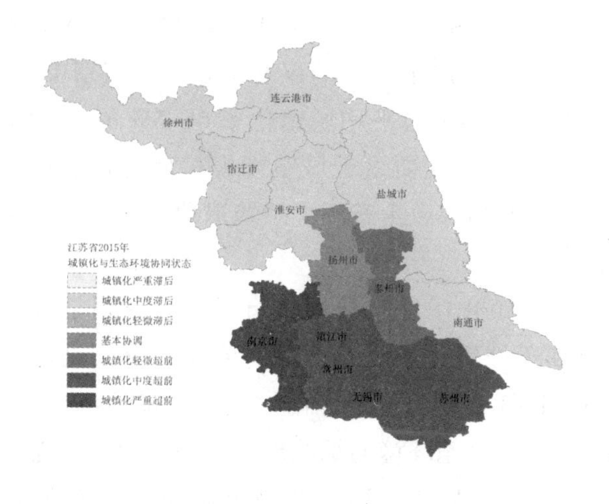

b　2015 年

图 9－5　2003 年和 2015 年江苏省生态城镇化发展的市际格局

二　评价分析

（一）城镇化发展的市际格局分析

从 2003 年城镇化发展的空间市际格局来看（见图 9－4a），苏南城镇化水平最高，其次是苏中地区，苏北城镇化发展水平最低。城镇化发展水平最高的 3 个地市是苏州市、无锡市、南京市，发展水平最低的是淮安市、宿迁市、连云港市；最高和最低城镇化发展水平相差 1.54 倍。2015 年城镇化发展（见图 9－4b）与 2003 年的市际格局大致相同。城镇化发展水平最高的 3 个地市是南京市、苏州市、无锡市，发展水平最低的是宿迁市、连云港市、淮安市；最高和最低城镇化发展水平相差 1.49 倍。

总之，相对 2003 年而言，江苏省 2015 年城镇化发展空间差异逐步减小，都呈现出苏南地区最高、苏中其次、苏北最低的态势，空间分布不均衡。

（二）生态城镇化发展的市际格局对比

按照判别原则，2003 年江苏省 13 个地市生态城镇化表现出 6 种类型（见图 9－5a），2015 年表现出 5 种类型（见图 9－5b）。

2003 年，无锡市、南京市均是江苏省城镇化严重超前的城市；2015 年，属于城镇化严重超前的仅有南京市。南京市 2015 年城镇化率为 81.4%，高出全省平均城镇化率 66.5% 的 14.9%，高出全国 56.1% 的 25.3%，主要由于城镇规模扩展速度过快，已超出资源环境承载力，开始导致生态环境系统退化，对城镇化负反馈作用也日益突出。

2003 年，城镇化中度超前城市有 2 个，分别是常州市、苏州市。2015 年属于城镇化中度超前的有 4 个，分别是苏州市、无锡市、常州市、镇江市，均位于苏南，这些城市经济发展基础较好，速度较快，超出了生态环境的承载能力，城镇化与生态环境关系处于拮抗波动、不协调阶段。2003 年城镇化轻微超前的城市有 3 个，分别是连云港市、镇江市、南通市；2015 年城镇化轻微超前的城市只有 1 个，是泰州市，位于苏中地区，发展态势良好，城镇化发展基本保持在资源环境承载力范围内，两者趋于磨合协调状态，偶尔会出现强劲波动。

2003 年城镇化与生态环境基本协调发展的有 1 个，是扬州市；2015 年仍是扬州市。扬州市城镇化发展水平适中，生态环境保护和治理成果较为突出，城镇化发展与生态环境相得益彰。

2003 年和 2015 年属于城镇化轻微滞后的城市没有。2003 年城镇化中度滞后的有 4 个，分别是徐州市、淮安市、盐城市、泰州市；2015 年属于城镇化中度滞后的有 6 个，分别是南通市、连云港市、徐州市、宿迁市、淮安市、盐城市，均属于苏北地区。2003 年城镇化严重滞后的仅有宿迁市；2015 年没有严重滞后的。整体来看，江苏省各地市城镇化保持了快速发展，且生态环境保护取得了不错的成绩，城镇化与生态环境发展关系趋于协同发展状态。

（三）生态城镇化发展的市际格局特征

1. 存在着显著的市际差异

从图 9－5 可以看出，江苏省生态城镇化发展呈现出南、中、北的区域发展差异显著，以城镇化严重超前的南京为中心，苏南地区其余 4 市均为城镇化发展快，同时资源环境承载力较大，城镇化发展略超过资源环境承载力，生态环境短期退化。相对于生态环境资源承载力来说，苏中3个地市城镇化发展速度较为适中，其中扬州市发展基本协调；泰州市城镇化发展基本在资源环境承载力范围内，生态环境有退化倾向；南通市城镇化发展速度略低于资源环境承载力，发展速度略有提升空间。苏北5个地市北部均属于中度不协调，城镇化发展速度低于资源环境承载力，发展速度有提升空间。整体来看，江苏省生态城镇化发展水平南部地区的高于中部和北部，中部高于北部。

2. 呈现出梯度发展效应

依据迈达尔的累积因果论，梯度发展会同时出现极化、扩散和回程3种效应的动态变化共同作用于地区发展，逐步形成产业集中或分散的空间格局。极化效应使产业向经济发达的高梯度地区集聚。扩散效应会使产业逐步向附近经济发展缓慢的低梯度地区扩散；回程效应是低梯度地区产业的发展，再次促使高梯度地区更进一步发展。

江苏省作为长江三角洲城市群的核心省份之一，人均GDP、综合竞争力均位居全国各省区市（不含三个直辖市，下同）第一。其全省13个地市由于区位优势不同，受到上海或整个长江三角洲经济区①的辐射带动作用不同，生态城镇化发展水平呈现梯度发展效应。江苏省南部地区毗邻上海，上海作为增长极对南部地区扩展效应比较明显，主要表现在经济发展和城镇化建设方面。所以，在同等资源环境承载力的基础上，南部地区生态城镇化进程明显快于中部和北部地区，中部地区高于北部地区，呈现典型的梯度发展效应。

① 长江三角洲经济区是中国城镇集聚度最高、经济最发达地区，已逐步成为世界上六大城市群之一，仅占2.1%的国土面积，却创造出了1/4的经济总量、高于1/4的工业增加值，被视为中国经济发展的重要引擎。

第十章　河南省生态城镇化演化趋势及市际格局

生态化城镇化即城镇化和生态环境系统耦合状态逐步趋于组织化和有序化的过程。为了深入分析河南省生态城镇化发展，本章从时空两个维度进行分析，第一，以时间序列分析河南省1996—2015年城镇化与生态环境耦合发展的演变过程；第二，从空间格局分析河南省2003年和2015年18个地市城镇化与生态环境耦合协同发展的市际格局。

第一节　生态环境系统发展水平的综合测度

一　时间测度

首先从1997—2016年《河南统计年鉴》《中国统计年鉴》《中国城市年鉴》中，查询出原始数据，按照熵值法公式（5－1）—公式（5－6）计算出生态环境状态、生态环境压力、生态环境响应子系统的发展水平（为了图形表现，生态环境压力作为效益型指标进行标准化处理），见表10－1。然后运用表10－1中数据，可绘制出表现3个子系统关系的折线图，见图10－1。

表 10-1　　河南省生态环境子系统发展水平得分

年份	生态环境		
	状态	压力	响应
1996	0.0485	0.0347	0.0374
1997	0.0482	0.0358	0.0396
1998	0.0538	0.0369	0.0363
1999	0.0441	0.0365	0.0366
2000	0.0554	0.0394	0.0385
2001	0.0452	0.0401	0.0404
2002	0.0479	0.0418	0.0436
2003	0.0570	0.0429	0.0437
2004	0.0513	0.0446	0.0449
2005	0.0549	0.0512	0.0464
2006	0.0500	0.0541	0.0499
2007	0.0535	0.0568	0.0523
2008	0.0518	0.0572	0.0565
2009	0.0510	0.0592	0.0559
2010	0.0524	0.0596	0.0567
2011	0.0481	0.0625	0.0613
2012	0.0467	0.0625	0.0603
2013	0.0459	0.0627	0.0657
2014	0.0473	0.0615	0.0687
2015	0.0470	0.0600	0.0652

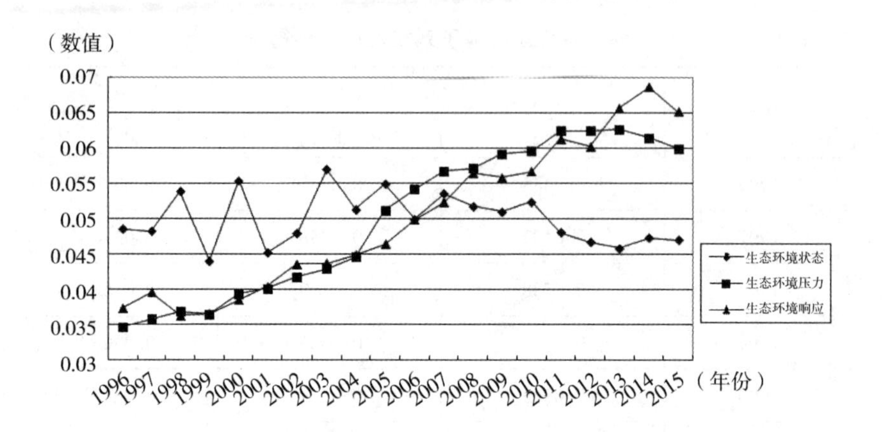

图 10－1　河南省 1996—2015 年生态环境系统发展趋势

二　评价分析

从表 10－1 可知，河南省生态环境状态水平，从 1996 年的 0.0485 开始，先降后升，时升时降，到 2015 年下降到 0.0470，整体显示出下降趋势，表示城镇化是以生态资源消耗为主的发展，使得生态环境状态在持续下降；生态环境压力发展水平从 1996 年的 0.0347 开始，先涨后降，时跌时涨，最后上升到 0.600，生态环境压力整体呈现出上涨的趋势；生态环境响应发展水平是从 0.374，逐步攀升到 0.625，总体上呈现出一条快速增长的曲线，表明河南已经开始注重保护和治理生态环境，作用逐渐增强。

第二节　河南省生态城镇化发展的演化趋势

一　演化判别

按照熵值法公式（5－1）—公式（5－6）计算出生态环境各指标权重（见表 10－2），计算生态环境状态、生态环境压力（为了耦合计算，生态环境压力作为成本型指标进行标准化处理）、生态环境响应子系统各自发展水平。然后结合原计算出的河南省 1996—2015 年城镇化各子系统发展水平数据（见表 8－2），得到城镇化和生态环境各自发展水平汇总表（见表 10－3），再计算出各年环比变化量及熵变值（见表 10－4）。根据表 9－3 生态城镇化耦合模式可以判别 1996—2015 年河南生态城镇化演化趋势，见表 10－4。

表 10－2　**河南省生态环境系统指标体系及其权重**

系统层	准则层	序参量	作　用
生态环境状态综合评价体系	生态环境压力	人均工业废水排放量	0.2108
		人均工业二氧化硫排放量	0.2032
		人均工业烟尘排放量	0.2795
		人均消耗电量	0.3065
	生态环境状态	人均土地面积	0.2641
		人均水资源拥有量	0.2995
		建成区绿化覆盖率	0.1826
		人均耕种面积	0.2538
	生态环境响应	工业固体废物综合利用率	0.1973
		工业二氧化硫去除率	0.3641
		工业烟尘去除率	0.2291
		人均工业治理总额	0.2096

表 10－3　1996—2015 **年河南省生态城镇化子系统发展水平得分**

年份	城镇化				生态环境			
	人口	空间	经济	综合	状态	压力	响应	综合
1996	0.0370	0.0358	0.0372	0.1099	0.0485	0.0646	0.0374	0.1506
1997	0.0374	0.0371	0.0377	0.1122	0.0482	0.0634	0.0396	0.1513
1998	0.0373	0.0374	0.0380	0.1127	0.0538	0.0623	0.0363	0.1523
1999	0.0376	0.0384	0.0382	0.1142	0.0441	0.0629	0.0366	0.1436
2000	0.0381	0.0390	0.0393	0.1165	0.0554	0.0599	0.0385	0.1538
2001	0.0390	0.0424	0.0400	0.1214	0.0452	0.0593	0.0404	0.1450

续表

年份	城镇化				生态环境			
	人口	空间	经济	综合	状态	压力	响应	综合
2002	0.0399	0.0395	0.0410	0.1203	0.0479	0.0577	0.0436	0.1491
2003	0.0433	0.0434	0.0433	0.1300	0.0570	0.0565	0.0437	0.1572
2004	0.0463	0.0453	0.0439	0.1354	0.0513	0.0548	0.0449	0.1510
2005	0.0476	0.0487	0.0454	0.1417	0.0549	0.0481	0.0464	0.1494
2006	0.0491	0.0498	0.0476	0.1466	0.0500	0.0455	0.0499	0.1454
2007	0.0522	0.0543	0.0499	0.1564	0.0535	0.0431	0.0523	0.1488
2008	0.0540	0.0557	0.0516	0.1614	0.0518	0.0429	0.0565	0.1512
2009	0.0550	0.0589	0.0518	0.1658	0.0505	0.0400	0.0559	0.1464
2010	0.0576	0.0579	0.0544	0.1699	0.0524	0.0408	0.0567	0.1499
2011	0.0603	0.0599	0.0591	0.1792	0.0481	0.0386	0.0613	0.1480
2012	0.0636	0.0617	0.0630	0.1883	0.0467	0.0387	0.0603	0.1457
2013	0.0662	0.0629	0.0641	0.1931	0.0459	0.0387	0.0657	0.1504
2014	0.0681	0.0649	0.0680	0.2009	0.0473	0.0399	0.0687	0.1558
2015	0.0705	0.0670	0.0768	0.2143	0.0470	0.0402	0.0652	0.1524

表 10-4　　1997—2015 年河南省生态城镇化总熵变值及演化趋势

年份	$\Delta X(t)$	$d_{city}s$	$\Delta Y(t)$	$d_{eco}s$	$\Delta X(t)+\Delta Y(t)$	$d_{city}s+d_{eco}s$	耦合模式
1997	0.0023	<0	0.0007	<0	0.0030	<0	协调型
1998	0.0005	<0	0.0010	<0	0.0016	<0	协调型
1999	0.0015	<0	-0.0088	>0	-0.0073	>0	拮抗型
2000	0.0023	<0	0.0103	<0	0.0126	<0	协调型
2001	0.0049	<0	-0.0089	>0	-0.0040	>0	拮抗型
2002	-0.0011	>0	0.0041	<0	0.0030	<0	磨合型
2003	0.0097	<0	0.0081	<0	0.0178	<0	协调型
2004	0.0054	<0	-0.0062	>0	-0.0008	>0	拮抗型

续表

年份	ΔX（t）	$d_{city}s$	ΔY（t）	$d_{eco}s$	ΔX（t）+ΔY（t）	$d_{city}s+d_{eco}s$	耦合模式
2005	0.0063	<0	-0.0016	>0	0.0047	<0	磨合型
2006	0.0049	<0	-0.0040	>0	0.0008	<0	磨合型
2007	0.0098	<0	0.0035	<0	0.0133	<0	协调型
2008	0.0050	<0	0.0024	<0	0.0074	<0	协调型
2009	0.0044	<0	-0.0048	>0	-0.0004	>0	拮抗型
2010	0.0041	<0	0.0035	<0	0.0077	<0	协调型
2011	0.0093	<0	-0.0020	>0	0.0074	<0	磨合型
2012	0.0090	<0	-0.0022	>0	0.0068	<0	磨合型
2013	0.0049	<0	0.0046	<0	0.0095	<0	协调型
2014	0.0078	<0	0.0054	<0	0.0133	<0	协调型
2015	0.0034	<0	-0.0034	>0	-0.0001	>0	拮抗型

二　评价分析

从表10-4可以看出，生态城镇化1996—2015年发展过程，可以分为两个阶段，1996—2004年，城镇化与生态环境耦合常在拮抗、磨合、协调中徘徊，总熵值变化较大；从2005年开始，城镇化与生态环境耦合发展状况逐步改善，在磨合和协调中徘徊，偶尔出现拮抗。

将表10-4中河南城镇化和生态环境系统各自环比变化量，运用Origin 8.0软件画出3D散点图10-2，来表示城镇化与生态环境系统之间耦合关系的演化趋势。1996—2014年河南省城镇化发展水平增量ΔX多大于0，意味着城镇化系统熵变值$d_{city}s$多小于0，系统内部混乱程度在不断减少，发展趋势表现为一条波折上升曲线。河南省生态环境发展水平增量值ΔY有正、有负，意味着生态环境系统熵变值$d_{eco}s$有正、有负，系统内部混乱程度在大幅度变化，发展趋势表现为一条较大波动的上升曲线。河南省城镇化与生态环境系统耦合发展水平 $\Delta X(t) + \Delta Y(t)$ 也是有正、有负，意味着城镇化系统与生态环境系统的总熵变值（$d_{city}s + d_{eco}s$）不断变化，映射出耦合发展水平是一条上下波动较大的上升曲线，表示两者耦合关系在较大幅度地上下波动。结合耦合模式，河南省城镇化与生态环境耦合关系在磨合型、拮抗型、协调型三者之间徘徊，其中以拮抗、磨合型为主，表明河南城镇化是以牺牲生态环境为前提的，并且随着城镇化的推进，生态环境还在不断恶化。

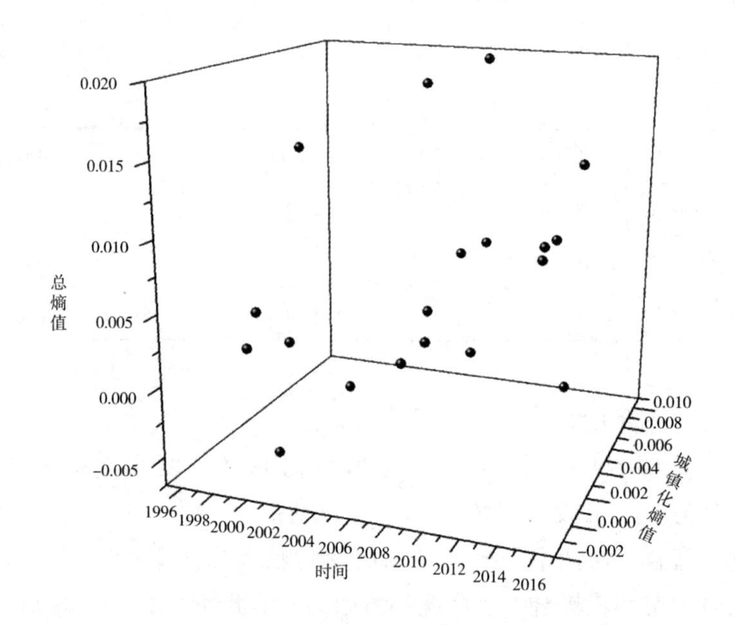

图 10-2　1996—2015 年河南省城镇化与生态环境耦合演变过程

综上所述，河南省在经济发展水平较低时，环境污染程度较轻；随着经济发展速度加快，人均收入日益提高，生态环境压力持续增大，环境污染程度不断恶化，人们保护和治理生态环境的力度也逐步加大，这些表明河南省生态城镇化处于环境库兹涅茨曲线初期阶段，在“拐点”之前。

第三节 河南省生态城镇化发展的市际格局

根据EKC曲线城镇化与生态环境关系的演变趋势，以河南省各地市发展的实际状况为客观判断标准，根据表9－7生态城镇化发展类型，可细致判别河南省城镇化与生态环境系统协同发展的不同类型。

一 空间判别

将熵值法计算出的18个地市的城镇化综合发展水平*URB*，和生态环境综合承载能力*ECO*的数值（具体数值见附录1中表3、表4）运用公式（9－1）计算出变差*ZURB*和*ZECO*，具体数值见表10－5。

表10－5 2003年和2015年河南省生态城镇化发展状况对比

城市	*ZURB*	*ZECO*	*ZURB－ZECO*	类型	城市	*ZURB*	*ZECO*	*ZURB－ZECO*	类型
郑州市	2.55	－2.44	5.00	Ⅰ	郑州市	3.04	－1.09	4.13	Ⅰ
焦作市	0.91	－1.16	2.08	Ⅱ	济源市	1.20	－1.36	2.56	Ⅱ
洛阳市	0.88	－1.14	2.02	Ⅱ	三门峡市	0.45	－1.47	1.91	Ⅱ
济源市	1.49	－0.36	1.86	Ⅱ	焦作市	0.49	－1.11	1.60	Ⅱ
鹤壁市	0.42	－0.78	1.20	Ⅱ	洛阳市	0.85	－0.31	1.17	Ⅱ
安阳市	0.07	－0.87	0.94	Ⅱ	鹤壁市	0.19	－0.78	0.97	Ⅱ
新乡市	0.05	－0.16	0.21	Ⅲ	许昌市	0.33	0.17	0.16	Ⅲ
三门峡市	0.19	0.71	－0.52	Ⅵ	安阳市	－0.34	－0.13	－0.21	Ⅴ
平顶山市	－0.40	0.15	－0.55	Ⅵ	平顶山市	－0.56	－0.31	－0.24	Ⅴ
濮阳市	－0.34	0.25	－0.58	Ⅵ	新乡市	－0.14	0.14	－0.28	Ⅴ

续表

城市	*ZURB*	*ZECO*	*ZURB* - *ZECO*	类型	城市	*ZURB*	*ZECO*	*ZURB* - *ZECO*	类型
商丘市	-0.97	-0.33	-0.64	Ⅵ	濮阳市	-0.31	-0.01	-0.30	Ⅴ
许昌市	-0.10	0.63	-0.73	Ⅵ	漯河市	-0.28	0.03	-0.31	Ⅴ
南阳市	-0.63	0.33	-0.96	Ⅵ	开封市	-0.38	-0.04	-0.33	Ⅴ
漯河市	0.12	1.13	-1.01	Ⅵ	周口市	-1.14	0.42	-1.55	Ⅵ
开封市	-0.70	0.94	-1.64	Ⅵ	商丘市	-1.06	0.88	-1.94	Ⅵ
信阳市	-0.99	0.69	-1.68	Ⅵ	南阳市	-0.74	1.33	-2.06	Ⅵ
驻马店市	-1.18	0.96	-2.15	Ⅵ	驻马店市	-0.83	1.49	-2.32	Ⅵ
周口市	-1.39	1.45	-2.84	Ⅵ	信阳市	-0.77	2.18	-2.95	Ⅵ

根据计算结果，按照判别方法，将2003年、2015年河南省18个地市城镇化与生态环境协同关系划分，详见图10-3。

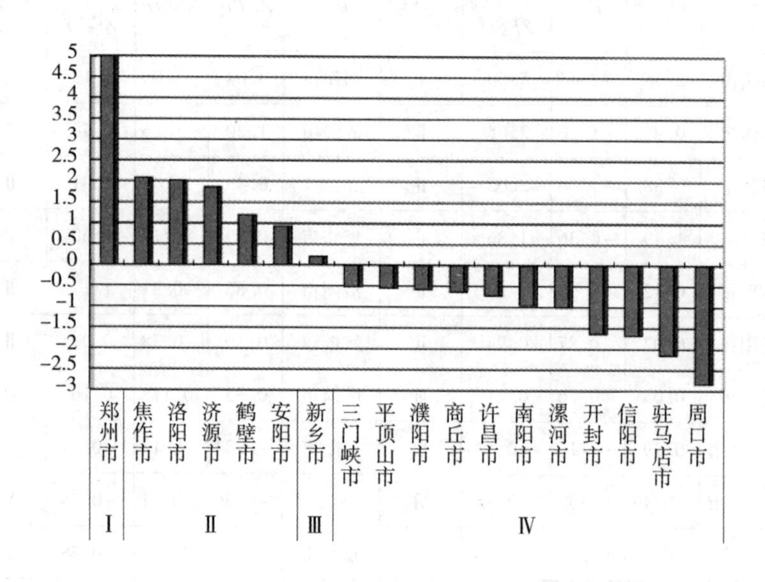

a　2003年

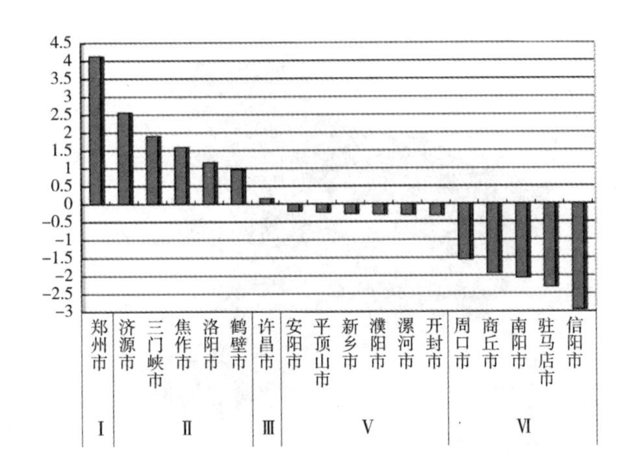

b　2015 年

图 10－3　河南省 2003 年和 2015 年生态城镇化发展类型

注：Ⅰ. 城镇化严重超前；Ⅱ. 城镇化中度超前；Ⅲ. 城镇化轻微超前；Ⅳ. 城镇化基本协调；Ⅴ. 城镇化轻微滞后；Ⅵ. 城镇化中度滞后；Ⅶ. 城镇化严重滞后。

基于分析结果，用 ArcGIS 10.2 软件绘制出 2003 年、2015 年河南省各地市城镇化发展的市际空间格局（见图 10－4）和生态城镇化发展的市际空间格局（见图 10－5）。

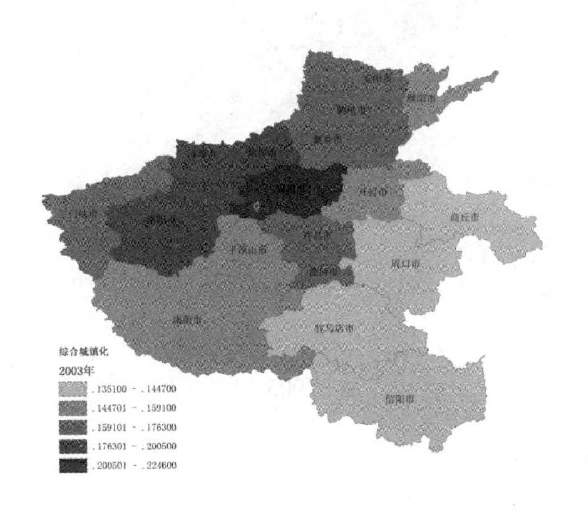

a　2003 年

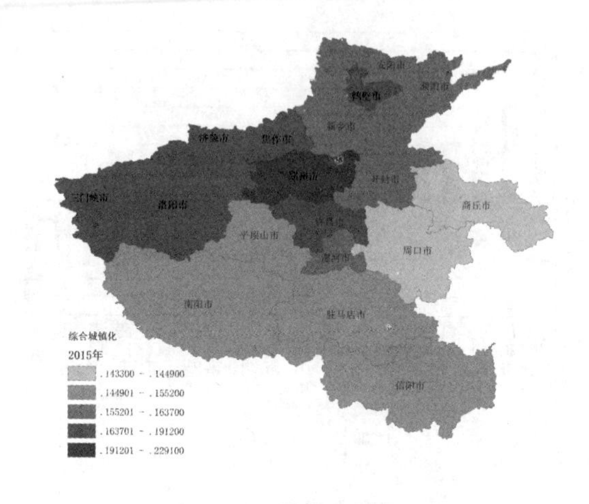

b　2015 年

图 10－4　2003 年和 2015 年河南省综合城镇化发展的市际格局

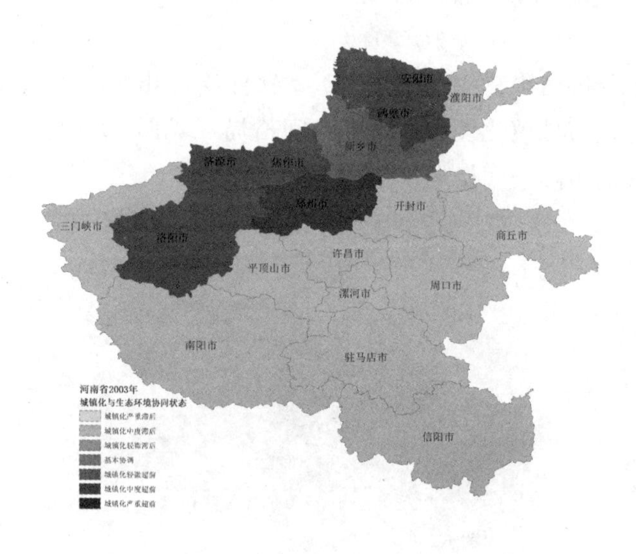

a　2003 年

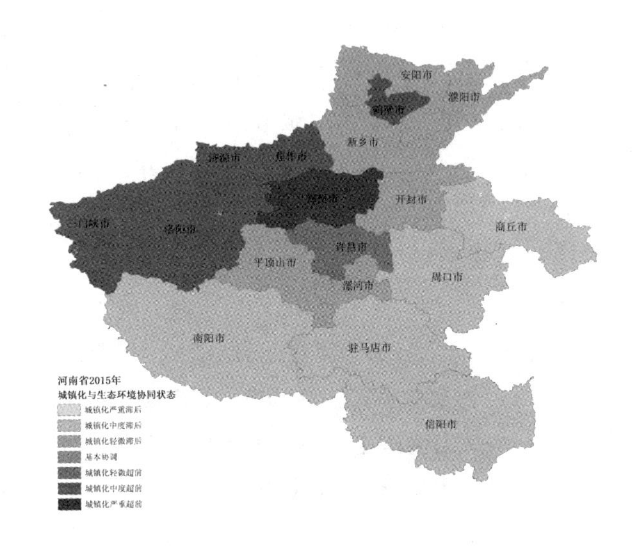

b　2015 年

图 10－5　2003 年和 2015 年河南省生态城镇化发展的市际格局

二　评价分析

河南作为全国第一人口大省和农业大省，人多地少是基本省情，同时还肩负着国家粮食生产核心区的任务，这些都注定河南省城镇化发展要负重前行。截至 2015 年底，河南省城镇化率达到 46.85%，低于全国城镇化率 9.25%，但比 2003 年增长了 19.64%，比同期全国城镇化增长的 15.57%，高出了 4.07 个百分点，说明河南省正在不断缩小与全国城镇化率的差距，但是步伐有些缓慢。

（一）城镇化发展的市际空间格局分析

从 2003 年河南省城镇化发展的市际空间格局来看，城镇化发展水平最高的 3 个城市是郑州市、济源市、焦作市，发展水平最低的是周口市、驻马店市、信阳市，发展水平最高与最低相差 1.66 倍；从 2015 年河南省城镇化发展的市际空间格局来看，城镇化发展水平最高的 3 个城市是郑州市、济源市、洛阳市，发展水平最低的是周口市、商丘市、驻马店市，发展水平最高与最低相差 1.58 倍。2003 年和

2015 年城镇化发展水平最高的都是郑州市。截至 2015 年年底，郑州市的首位度①为 1.61，按照国际标准，地区首位城市②的首位度一般为 2，可见郑州市认为河南省的首位城市，人口规模还可进一步扩大。总体来看，2015 年河南省城镇化空间差异变小，呈现出以郑州市为核心的中部地区最高，逐步向四周递减趋势，空间分布不均衡。

（二）城镇化与生态环境协同关系的市际格局

按照判别原则，河南省 18 个地级市可分为不同类型。2003 年城镇化严重超前的是郑州市，2015 年也是郑州市，但是严重程度有所缓解。郑州市 2015 年城镇化率为 69.69%，高出全省平均城镇化率 45.85% 的 23.84%，高出全国平均 56.1% 的 13.59%，由于城镇规模扩展速度过快，已超出生态环境承载能力，开始导致生态环境系统退化，对城镇化负反馈作用也日益突出。2003 年城镇化中度超前的有 5 个，分别是焦作市、洛阳市、济源市、鹤壁市、安阳市；2015 年有 5 个，分别是济源市、三门峡市、焦作市、洛阳市、鹤壁市，其中 4 个城市都没有变化，均位于河南省西北部，经济发展基础较好，城镇化发展水平较高，速度超过了生态环境的承载能力，城镇化与生态环境关系处于拮抗波动、不协调阶段。2003 年城镇化轻微超前的有 1 个，分别是新乡市；2015 年城镇化轻微超前的只有许昌市 1 个，毗邻郑州市，发展态势良好，城镇化发展基本保持在生态环境承载力范围内，两者趋于磨合协调状态，但有时会出现强劲波动。

2003 年河南省各地市没有城镇化轻微滞后的，2015 年城镇化轻微滞后的有 6 个，分别是安阳市、平顶山市、新乡市、濮阳市、漯河市、开封市，城镇化速度较缓，保持在环境承载力范围内，长期处于磨合阶段。2003 年城镇化中度滞后的有 11 个，2015 年减少到 5 个，分别是周口市、商丘市、南阳市、驻马店市、信阳市，均位于河南省南部，经济发展速度较慢，城镇化发展水平也较低，城镇化率多低于

---

① 首位度：首位城市与第二位城市的人口规模的比率，在一定程度上代表了城镇体系中的城市发展要素在最大城市的集中程度。

② 首位城市是在一个相对独立的地域范围内（如全国、省区市等）或相对完整的城市体系中，处于首位的亦即人口规模最大的城市。

40%，大规模资源开发较晚，区域生态环境人均负荷较小。

总之，相比2003年而言，河南省2015年城镇化与生态环境发展趋于协同，但都呈现出以郑州市为核心点的发散趋势，郑州市城镇化发展速度严重超前于生态环境承载力，向四周逐步递减。

（三）城镇化和生态环境协同关系的市际格局特征

1. 显著的南北市际差异

从图10－5可以看出，河南省城镇化与生态环境协同关系南北差异显著，2003年以城镇化严重超前的郑州市为核心，城镇化发展逐步向四周递减；西北地区以城镇化发展速度超过于生态环境承载力的为主。东南部以城镇化发展速度小于生态环境承载力的为主。整体来看，河南省西北部地区的城镇化与生态环境关系协同状态高于东南部；西北部城镇化发展快于东南部，东南部地区的生态环境承载力大于西北部。从整体来看，2015年河南省城镇化与生态环境发展趋于协同，北部城镇化发展速度放缓，西部城镇化发展仍然较快；东南部城镇化发展速度仍滞后于生态环境承载力。

2. 显现出梯度发展效应

依据迈达尔的累积因果论，将同时出现极化、扩展和回程3种效应共同作用于地区的发展，逐步形成产业集中或分散的梯度动态变化的空间格局。极化效应使产业集聚于经济发达的高梯度地区。扩散效应会使产业扩散于附近经济发展缓慢的低梯度地区；回程效应是低梯度地区产业发展，会再次促使高梯度地区更进一步发展。郑州市是河南省首位城市，同时也是中原区域的中心城市，对周边城市都具有较大的影响力和辐射力。郑州市对西北部地区在引资、产业转移、服务等方面扩散效应大于回程效应，对东南部地区的扩散效应小于回程效应，所以西北部的城镇化进程快于东南部，东南部城镇化进程略显滞后。

三　综合评价

（一）城镇化与生态环境协同发展的市际差异显著，呈现出梯度发展特征

河南省作为全国第一人口大省和传统农业大省，人多地少，人

均资源少，环境压力大，同时肩负着保障国家粮食安全重任，所以工业化和城镇化建设倍感艰难。河南省在不牺牲农业和粮食安全的情况下，逐步形成了以郑州为核心梯度发展的城市群落，其城镇化发展速度呈现出从郑州逐步向西北或东南递减的趋势，西北部递减较慢，东南部递减较快。据此，城镇化与生态环境协同发展状态也呈现出从以郑州为中心向西北或东南逐步减弱的特征，市际差异较为显著。

（二）西北部地区城镇化发展超前现象需要警惕和关注

河南省抢抓产业转移的承接先机，积极建设产业集聚区，发展资本、技术密集型行业，积极发展劳动密集型行业，提升地区性中心城市的产业及人口的集聚效应，以产兴城、依城促产，促使产城互动融合，成为河南发展城镇化的一大特色。但是产业集聚、人口集中和新城区建设，带来了河南省部分地区城镇化发展迅速，但整体发展水平质量不高，同时较为严重地破坏了生态环境。2015 年 12 月 1—24 日，全省平均雾霾日数 12.9 天，为 1961 年后 54 年来同期雾霾日数最多的年份，主要分布在豫北、豫中地区，其中郑州市 2015 年上半年空气质量连续 6 个月排名在全国倒数 10 名以内，其中连续三个月倒数第二。可见，河南省部分地区城镇化的快速发展是以牺牲生态环境为代价的做法，值得警惕和重视。所以河南省不能一味追求城镇化率的提高，而是要注重城镇化的质量。

（三）南部地区城镇化进程需要重视和加快

河南省 2015 年各地市城镇化发展都有所提高，但相对而言，有 5 个地区城镇化发展中度滞后，主要分布在豫南地区。因为南部地区非农产业发展较为缓慢，经济城镇化发展水平较低。所以河南省以郑州市为核心增长极，逐步推进毗邻郑州的各市要素高效配置流动，并逐步扩大经济轴带节点城市的规模，重视和加快南部城镇化建设，整体提升中原城市群落的发展效率。

第十一章　苏豫两省城镇化和环境压力作用的演变过程

在第七章、第八章分别对江苏省和河南省城镇化演变趋势进行动态分析，对两省空间格局进行静态分析，初步了解两省城镇化的发展状况；在第九章、第十章对 20 年间江苏省和河南省城镇化与生态环境系统耦合的历程进行剖析，接着对 2003 年和 2015 年两省城镇化与生态环境协同发展的空间格局进行详细的对比分析，进一步了解两省生态城镇化的发展现状。因为两省城镇化与生态环境耦合协同关系差别不太明显，而环境压力是生态环境遭到破坏的直接表现，所以本章将对比分析两省城镇化与环境压力作用的演变过程，深入探析两省城镇化生态发展的差异之处。

第一节　城镇化和环境压力相互作用的演变趋势

从环境经济学来看，假设科学技术发展水平、政府管控力度、环境保护支出水平等保持相对稳定情况下，环境库兹涅茨曲线揭示出的经济发展水平和环境质量之间呈倒“U”形关系。根据国内外学者研究结果表明，城镇化发展和环境压力关系同样呈现出倒“U”形的规律性变化。本节根据前面章节数据，分析江苏省和河南省城镇化发展与环境压力的规律性变化。

一　评价测度

根据第七章、第九章计算出江苏省和河南省 1996—2015 年人口、空间、经济城镇化综合发展水平，和第八章、第十章计算出生态环境压力得分（作为效益型指标进行标准化处理的），汇总出两省 1996—2015 年城镇化发展与环境压力的变化趋势，见表11－1。

表 11－1　1996—2015 年河南省和江苏省城镇化发展和环境压力的水平

年份	江苏省		河南省	
	城镇化综合发展水平	环境压力水平	城镇化综合发展水平	环境压力水平
1996	0.1092	0.047	0.1099	0.0347
1997	0.1119	0.0413	0.1122	0.0358
1998	0.1147	0.048	0.1127	0.0369
1999	0.1174	0.0438	0.1142	0.0365
2000	0.1228	0.0439	0.1165	0.0394
2001	0.1198	0.0478	0.1214	0.0401
2002	0.1223	0.0362	0.1203	0.0418
2003	0.1268	0.044	0.13	0.0429
2004	0.1318	0.0512	0.1354	0.0446
2005	0.1394	0.0558	0.1417	0.0512
2006	0.1488	0.0539	0.1466	0.0541
2007	0.156	0.0524	0.1564	0.0568
2008	0.1607	0.0505	0.1614	0.0572
2009	0.1663	0.05	0.1658	0.0592
2010	0.1719	0.0527	0.1699	0.0596
2011	0.1799	0.0569	0.1792	0.0625
2012	0.1874	0.0562	0.1883	0.0625
2013	0.1945	0.0565	0.1931	0.0627
2014	0.2011	0.0566	0.2009	0.0615
2015	0.2176	0.0555	0.2143	0.06

根据表11－1 的数据，运用 Origin 8.0 软件画出 3D 散点图，来

表示两省城镇化与生态环境压力相互作用的演变趋势，以图 11 - 1 立体图、图 11 - 2 平面图表示江苏省、河南省城镇化与生态环境压力作用的演变趋势。

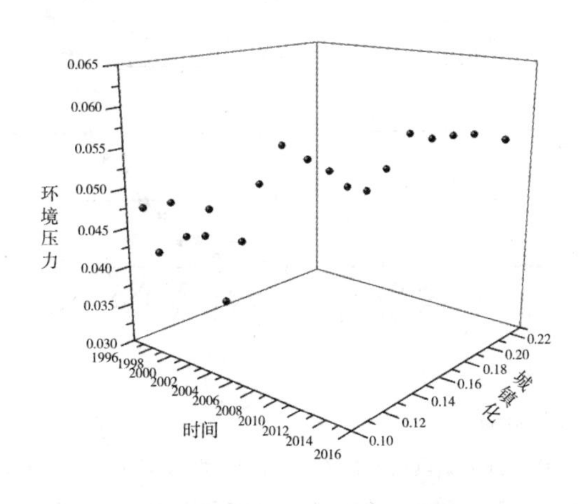

a　江苏省

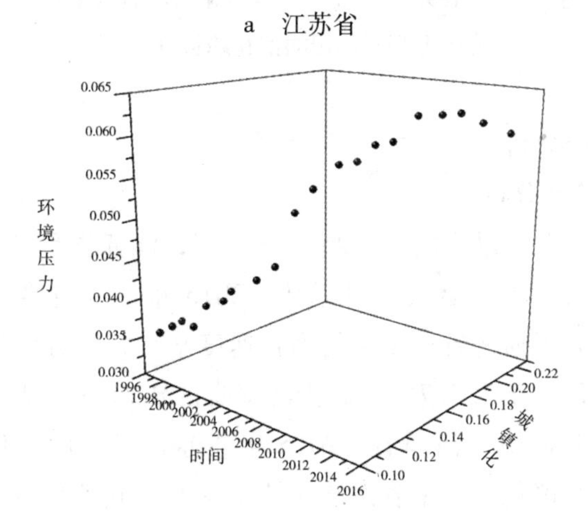

b　河南省

图 11 - 1　1996—2015 年江苏省和河南省城镇化和环境压力相互作用的演化趋势（3D）

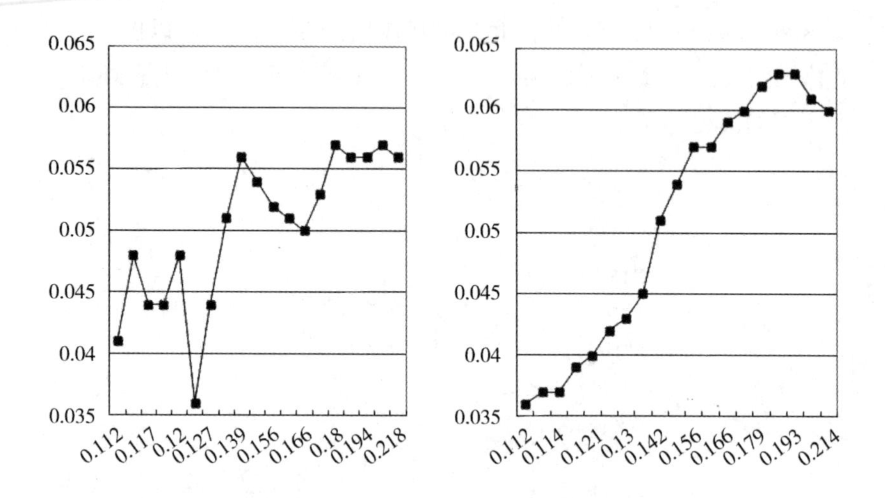

a 江苏省　　　　　　　　b 河南省

注：横坐标为城镇化发展水平，纵坐标表示环境压力状况。

图 11－2　1996—2015 年江苏省和河南省城镇化和环境压力相互作用的演化趋势（平面）

二　综合分析

（一）发展分析

从表 11－1 可以看出，1996—2015 年，江苏省和河南省综合城镇化水平，表现出显著的上升趋势。2015 年江苏省城镇化总量评价水平明显大于河南省；以年均增长速度来看，江苏省城镇化评价值的年均增长速度为 3.7%，高于河南省的 3.58%，表明江苏省城镇发展速度明显快于河南省。2015 年江苏省经济城镇化 > 空间城镇化≥人口城镇化，河南省经济城镇化 > 人口城镇化 > 空间城镇化趋势，说明江苏省和河南省都是经济城镇化发展最快的，且江苏省的发展速度明显快于河南省；江苏省人口城镇化与空间城镇化发展速度基本相同，而河南省空间城镇化发展最慢，人口城镇化发展次之。这些都表明江苏省过于重视空间城镇化建设，相对忽视了“人”城镇化；而河南省空间城镇化发展较缓。

江苏省和河南省生态环境压力均有上涨趋势，从年均增长速度来看，江苏省生态环境压力为0.88%，而河南省生态环境压力为2.92%，可见江苏省生态环境压力增长幅度明显小于河南省生态环境压力的增长。

从图11-2b可以看出，1996—2015年河南省城镇化发展与环境压力作用的演变趋势，大体呈现出一条快速增长的抛物曲线，说明河南省城镇化发展大量消耗生态资源，环境压力逐步攀升，状况令人担忧。从图11-2a可以看出，1996—2015年江苏省城镇化发展与环境压力，表现为时升时降的波动曲线，整体显示出上涨趋势，说明江苏省城镇化发展过程中，环境压力虽仍在上涨，但保护和治理生态环境的作用逐渐增强，上涨幅度较小。江苏省城镇化不断破坏自然环境，增加环境压力；但环境压力会产生保护和治理环境的主动响应行为，响应行为对压力的反作用较大，将逐步减少压力，基于作用力传导理论，城镇化对生态环境破坏力度将逐步减小。江苏省在经济发展水平较低时，环境污染程度较轻；随着经济发展迅速，人均收入日益提高，环境压力不断增大，环境污染程度逐步恶化；同时由于人们保护治理生态环境的力度不断加大，环境污染加剧程度逐步减小。

（二）理论解析

通过豫苏两省城镇化与生态环境压力耦合演变趋势，可以看出两者关系并不是固定的。随着人们环境保护意识的提高，可以采取措施来优化倒“U”形曲线。根据江苏省保护治理生态环境的力度不断加大，环境污染加剧程度逐步减小，使得环境库兹涅茨曲线弧度变缓，表明在相同的经济发展与城镇化水平下，生态环境和资源状态较好，“拐点”下降。所以在平衡考虑经济发展和环境保护的基础上，城镇化发展可以采取一些前瞻性的环境保护措施，即生态发展，可以减小倒“U”形曲线弧度，或者可以使其变成近似水平的曲线，见图11-3。

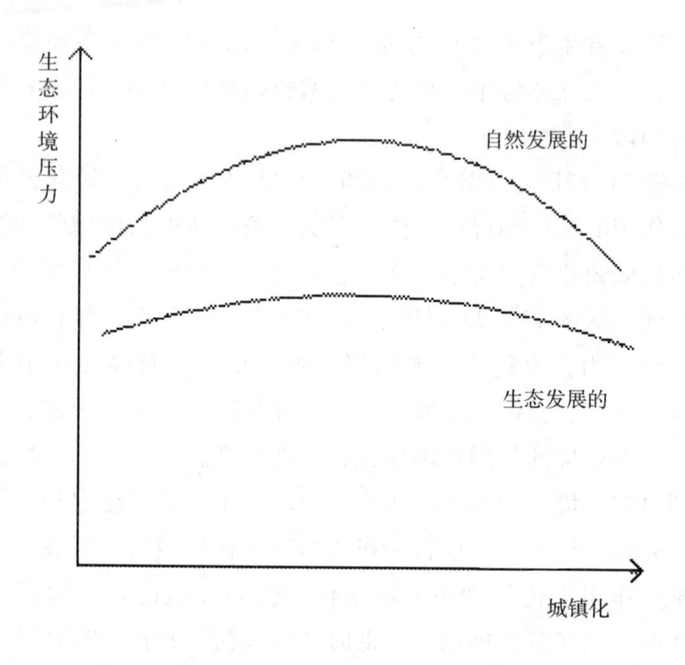

图 11－3　生态发展优化 EKC 曲线

综上所述，根据江苏省和河南省城镇化与环境压力相互作用的演变趋势分析，可以看出江苏省城镇化的生态发展，可以逐步减小环境污染，较大幅度减小环境压力。借鉴江苏省城镇化发展经验和教训，各地区可以根据各自不同主体功能定位，采取科学且适宜措施进行城镇化的生态发展，减少生态环境的破坏。

第二节　城镇化与环境压力系统耦合的演变过程

本节运用系统论中的系统演化思想来建立城镇化与环境压力系统耦合演化模型，从而对比分析江苏省和河南省 1996—2015 年 20 年间城镇化与环境压力系统耦合的演变过程。

一　演化模型

鉴于城镇化与环境压力系统可耦合成城镇化—环境压力系统，可以把它们作为一个复合系统来考虑，按照一般系统理论，该复合系统的演化方程可以表示为：

$$A=\frac{df(x)}{dt}=f(x,t),\ V_A=\frac{dA}{dt} \tag{11-1}$$

$$B=\frac{dg(y)}{dt}=g(y,t),\ V_B=\frac{dB}{dt} \tag{11-2}$$

A、B为在受自身与外界影响下环境压力系统和城镇化系统演化状态，V_A、V_B分别为其演化速度。在整个复合系统中，A与B相互影响，任何一个子系统的变化都将导致整个系统的变化。V的变化是由V_A、V_B及其相关关系来确定，可看作是V_A和V_B的函数，即$V=f(V_A, V_B)$，V_A、V_B为控制变量。可以通过分析V的变化来研究整个系统以及两个子系统间的耦合演化过程，V称为城镇化—环境压力系统的演化速度。

假定环境压力与城镇化发展的动态关系呈周期性变化，因此，可以将V_A、V_B的演化轨迹投影在一个二维平面（V_A、V_B）（见图11－3a）。再由于环境压力与城镇化发展的演化满足组合S形发展机制，以V_A、V_B分别为横轴和纵轴坐标，则V的变化呈现出三维立体空间的演变，由于环境压力系统变化速度相对于城镇化系统更为敏感，所以V的变化轨迹可以表现为坐标系中螺旋上升的多个椭圆形（图11－3b）。从图11－3可知，V_A与V_B的夹角θ，满足

$$tan\theta=\frac{V_A}{V_B} \tag{11-3}$$

则

$$\theta=arctan\left(\frac{V_A}{V_B}\right) \tag{11-4}$$

定义θ为耦合度。

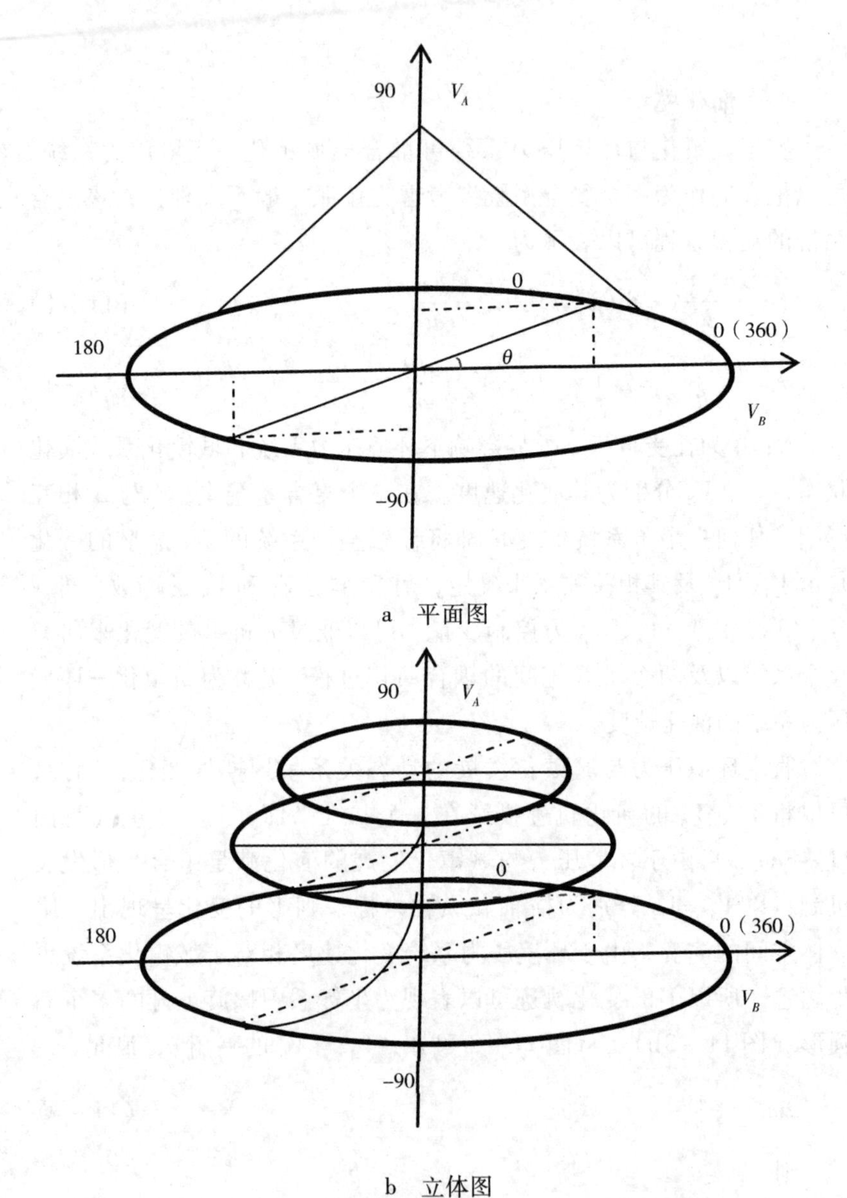

a　平面图

b　立体图

图 11－4　城镇化与环境压力系统耦合的演化周期

在城镇化与环境压力系统的一个演化周期内，将经历低级协调（Ⅰ）、磨合拮抗（Ⅱ）、拮抗加剧（Ⅲ）和组合升级（Ⅳ）4 个阶段（见图 11－4）。(1)　$-90° < \theta \leq 0°$时，系统处于低级协调共生阶段。此时期内城镇化发展过程较为缓慢，并且完全没有超过生态环境承受范围，城镇化发展对生态环境的影响较小。(2)　$0° < \theta \leq 90°$时，系统处于磨合拮抗阶段。在这个时期内，城镇化发展速度逐渐加快，并开始显现出对生态环境的胁迫作用，生态环境对城镇化发展的约束和限制日渐突出，二者之间的矛盾逐步加大。可以细分$90° \geq \theta > 45°$，属于拮抗协调阶段；$45° \geq \theta > 0°$，属于磨合协调阶段 (3)　$90° < \theta \leq 180°$时，拮抗加剧阶段。由于城镇化发展，对生态资源的需求日益加大，对生态环境的破坏日益加剧，城镇化发展与生态环境的矛盾日益突出，并愈演愈烈。在磨合拮抗（Ⅱ）、拮抗加剧（Ⅲ）时期，系统演进可能存在两个方向：一是城镇化与生态环境之间的矛盾不可调节，当生态环境的污染程度越来越差，趋于其极限阈值，最后导致整个系统解体崩溃；另一个是人类采取各种工程的、经济的、生物的、技术的措施，来缓解城镇化与生态环境之间的矛盾，力求使城镇化发展与生态环境承载阈值之间保持一个相对最佳的距离。经过人类不断的调节和控制，以及整个系统内部诸要素的不断调整优化，城镇化与生态环境关系的不断磨合，二者的协调耦合关系不断向良性发展，最终达到城镇化与生态环境的高级协调共生。(4)　$-180° < \theta \leq -90°$时，系统处于组合上升阶段。与生态环境之间的交互胁迫关系重组，并由相互胁迫转化为相互促进的关系，整个系统最终达到城镇化与生态环境高级协调共生的发展状态。

二　方程拟合

根据公式（11－1）—公式（11－4），对江苏省 1996—2015 年环境压力及城镇化发展水平数据进行二次非线性拟合，即可得出A、B以及V_A、V_B的表达式。

$$A = 0.0003 \times t^2 - 0.0017 \times t + 0.047 \qquad R^2 = 0.7752$$

$$B = 0.0001 \times t^2 + 0.0004 \times t + 0.0361 \qquad R^2 = 0.9781$$

$$V_A = \frac{dA}{dt} = 0.0006 \times t - 0.0017$$

$$V_B = \frac{dB}{dt} = 0.0002 \times t + 0.0004$$

根据公式（11－1）—公式（11－4），对河南省1996—2015年环境压力及综合城镇化平均发展水平数据进行二次非线性拟合，即可得出 A、B 以及 V_A、V_B 的表达式。

$$A = 0.0004 \times t^2 - 0.0015 \times t + 0.0368 \qquad R^2 = 0.9648$$

$$B = 0.0001 \times t^2 + 0.0005 \times t + 0.0354 \qquad R^2 = 0.9822$$

$$V_A = \frac{dA}{dt} = 0.0008 \times t - 0.0015$$

$$V_B = \frac{dB}{dt} = 0.0002 \times t + 0.0005$$

上式中，t 的取值范围为1—20，分别对应1996—2015年。根据上式计算，可得到各个年份城镇化与环境压力系统的耦合度 θ（见表11－2）。

表11－2　　1996—2015年苏豫两省城镇化与环境压力系统耦合的演变趋势

年份	江苏省				河南省			
	V_A	V_B	$\tan\theta$	θ'	V_A	V_B	$\tan\theta$	θ'
1996	0.0006	－0.0011	－1.8333	－61.39	0.0007	－0.0007	－1.00	－45.00
1997	0.0008	－0.0005	－0.6250	－32.01	0.0009	0.0001	0.1111	6.34
1998	0.0010	0.0001	0.1000	5.71	0.0011	0.0009	0.8182	39.29
1999	0.0012	0.0007	0.5833	30.26	0.0013	0.0017	1.3077	52.59
2000	0.0014	0.0013	0.9286	42.88	0.0015	0.0025	1.6667	59.04
2001	0.0016	0.0019	1.1875	49.90	0.0017	0.0033	1.9412	62.74
2002	0.0018	0.0025	1.3889	54.25	0.0019	0.0041	2.1579	65.14

续表

年份	江苏省				河南省			
	V_A	V_B	tanθ	θ'	V_A	V_B	tanθ	θ'
2003	0.0020	0.0031	1.5500	57.17	0.0021	0.0049	2.3333	66.80
2004	0.0022	0.0037	1.6818	59.26	0.0023	0.0057	2.4783	68.03
2005	0.0024	0.0043	1.7917	60.83	0.0025	0.0065	2.6000	68.96
2006	0.0026	0.0049	1.8846	62.05	0.0027	0.0073	2.7037	69.70
2007	0.0028	0.0055	1.9643	63.02	0.0029	0.0081	2.7931	70.30
2008	0.0030	0.0061	2.0333	63.81	0.0031	0.0089	2.8710	70.80
2009	0.0032	0.0067	2.0938	64.47	0.0033	0.0097	2.9394	71.21
2010	0.0034	0.0073	2.1471	65.03	0.0035	0.0105	3.0000	71.57
2011	0.0036	0.0079	2.1944	65.50	0.0037	0.0113	3.0541	71.87
2012	0.0038	0.0085	2.2368	65.91	0.0039	0.0121	3.1026	72.14
2013	0.0040	0.0091	2.2750	66.27	0.0041	0.0129	3.4973	74.37
2014	0.0042	0.0097	2.3095	66.59	0.0043	0.0137	3.8860	76.50
2015	0.0044	0.0103	2.3409	66.87	0.0045	0.0145	4.2752	80.76

三　评价分析

（一）江苏省耦合过程分析

江苏省城镇化与环境压力系统的耦合度呈现由小到大的变化趋势，θ值由1996年的－61.39°上升到2015年的66.87°。θ值在1996—2015年的变化趋势，可细分为1996—1997年0°＞θ，属于低级协调阶段；1998—2000年，45°＞θ＞0°，属于磨合协调阶段；2001—2015年，90°＞θ＞45°，属于拮抗协调状态，呈现出城镇化与环境压力之间矛盾逐步加大。

1996—2015年，江苏省城镇化与环境压力系统耦合关系先从低级协调阶段逐步发展到磨合协调阶段，接着发展到拮抗协调阶段。随着城镇化与环境压力系统耦合度θ逐步变大，表示随着城镇化高速发展，生态环境系统也随着恶化，但恶化程度较为缓慢，主要是因为政府保护生态环境政策的作用，对环境污染的治理投入减小了生态环境压力的恶化速度，可见环境保护政策对生态环境压力增长速度产生了约束性影响。

（二）河南省耦合过程分析

河南省城镇化与环境压力系统的耦合度也呈现出由小到大的变化趋势，θ 值由 1996 年的 $-45°$ 上升到 2015 年的 80.76°，根据上述耦合演化过程分类，θ 值在 1996 年到 2015 年的变化趋势，可细分为 1996 年 $\theta < 0°$，属于低级协调阶段；1997—1998 年，$45° > \theta > 0°$，属于磨合协调阶段；1999—2015 年，$90° > \theta > 45°$，属于拮抗协调阶段，呈现出城镇化与生态环境压力之间矛盾逐步加大。

1996—2015 年，河南省城镇化与环境压力之间的关系也是先从低级协调阶段逐步发展到磨合协调阶段，接着发展到拮抗协调阶段，但是矛盾增长速度比江苏省快。随着环境压力系统与城镇化系统耦合度 θ 加速增大，城镇化发展开始较为缓慢，后逐步增大，不断消耗生态环境成本，地区生态环境承载力不断退化，还尚未威胁到生态环境系统的自我调节能力，但生态环境保护政策作用并不明显。河南省城镇化与环境压力之间矛盾增长速度高于江苏省两者矛盾增长速度。

第十二章　生态城镇化发展的有序度分析

从“协同学”理论来看，有序—无序广义上是指物体内部结构中质点的空间分布是否具有周期重复的规律性。有序度分析是指物质内部结构从无序到有序发展的规律研究。序参量是指直接影响到系统发生变化的关键性要素。在本书中，有序度分析实质是指从影响生态城镇化的各种序参量角度，分析城镇化与生态环境系统耦合协同发展的内在规律，即是生态城镇化的路径研究。

根据江苏省和河南省对比分析，发现江苏省城镇化发展较为迅速，而且与生态环境较为协调发展，取得了较为明显的成功经验，所以本章要以江苏省为例，研究中国城镇化生态发展的最优路径。

本章首先通过软件 SPSS 对 2002—2015 年江苏省 13 个地市的城镇化与生态环境六个子系统交互作用进行分析，然后再通过结构方程模型（SEM）对 2002—2015 年江苏省 13 个地市的城镇化与生态环境六个子系统相互作用进行路径分析，最后对影响其耦合协同发展的序参量进行深入剖析，从而求解内在的运行规律。

第一节　系统间的交互作用分析

一　数据来源

从第九章对江苏省 1996—2015 年生态城镇化发展状况的分析，可以看出江苏省生态城镇化从 2002 年逐步改善，所以选择 2002—2015 年数据进行分析。首先从 2003—2016 年《中国统计年鉴》

《中国城市统计年鉴》《江苏统计年鉴》中，查询出生态城镇化评价测度休系的面板数据，包括江苏省 14 年 13 个地市的 6006 个数值，然后再通过熵值法和 PSR 模型耦合后，形成 182 个研究样本，1092 个子系统的评价数值，见附录 1 中表 5。

二　交互分析

在 SPSS 中导入 1092 个子系统的评价数值，选择皮尔逊相关系数，然后选择显著性的双侧检验，运算得出相关性数据，见表12 - 1。

表 12 - 1　江苏省 2002—2015 年城镇化与生态环境子系统相关性

相关性							
		人口城镇化	空间城镇化	经济城镇化	生态环境状态	生态环境压力	生态环境响应
人口城镇化	Pearson 相关性	1	0.871**	0.921**	-0.694**	0.856**	0.519**
	显著性（双侧）		0.000	0.000	0.000	0.000	0.000
	N	182	182	182	182	182	182
空间城镇化	Pearson 相关性	0.871**	1	0.837**	-0.639**	0.751**	0.480**
	显著性（双侧）	0.000		0.000	0.000	0.000	0.000
	N	182	182	182	182	182	182
经济城镇化	Pearson 相关性	0.921**	0.837**	1	-0.704**	0.911**	0.499**
	显著性（双侧）	0.000	0.000		0.000	0.000	0.000
	N	182	182	182	182	182	182
生态环境状态	Pearson 相关性	-0.694**	-0.639**	-0.704**	1	-0.670**	-0.369**
	显著性（双侧）	0.000	0.000	0.000		0.000	0.000
	N	182	182	182	182	182	182
生态环境压力	Pearson 相关性	0.856**	0.751**	0.911**	-0.670**	1	0.450**
	显著性（双侧）	0.000	0.000	0.000	0.000		0.000
	N	182	182	182	182	182	182

续表

相关性								
		人口城镇化	空间城镇化	经济城镇化	生态环境状态	生态环境压力	生态环境响应
生态环境响应	Pearson 相关性	0.519**	0.480**	0.499**	-0.369**	0.450**	1
	显著性（双侧）	0.000	0.000	0.000	0.000	0.000	
	N	182	182	182	182	182	182
**. 在.01 水平（双侧）上显著相关							

从表 12-1 可以看出，人口城镇化指标与空间城镇化指标的相关系数0.871，与经济城镇化的相关系数为0.921，空间城镇化与经济城镇化的相关系数为0.837，三个之间的相关系数均接近于1，说明这三个指标高度相关，所以这三个指标可以作为一个综合指标来反映城镇化发展状况。

生态环境状态与生态环境压力指标（作为成本型指标进行了标准化处理）相关系数为-0.670，属于中度相关①；生态环境状态与生态环境响应指标相关系数为-0.369，属于低度相关；生态环境压力与生态环境响应指标相关系数为0.450，属于低度相关。生态环境压力及状态对生态环境响应系统影响不大，主要是因为生态环境响应更多受到政府行为和政策的影响和引导，存在明显的滞后性。综合来看，PSR 模型是从三个不同侧面反映生态环境的现实状态及变化规律。

第二节　生态城镇化演变的路径分析

结构方程模型（SEM）是当代社会领域量化研究的重要统计方

① 相关系数 $|r|>0.95$ 存在显著性相关；$|r|\geq 0.8$ 高度相关；$0.5\leq|r|<0.8$ 中度相关；$0.3\leq|r|<0.5$ 低度相关；$|r|<0.3$ 关系极弱，认为不相关。

法，融合了多变量统计分析中“因素分析”与“线性回归分析”的统计技术，对于各种因果模型可以进行模型辨识、估计与验证。SEM 路径分析中没有包含任何潜在变量的结构方程模型称为观察变量路径分析，简称 PA—OV 模型。观察变量是量表或问卷等测量工具所得的数据，潜在变量是观察变量所形成的特质或抽象概念，此特质或抽象概念无法直接测量，而要由观察变量测得的数据资料来反映。

一　构建 SEM 的 PA—OV 模型

将江苏省 2002—2015 年生态城镇化评价测度体系的面板数据，14 年 13 个地市的 6006 个数值，通过熵值法和 PSR 模型耦合后，形成 182 个研究样本，1092 个子系统的评价数值，见附录 1 中表 5。

（一）构建矩阵方程式

环境库兹涅茨曲线（EKC）表示人均收入与环境质量间的关系呈现倒“U”形，曲线可划分不同时段。在较短时段内，经济发展与环境质量的关系大致符合线性趋势。假设江苏省 14 年间人口、空间、经济城镇化分别对生态环境状态、压力、响应子系统的作用，符合线性趋势，可利用 SEM 的 PA—OV 模型进行路径分析，构建矩阵方程式如下：

$$X_i = W_n \times Y_i + \xi_i (i = 1,2,3; n = 1,2,\cdots,15) \quad (12-1)$$

X_i 表示生态环境状态、生态环境压力、生态环境响应子系统矩阵；W_n 表示城镇化子系统与生态环境子系统的影响系数矩阵；Y_i 表示人口城镇化、空间城镇化、经济城镇化子系统矩阵；ξ_i 表示误差 e_1、e_2、e_3。

（二）初建模型

人口、空间、经济城镇化和生态环境状态、压力和响应 6 个子系统发展水平均是观察变量。其中，人口、空间和经济城镇化是外因观察变量，生态环境状态、压力和响应是内因观察变量，在外因与内因观察变量之间建立因果关系，内因观察变量之间互相建立共变关系，在模型设定上将人口城镇化、空间城镇化、经济城镇化分别对生态环境状态、生态环境压力、生态环境响应影响路径设置标签 W_1—W_9，将生态环境状态、生态环境压力、生态环境响应之间互相影响路径设置标签 W_{10}—W_{15}，见表 12 - 2，然后在 SEM 中将各种关系绘制一个假设模型结构模型图，见图 12 - 1。

表 12 - 2　　　　假设模型变量之间影响路径的标签

变量名称	符号	变量名称	影响路径标签
生态环境状态	< - - -	人口城镇化	W_1
生态环境压力	< - - -	人口城镇化	W_2
生态环境响应	< - - -	人口城镇化	W_3
生态环境状态	< - - -	空间城镇化	W_4
生态环境压力	< - - -	空间城镇化	W_5
生态环境响应	< - - -	空间城镇化	W_6
生态环境状态	< - - -	经济城镇化	W_7
生态环境压力	< - - -	经济城镇化	W_8
生态环境响应	< - - -	经济城镇化	W_9
生态环境响应	< - - -	生态环境状态	W_{10}
生态环境状态	< - - -	生态环境响应	W_{11}
生态环境压力	< - - -	生态环境状态	W_{12}
生态环境状态	< - - -	生态环境压力	W_{13}
生态环境响应	< - - -	生态环境压力	W_{14}
生态环境压力	< - - -	生态环境响应	W_{15}

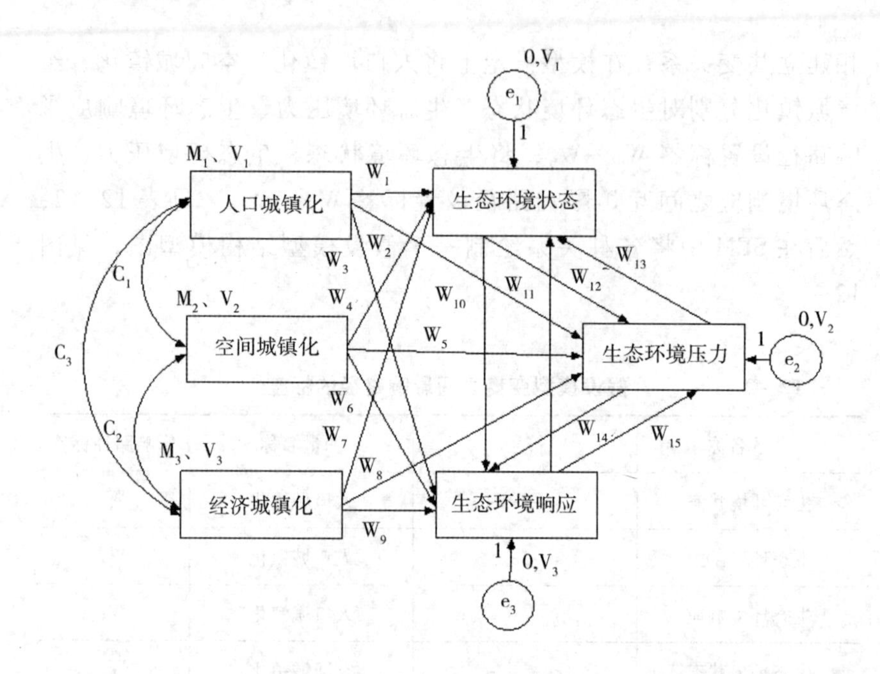

图 12－1　城镇化系统对生态环境系统作用的假设模型 1

将六个子系统矩阵数值导入 Amos 17.0 软件，运行假设模型 1 后，可以得出 15 条未标准化的回归系数参数，见表 12－3。

表 12－3　　**假设模型未标准化回归系数的显著性检验**

变量名称	符号	变量名称	回归系数	估计值的标准误	临界比	显著性概率	标签
生态环境状态	<－－－	人口城镇化	－0.794	0.23	－3.451	***	W_1
生态环境压力	<－－－	人口城镇化	－0.014	0.177	－0.081	0.936	W_2
生态环境响应	<－－－	人口城镇化	0.584	0.247	－2.368	0.018	W_3
生态环境状态	<－－－	空间城镇化	－0.337	0.194	－1.735	0.083	W_4
生态环境压力	<－－－	空间城镇化	－0.159	0.148	－1.072	0.284	W_5
生态环境响应	<－－－	空间城镇化	0.182	0.205	0.888	0.375	W_6

续表

变量名称	符号	变量名称	回归系数	估计值的标准误	临界比	显著性概率	标签
生态环境状态	<---	经济城镇化	-0.43	0.247	-1.742	0.082	W_7
生态环境压力	<---	经济城镇化	0.636	0.149	4.277	***	W_8
生态环境响应	<---	经济城镇化	-1.289	0.254	-5.067	***	W_9
生态环境响应	<---	生态环境状态	-0.795	0.187	-4.253	***	W_{10}
生态环境状态	<---	生态环境响应	1.479	0.159	9.272	***	W_{11}
生态环境压力	<---	生态环境状态	-1.075	0.14	-7.655	***	W_{12}
生态环境状态	<---	生态环境压力	0.432	0.202	2.135	0.033	W_{13}
生态环境响应	<---	生态环境压力	1.622	0.203	7.974	***	W_{14}
生态环境压力	<---	生态环境响应	-0.408	0.131	-3.119	0.002	W_{15}

表12-3是运用极大似然法估计的未标准化回归系数，即为各变量参数之间的路径系数进行的显著性检验。临界比值等于参数估计值与估计值标准误的比值，相当于t检验值，如果此比值绝对值大于1.96，则参数估计值达到0.05显著水平，临界比值绝对值大于2.58，则参数估计值达到0.01显著水平。显著性的概率值若是小于0.001，则P值栏会以“***”符号表示；显著性的概率值如果大于0.001，则P值栏会直接呈现其数值大小。路径系数估计值检验是判别路径系数估计值是否等于0，如果达到显著水平（$P<0.05$），表示回归系数显著不等于0。

经分析，其中人口城镇化对生态环境压力，空间城镇化对生态环境状态、生态环境压力、生态环境响应，经济城镇化对生态环境状态5条影响路径，其系数临界比值的绝对值CR均小于1.96，显著性检验概率P远大于0.05，表示未达到显著水平；其余10条路径系数的显著性检验概率均小于0.05，表示达到显著水平，说明该模型未达到最佳模型假设，需要进一步修订。

（三）修订模型

首先在未达到显著水平的5条路径系数中，挑选出临界比值最小，概率 P 最大的路径 W_2 删除，将数值重新运行，得出14条路径系数，从中间再挑出临界比值最小，概率 P 最大的路径 W_6 进行删除。将数据重新运行后，得出13条路径系数，再挑出临界比值最小，概率 P 最大的路径 W_5 进行删除，按照这种方法，再依次删除 W_7、W_{13} 路径，具体不断修订的假设模型及显著性检验数值详见附录2，最后得到10条路径的新假设模型2（见图12-2）。

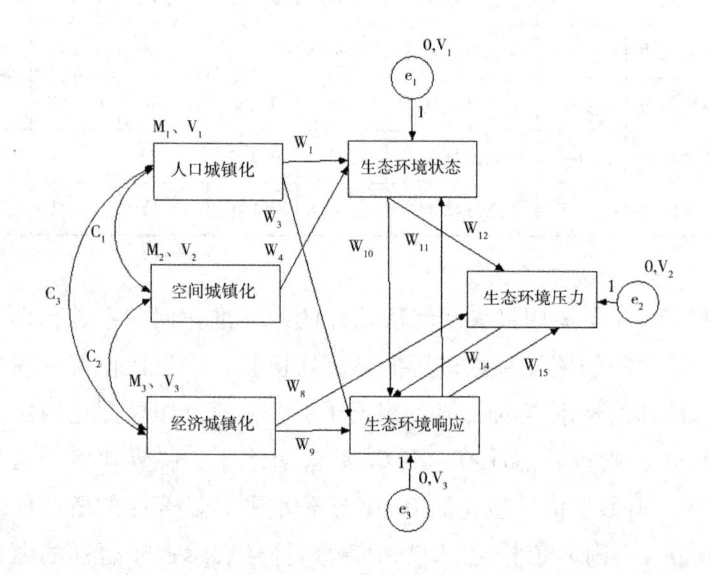

图12-2　修订后的城镇化系统对生态环境子系统作用的假设模型2

将数据导入假设模型2重新运行后，可得出修订后的假设模型未标准化回归系数估计结果及显著性检验（见表12-4）、假设模型外因变量间的协方差估计值（见表12-5）、假设模型外因变量间的相关系数（见表12-6）、假设模型外因变量与误差变量的方差估计值（见表12-7）、假设模型内因变量的多元相关系数平方 R^2（见表12-8）。

表 12－4　　　　假设模型未标准化回归系数的显著性检验

变量名称	符号	变量名称	回归系数	估计值的标准误	临界比	显著性概率	标签
生态环境状态	< - - -	人口城镇化	-0.756	0.144	-5.231	* * *	W_1
生态环境响应	< - - -	人口城镇化	0.574	0.227	-2.524	0.012	W_3
生态环境状态	< - - -	空间城镇化	-0.392	0.188	-2.087	0.037	W_4
生态环境压力	< - - -	经济城镇化	0.644	0.086	7.521	* * *	W_8
生态环境响应	< - - -	经济城镇化	-1.251	0.249	-5.023	* * *	W_9
生态环境响应	< - - -	生态环境状态	-0.984	0.161	-6.096	* * *	W_{10}
生态环境状态	< - - -	生态环境响应	1.477	0.156	9.472	* * *	W_{11}
生态环境压力	< - - -	生态环境状态	-0.914	0.13	-7.033	* * *	W_{12}
生态环境响应	< - - -	生态环境压力	1.586	0.204	7.771	* * *	W_{14}
生态环境压力	< - - -	生态环境响应	-0.53	0.109	-4.886	* * *	W_{15}

根据表 12－4 假设模型未标准化回归系数的显著性检验显示，其中人口城镇化对生态环境状态、响应，空间城镇化对生态环境状态，经济城镇化对生态环境压力、响应的 5 条影响路径，其系数临界比值的绝对值 *CR* 均大于 1.96，显著性检验概率 *P* 小于 0.05，表示达到了显著水平，说明各变量间具有显著性影响。根据其系数临界比值的绝对值和显著性检验概率数值，生态环境状态与生态环境响应，生态环境压力与生态环境响应之间有着互相显著的影响，生态环境状态对生态环境压力有着显著的影响。

表 12－5　　　　假设模型外因变量间的协方差估计值

变量名称	符号	变量名称	回归系数	估计值的标准误	临界比	显著性概率	标签
人口城镇化	< - - - >	空间城镇化	0.000	0.000	8.89	* * *	C_1
空间城镇化	< - - - >	经济城镇化	0.000	0.000	8.729	* * *	C_2
人口城镇化	< - - - >	经济城镇化	0.000	0.000	9.302	* * *	C_3

表 12－6　　假设模型外因变量间的相关系数

变量名称	符号	变量名称	相关系数
人口城镇化	< - - - >	空间城镇化	0.850
空间城镇化	< - - - >	经济城镇化	0.828
人口城镇化	< - - - >	经济城镇化	0.929

表 12－6 显示出假设模型外因变量之间的协方差估计值及其显著性检验，其中人口城镇化与空间城镇化、经济城镇化与空间城镇化、经济城镇化与人口城镇化之间相关到 0.001 显著水平。根据表 12－6 假设模型外因变量间的相关系数显示人口城镇化与空间城镇化相关系数为 0.850，经济城镇化与空间城镇化相关系数为 0.828，经济城镇化与人口城镇化相关系数为 0.929，都显示出高度正相关。

表 12－7　　假设模型外因变量与误差变量的方差估计值

	回归系数	估计值的标准误	临界比	显著性概率	标签
人口城镇化	0.000	0.000	9.664	***	V_1
空间城镇化	0.000	0.000	9.734	***	V_2
经济城镇化	0.000	0.000	9.669	***	V_3
e_1	0.000	0.000	9.664	***	V_1
e_2	0.000	0.000	9.734	***	V_2
e_3	0.000	0.000	9.669	***	V_3

根据表 12－7 可知假设模型中人口城镇化、空间城镇化、经济城镇化三个外因变量、三个 e_1、e_2、e_3 残差项变量的方差在总体中显著不等于 0。

表 12－8　　　　**假设模型内因变量的多元相关系数平方**

	多元相关系数平方
生态环境压力	0.670
生态环境响应	－1.970
生态环境状态	－0.612

表 12－8 表示三条结构方程式的多元相关系数平方，即复回归分析中的决定系数，表示生态环境压力被经济城镇化所能解释变量的67%，生态环境状态被人口城镇化、空间城镇化所能解释变量的61.2%，生态环境响应被人口城镇化、经济城镇化过度地解释。

（四）模型适配分析

对修订后的假设模型 2 进行整体模型适配检验分析，可得出验证结果，见表 12－9、表 12－10、表 12－11。

表 12－9　　　　**最小适配函数卡方值**

模　型	自由参数数目	卡方值	自由度数目	显著性概率	卡方与自由度比值
假设模型	22	5.58	5	0.349	1.116
饱和模型	27	0.000	0		
独立模型	12	1101.462	15	0.000	73.431

根据表 12－9 来看，模型适配度参数会提供假设模型 Default Model、饱和模型 Saturated Model 与独立模型 Independence Model 的数据，在模型适配度参数判断上以假设模型列的参数为准。修正后的假设模型整体适配度检验的参数数目 NPAR 为 22 个，卡方值 CMIN 为 5.58，模型的自由度 DF 为 5，显著性概率 P 为 $0.349 > 0.05$，未达到显著水平，接受虚无假设，再从其他适配指标来看，卡方自由度比值（CMIN/DF）为 $1.116 < 3$，表示模型的适配度良好。

表 12 - 10　　　　　　　　**适配检验分析结果**

模型	规准适配指数	相对适配指数	增值适配指数	非规准适配指数	比较适配指标
假设模型	0. 995	0. 985	0. 999	0. 998	0. 999
饱和模型	1. 000		1. 000		1. 000
独立模型	0. 000	0. 000	0. 000	0. 000	0. 000

根据表 12 - 10 来看，规准适配指数 NFI = 0. 995，相对适配指数 RFI = 0. 985，增值适配指数 IFI = 0. 999，非规准适配指数 TLI = 0. 998，比较适配指标 CFI = 0. 999，均大于 0. 900 的标准，均符合模型适配标准。

表 12 - 11　　　　　　　　**适配检验分析结果**

模型	最小差异值函数	总体差异值函数	渐进残差均方和平方根	讯息效标	期望跨效度指数	同质评价指标
假设模型	0. 021	0. 000	0. 000	49. 580	51. 350	0. 264
饱和模型	0. 000	0. 000		54. 000	56. 172	0. 298
独立模型	6. 137	6. 090	0. 637	1125. 462	1126. 428	0. 6306

根据表 12 - 11 可知，渐进残差均方和平方根 RMSEA 其值越小，表示其模型的适配度越佳，此处 RMSEA = 0. 000 < 0. 05，表示模型的适配度良好。讯息效标 AIC 和期望跨效度指数 BCC 数值越小，表示模型的适配度愈佳且越精简。表 12 - 11 中假设模型的讯息效标、期望跨效度指数值均小于独立模型的值，也小于饱和模型的值，表示假设模型可以被接受。

综上所述，城镇化与生态环境系统的修订后的假设模型与样本数据整体适配度达到最佳。

二　系统耦合协同发展的路径分析

在江苏省2002—2015年城镇化进程中，从总量水平来看，经济城镇化发展最快，空间城镇化发展水平与人口城镇化基本相同；从增长速度来看，经济城镇化发展最快，空间城镇化较慢，人口城镇化增长最慢。在生态环境系统中，生态环境压力随着城镇化发展而逐步增大，对生态环境破坏力度逐步加大，社会开始有意识地保护和治理生态环境，其作用逐步显现，生态环境状态呈现较慢的下降趋势。生态环境压力被经济城镇化所能解释变量的57%，人口、空间城镇化对生态环境压力直接影响较小。生态环境状态被人口、空间城镇化所能解释变量的61.2%，经济城镇化对生态环境状态直接影响较小。生态环境响应被人口城镇化、经济城镇化过度地解释，是因为现实中的生态环境响应是由国家制定的环境保护政策决定，具有滞后性，不能由人口、经济城镇化独立解释。

表12-4数据显示，空间城镇化的固定投资和房屋建筑、公共设施建设等都大量消耗土地等自然资源，是以0.392系数，破坏了生态环境状态。作为江苏省经济主要推动力的乡镇企业，具有规模小、分布散、高能耗等特征，对生态环境保护较难，使污染管理成本增高，经济城镇化以0.644系数增加生态环境压力，破坏自然环境的健康状态，会以1.251系数减少了自发保护和治理生态环境系统的行为。农村人口的经济活动不断向城镇转移，不断占用可耕土地，大量消耗水资源等行为，以0.756系数减少生态环境状态，但是也会通过逐步转变人们的生产方式、行为习惯、社会组织关系乃至精神与价值观念，逐步树立生态文明理念，以0.574系数促进人类主动保护生态环境系统。

不断被破坏的生态环境状态，以0.914系数增大生态环境压力，以0.984系数增多社会保护和治理生态环境行为；生态环境压力以1.586系数增加生态环境响应，同时生态环境响应以0.53系数减小压力，1.477系数改善生态环境状态。表示面对日益严峻的形势，江苏省政府和居民主动采取措施来保护和治理生态环境，减少人为活动对自然环境的损害，减缓环境的恶化趋势，治理成效逐步显现。

第三节 生态城镇化演变的序参量分析

现代城镇可视为一个非平衡状态的开放系统，与外界生态环境进行能量、物质和信息等要素交换，要素合理流动在一定条件下是一个减熵的过程，能使系统趋向于组织化和有序化。在生态城镇化发展过程中，“序参量”数值变化可以反映出城镇化与生态环境系统之间的要素流动效果。因此，在评价指标体系中，要素指标数值变动即是“序参量”实际作用的变化，即评价指标权重代表了“序参量”对城镇化或者生态环境作用的大小，但是由于城镇化与生态环境的交互耦合关系，“序参量”对两者同时起到了直接或间接的作用。根据第七章和第十章的江苏省城镇化及生态环境系统评价指标权重数值，可推导出影响江苏省城镇化与生态环境耦合协同关系的序参量实际作用数值，见表12－12。

表12－12　**江苏省生态城镇化中序参量的作用数值**

系统层	准则层	序参量	作　用
城镇化水平综合评价体系	人口城镇化	城镇人口比重	0.1377
		第二、第三产业从业人数比重	0.1267
		城市人口密度	0.1437
		城镇居民人均可支配收入	0.1652
		城镇居民恩格尔系数	0.0819
		人均公共财政教育支出	0.1764
		每千人口医疗卫生机构床位	0.1684

续表

系统层	准则层	序参量	作　用
城镇化水平综合评价体系	空间城镇化	建成区面积	0. 1338
		人均建成区面积	0. 1320
		人均固定资产投资	0. 1539
		人均房屋竣工面积	0. 1497
		人均拥有道路面积	0. 1536
		每万人拥有的公共交通车辆运营数	0. 1128
		人均公园绿地面积	0.1643
	经济城镇化	GDP	0. 1465
		人均 GDP	0. 1443
		人均工业总产值	0. 2779
		第二、第三产业产值之和占GDP 比重	0. 0823
		第二、第三产业产值之间比重	0. 1024
		人均公共财政收入	0. 1342
		出口总额占 GDP 比重	0. 1124
生态环境状态综合评价体系	生态环境状态	人均土地面积	0. 3002
		人均水资源拥有量	0. 1385
		建成区绿化覆盖率	0. 2687
		人均耕种面积	0. 2926
	生态环境压力	人均工业废水排放量	0. 2401
		人均工业二氧化硫排放量	0. 2403
		人均工业烟尘排放量	0. 2405
		人均消耗电量	0. 2791
	生态环境响应	工业固体废物综合利用率	0. 2170
		工业二氧化硫去除率	0. 3616
		工业烟尘去除率	0. 1977
		污水集中处理率	0. 2237

一 城镇化系统的序参量分析

（一）人口城镇化的序参量

从影响城镇化的序参量作用（即指标权重）大小来看（见表12－2）作用最明显的是人均国家财政性教育费用支出，从2002年219.31元增长到2015年的2189.26元，增长了近10倍，年均增长速度为19.36%，明显高于全国平均增长速度的3.17%。这表明政府相应增加了教育方面财政支出比例，必将提升城镇居民的生态文明理念和行为素养。其次作用明显的是每千人医疗卫生机构床位，从2002年的2.38个增长到2015年的4.83个，增长了2.02倍，明显高于全国平均增长速度。这表明政府提高了居民基本的卫生医疗水平，必将从根本上提高城镇居民的生活质量。

作用最不明显的指标有城镇居民家庭恩格尔系数，由2002年的40.4%下降到2015年的28.1%，农村居民家的恩格尔系数由40%下降到31.65%，这表明人们生活水平已经进入富裕的阶段，但是城乡居民的生活水平差距呈现扩大趋势。其次作用不明显的指标是第二、第三产业从业人数比重，该值由2002年的61%增长到2015年的81.6%，年增长速度为2.26%，明显低于全国年增长速度的2.81%的幅度，表征出江苏省人口红利对经济发展的拉动作用已经逐渐减小，其中第二产业从业人数比重从2002年的32.5%，增长到43%，增幅为10.5%；而第三产业从业人数比重从2002年的28.5%，增长到38.6%，增幅仅为10.1%，由此可见第三产业从业人数比重小于且增幅小于以工业为主的第二产业，与世界发达国家以第三产业为吸纳就业人数最主要渠道的形势相悖，而中国第二产业从业人数比重自2002年的21.4%增长到29.3%，增幅为7.9%，第三产业从业人数比重从28.6%增长到42.4%，增幅为13.8%，可见，中国的三大产业就业布局明显优于江苏省产业布局。

（二）空间城镇化的序参量

作用最明显的指标是人均公园绿地面积，从2002年的7.1平方米持续上升到2015年的14.55平方米，增长了2.1倍，明显高于全国的平均增长速度，表明在当前城镇化进程中，江苏省已经开始注重绿色建筑和保护环境，加大公共绿地建设，减少城镇化对生态环境的破坏。其次是人均固定资产投资，从2002年的5197.8元增长到2015年的57551.96元，增长了11.07倍，位于全国各省区市第2，仅次于天津市，表明江苏在新建城区土地是以固定资产投入为主，有资源粗放低效利用的可能。其次作用明显的指标是人均拥有道路面积、人均房屋竣工面积，这两个指标增幅均大于全国平均水平。固定资产建设指标是空间城镇化的重要影响指标，说明江苏省空间城镇化有粗放使用的可能。

作用最不明显每万人拥有的公共交通车辆运营数。每万人拥有的公共交通车辆运营数仅从2002年的6.9辆增长到2015年的15.1辆，略高于全国平均水平，与全国各省区市排名第1的综合城镇化率不匹配，表明江苏省基础设施的建设仍需要进一步加强。

（三）经济城镇化的序参量

影响江苏省经济城镇化最明显的指标是人均工业总产值，从2002年的6589.818元快速增长到2015年的33999.52元，增幅5.16倍，在2015年全国各省区市排名第2，显示出江苏省以工业为主的产业结构模式。作用其次明显的指标是GDP和人均GDP，江苏省人均GDP在2015年为70116.38元，位列全国各省区市第2，GDP位列全国各省区市第4，仅次于天津市、北京市、上海市三个直辖市，显示出较为强劲的经济增长。

作用最不明显的指标是第二、第三产业产值之和占GDP比重，其中第二产业产值比重从2002年的52.8%持续增加到2006年的56.6%后，又逐渐下降到2015年的45.7%，第三产业产值比重由2002年的36.7%逐步上升到2015年的48.6%，可以看出，工业带动经济发展的重要作用逐渐减弱，拉动城镇居民就业能力也开始减小；第三产业正逐渐成为拉动经济发展和提供城市就业岗位的主要领域，但目前所占比重仍然偏低，这表明江苏省产业结构不甚合理，有待进一步提升。其次作用不明显的指标是第二、第三产业产值之间比重，江苏省从2002年的144%减小到90.01%，与美国等发达国家的第二、第三产业产值之间比重低于50%的距离相差较大，而全国从2002年的104.76%，下降到81.5%，说明全国的产业结构明显优于江苏省。

二 生态环境系统的序参量分析

从“序参量”的作用（即指标权重）来看，对生态环境状态作用最明显指标是人均土地面积，表明土地面积总量是固定不变的，随着人口数量增加，人均土地面积会急剧下降。作用最不明显指标是人均水资源拥有量。因为江苏省淡水资源较为充足，虽然随着人类经济生活的快速发展，用水总量和淡水资源污染逐步增加，使人均水资源拥有量出现时涨时跌的变化趋势，但下降幅度不大。其次，建城区绿化覆盖率的作用也不明显，从2002年的35.3%增长到目前的42.8%，而国际城市建成区绿化率的标准是50%。表明江苏城镇的绿地面积和绿化率均在逐步增长，但速度较为缓慢，生态环境保护力度还需进一步加强。

人类社会活动对生态环境压力作用最明显的要素指标是人均消耗电量，从2002年的人均879.59千万小时增长到6412.371千万小时，增长了7.3倍，江苏省电力消费量位列全国各省区市第3。表明随着科学技术的进步，电已经成为人类生活和生产的必需品，同时也成了江苏省能源消耗的重要渠道，影响生态环境压力的最主要因素。人类社会活动对生态环境的保护和治理行为最明显的指标是工业二氧化硫去除率，从2002年的32.72%持续上涨到74%，可见江苏省对工业二氧化硫的去除措施较为有效。

第四节 生态城镇化的影响因素

首先根据对江苏省20年间城镇化发展的演化趋势，对2003年和2015年城镇化发展的市际格局进行分析；然后根据对江苏省20年间生态城镇化发展的演化趋势，以及2003年和2015年生态城镇化发展的市际格局进行分析，可以看出当今城镇是一个开放的空间，城镇化过程必然会受到内部和外部多种因素的影响。

按照经济学的外生—内生二分方法，可以从影响城镇化与生态环境耦合协同发展的序参量分析，找出影响生态城镇化发展的内生和外生因素。

一　内生因素

（一）相关制度演变

据前面分析可知，江苏省人口城镇化不断占用可耕土地，大量消耗水资源等行为，是以0.756系数减少生态环境状态，同时也将转变人们的生产方式、行为习惯、社会组织关系乃至精神与价值观念，逐步树立生态文明理念，仅以0.574系数促进人类主动保护生态环境系统。这些数据说明江苏省城镇化发展过程中，相对忽略了“人”的城镇化，但社会公共服务均等化，让农民成为“真正”的市民，对于生态城镇化发展至关重要。所以江苏省要建立健全新型城乡统一户籍制度，改革劳动就业和社会保障制度，积极探索市民化成本分担机制，创新土地制度，构建多元化和多渠道的投融资机制，逐步实现城乡居民在基础教育、劳动就业和社会保障等公共服务均等化，保障农民稳步市民化。

（二）产业转型升级

据前面有序度分析可知，江苏省经济增长较为强劲，但产业结构不甚合理，以粗放式增长为主，经济城镇化以0.644的相关系数增加生态环境压力，破坏自然环境的健康状态，以1.251系数减少了自发保护和治理生态环境系统的行为。所以江苏省生态城镇化必须以整合乡镇企业为切入点，以在制造业重点领域和环节全面深入实施转型升级为突破点，集中安排产业布局，同时应不断提高能源效率，注重更新生产工艺，降低能源消耗，减少废弃物排放，大力转变经济增长方式。

（三）绿色技术进步

作为江苏省经济主要推动力的乡镇企业，具有规模小、分布散、高能耗等特征，对生态环境保护较难，使污染管理成本增高，以0.644的相关系数增加生态环境压力，破坏自然环境的健康状态，以1.251系数减少了自发保护和治理生态环境系统的行为；空间城镇化以大量房屋建筑、公共设施建设等固定投资行为，以0.392的相关系数破坏着生态环境。所以生态城镇化要不断通过科学技术聚集和创新，将可再生能源和新一代互联网相结合，大力发展以新型材料应用、数字化制造为主导的“绿色”先进制造业；依靠“绿色技术”大力推动第三产业发展，创造新的经济增长点，并运用现代科学技术和管理手段，大力发展生态农业，提高农牧业的经济、生态及社会效益，形成产业协调、可循环发展的产业结构。

（四）基础设施建设

据有序度分析可知，江苏省的基础设施建设还需要进一步加强，城镇化粗放式消耗空间资源，以0.392的相关系数，增加环境压力，破坏自然环境的健康状态，所以生态城镇化要通过各级政府按照区域主体功能定位，集约高效利用土地，合理建设城镇基础设施，进一步增强大城市综合承载力、小城镇吸纳力和农村土地可持续利用。合理规划大城市旧城的垂直空间布局，合理调整行政区划，拓展城市区域的发展空间，鼓励大城市中心区的产业和人口向周边逐渐迁移集聚，进一步增强大城市的综合承载力。重点支持经济实力强、吸纳人口多的城镇公共基础设施和保障性安居工程建设，地方财政贴息支持符合区域主体功能的新兴产业和服务业的发展，按照主体功能定位逐步发展为特色鲜明的中小城市。

二　外生因素

（一）资源禀赋影响

不断被破坏的生态环境状态，减少的自然资源，以0.914系数增大生态环境压力，影响着城镇化的发展，所以资源是支撑生态城镇化发展的必备要素。一个城镇的资源禀赋状态决定了城镇化的发展，资源富足城镇的发展速度要远高于资源缺乏的城镇。代表资源状况的生态环境状态对经济城镇化以0.704系数相关，表明资源对经济发展非常重要，尤其是对生态城镇化集约发展更为重要。所以，城镇化发展要珍惜水、土地等稀缺性资源，逐步弱化对自然资源的依赖，尽可能多地利用可再生的非自然资源。

（二）环境保护作用

根据以上分析可知，面对日益严峻的形势，江苏省政府和居民主动采取措施来保护和治理生态环境，减少人为活动对自然环境的损害，减缓环境恶化趋势，治理成效逐步显现。基于作用力传导原理，生态环境响应以0.53系数减小压力，1.477系数改善生态环境状态。生态环境响应可以逐步改善生态环境压力和状态，所以生态城镇化建设要不断加大环境治理的力度，对工业废气进行深入治理；以控制污染源与实行生态修复相结合对重点湖泊进行治理，持续推进植树造林；综合整治城市环境薄弱区域的脏乱差等问题；还要重视城镇居民可持续发展理念和环保意识的普及。

第五节 影响生态城镇化的六大效果力

根据有序度分析，发现影响江苏省生态城镇化发展的4个外生因素，分别是相关制度演变、产业转型升级、绿色技术进步、基础设施建设；2个内生因素，分别是资源禀赋影响、环境保护作用。结合影响因素分析，可以得出影响生态城镇化发展的6个效果力，分为4个主动力和2个约束力，即制度创新推动力、产业发展驱动力、技术进步拉动力、基础设施保障力、资源效能支撑力、环境效应约束力。城镇化在这几个方面的协同推动下不断向前发展，这些动力作用机制可由图12-3表示。

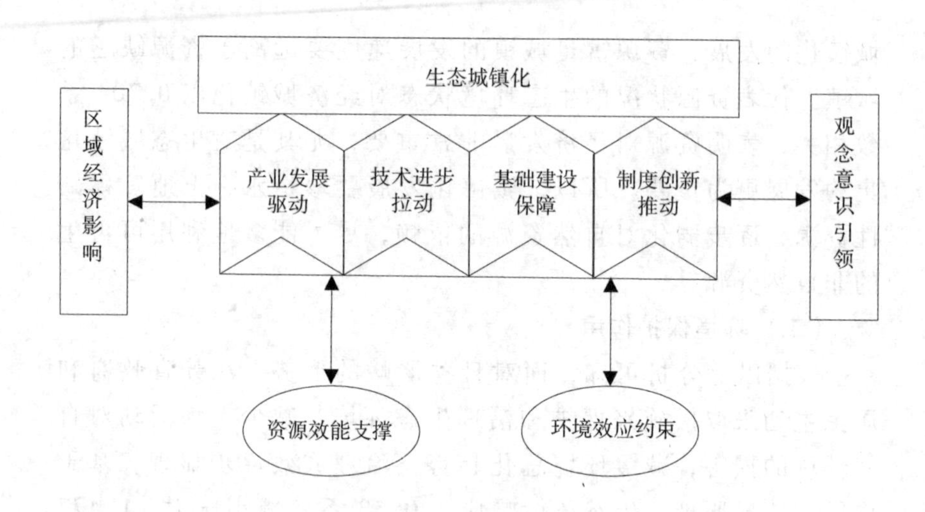

图 12－3　生态城镇化发展的六大效果力

一　制度创新推动力

新制度经济学派认为制度是经济增长的根本动因，制度在经济增长上存在两面性，有效率的制度设计对经济增长具有推动作用，无效的制度设计对经济增长具有抑制或阻碍作用，不考虑技术进步因素，有效的、创新的制度设计仍然能够推动经济增长。社会发展与经济增长相互作用会导致社会结构变迁，其中的一种现象就是城镇化，城镇化与制度设计有着密切的关系，高效的制度安排是稳定推进城镇化的必要保障。

一般情况下，非农化水平和要素自由流动水平的提高可以带来城镇化水平的提高，也就是说非农化与要素流动是城镇化的重要影响因素；另外，制度安排又是非农化和要素自由流动的重要影响因素，由此可以看出，城镇化、非农化与要素流动和制度安排之间是一种递归影响关系，也就是制度安排影响非农化和要素流动水平，非农化和要素流动水平影响城镇化的进程。根据制度安排对非农化和要素自由流动影响的程度不同，城镇化也表现为三种不同的形式：在对非农化和要素自由流动均有利的制度安排下，城镇化表现为同步型；在对要素自由流动有利而对非农化不利的制度安排下，城镇化表现为过渡型；在对非农化有利而对要素自由流动不利的制度安排下，城镇化表现为滞后型。

从城镇化的历程可以看出，中国在计划经济体制下，工业化水平飞速发展，而城镇化发展基本停滞，甚至出现“上山下乡”的逆城镇化安排。自改革开放以来，中国逐步实行了家庭联产承包责任制等变革，制度安排有利于非农化和要素自由流动，促进了城镇化快速发展，社会结构实现了大变迁。但是，喜人的数字是掩藏着中国城镇化发展的相对滞后。粗放的发展和滞后的制度，都带来了制度之间的供需矛盾，大量外来人口表面上变成了城市人，但转换并不彻底，城乡居民之间收入差距继续扩大，由于大量青壮年劳力从农村迁入城镇，导致农村出现了“空心村”现象和大量的“留守儿童”问题。

生态城镇化发展要求制度供需之间必须均衡，因供需不均衡将会对城镇化产生负面作用。制度安排对生态城镇化作用有以下几点：一是生态城镇化要求必须在保障农业的前提下，协调发展第二、第三产业。合理的制度安排可以促进农民积极生产、提升劳动生产率，能够为城镇居民生活和第二、第三产业发展提供必要的物质基础，推动城镇化稳步发展；二是生态城镇化要求产业非农化和就业结构非农化，合理的制度安排可以推动非农产业发展，吸纳农业人口逐步向城镇转移，为城镇化发展提供劳动力支撑；三是生态城镇化要求生产要素自由流动，恰当的制度机制可以改变城乡“二元”的经济社会结构，促使要素在城乡之间的自由流动，实现市场的高效配置，推动城镇化和工业化的发展；在发展的基础上反哺于农业和农村建设，促进城乡经济一体化快速推进；四是生态城镇化要求城镇空间集约利用，与社会经济发展水平同步，合理的制度安排可以集约利用城镇用地，缓解人口剧增与土地供给有限之间的矛盾。在大力建设基础设施的同时，同步建设公共服务，以满足城镇化过程的需要。

综上所述，生态城镇化发展，关键在于城镇化过程中的制度设计与安排。江苏省由于受经济发展或工业化水平局限，创新性制度安排仍显不够，城镇化表现出粗放式发展。所以，在未来生态城镇化发展中，应重点加强制度创新，解决制度供需的矛盾状态，为城镇化高质量的发展提供充足的制度支持。

二　产业发展驱动力

世界上城镇化实践证明，产业发展是城镇化的根本驱动力。产业结构始终伴随着城镇化的发展由低级到高级不断演进。基于比较优势，区际贸易的增加，促进商业城市的产生；基于内部规模效应，企业在空间上集中可以促进工业城市的产生；基于集聚经济，企业向城镇的集中可以推动城镇的发展，阐述了产业结构对城镇化的重要作用。产业发展是生态城镇化的驱动力，主要体现在第一、第二、第三产业集约化发展。

从农业的发展可以看出，农业始终是城镇化必备驱动力之一。农业通过工农价格差、产品赋税及银行储蓄等方式为城镇化提供农产品、劳动力和资本。集约化发展农业，通过改变农业分散经营，使农村部分劳动富余出来，自发向城镇和非农业部门流动，为其发展提供充足的劳动力；直接增加土地产出和提高农民收入，增多的收入将以储蓄形式，经金融机构为城镇化建设所用；有效提高农业劳动效率和增加农产品供给量，可以满足城镇居民日益增长的生活需求和产业规模扩大对农产品原料的需求。

生态城镇化强调要通过市场的手段实现工业对农业、城镇对农村的反哺，做到镇乡优势互补，进而推动生态城镇化的发展。工业和建筑业是生态城镇化的动力源泉。工业企业在城镇空间集聚，能够吸引农村剩余劳动力向城镇转移，推动空间向紧凑集约方式发展；能够提高土地资源利用率，避免分散经营导致多点污染；能够提高资源配置效率，降低生产成本；能够加快技术外溢、促进技术创新，提升行业的整体技术水平，形成生态工业发展的支撑模式。

在城镇化的初期阶段，第一产业是主要的驱动力，第三产业的产值和从业人数是最低的；在城镇化的中期阶段，作为主要驱动力的第二产业发展迅速，伴随着人口向城镇快速集中，促使与生产和生活相配套的服务业也发展迅速；第三产业是城镇化后期的发展驱动力，在城镇化的后期阶段，第三产业产值比重和吸纳就业人数，都将逐步高于第一、第二产业，成为城镇化的重要推动力。第三产业发展可以提供如住宿、餐饮、购物、文化娱乐等必需的服务，在吸纳大量就业人员的同时，也满足了城镇居民的物质和精神需求；能够通过加大科学、教育、文化、卫生等公共事业的投入，推动城镇成为教育、科技、文化和艺术中心，进而提高城镇居民的文化素养和道德素质，促进生态文明的提高；加快形成区域创新体系，带动城镇经济的持续发展。

生态城镇化是三类产业在地理空间上集约化发展的结果，是产业结构从“123 型”向“321 型”变迁的历史过程，也是非农产业为了自身的生存和发展不断集聚的过程。生态城镇化的推力由第一产业或农业集约化发展产生，拉力由第二、第三产业集约或集聚发展产生。目前，江苏省工业带动经济发展的重要作用逐渐减弱，拉动城镇居民就业能力也开始减小；第三产业正逐渐成为拉动经济发展和提供城市就业岗位的主要领域，但目前所占比重仍然偏低，有待进一步向“321 型”变迁，非农产业需要继续集聚发展。

三　技术进步拉动力

科技创新是实现区域经济跨越式发展的前提，是经济发展的引擎，对一个国家和地区城镇化发展起到决定性作用，是城镇化发展的拉动力。例如发明蒸汽机，带来了工业化革命和城市快速发展；汽车工业快速发展，推动了城市蔓延和城市郊区化的出现；计算机的普及使用，增强了城镇的公共服务效能。中国三十年的改革开放实践证明，设立经济特区和经济技术开发区，以及积极引进外资和新技术等措施，快速提升了沿海地区的城镇化率，这些说明了技术创新对生态城镇化发展的拉动作用。作为江苏省经济主要推动力的乡镇企业，具有规模小、分布散、高能耗等特征，对生态环境保护较难，使污染管理成本增高，所以科技创新对于江苏省经济发展以及城镇化发展是至关重要的。

四 基础设施保障力

生态城镇化集约发展，离不开基础设施保障和公共服务支持。基础设施和公共服务等资源供给充沛，可以提供良好的生活环境，提高城镇之间的综合竞争力，吸引高素质的人力资源和高效益的企业聚集，从而提升生态城镇化建设质量；城镇基础设施特征可以决定城镇环境和规划的包容性。一种开放的、兼容的、先进的城镇文化特征，将会孕育出高素质人才，培养出创新性人才，有利于人才和资本的引进、技术的进步，并提高城镇的文化底蕴，推动城镇化发展模式向生态型转换，提高城镇化的生态质量。因为江苏省基础设施建设较为薄弱，所以发展生态城镇化，首要加强城镇各种基础设施的建设。

五 资源效能支撑力

资源是支撑生态城镇化发展的必备要素。一个城镇的资源禀赋状态决定了城镇化的发展速度及质量，资源富足城镇的发展速度要远高于资源缺乏的城镇。资源对生态城镇化的集约发展更为重要，所以生态城镇化要求逐步弱化城镇建设对自然资源的依赖，尽可能多地利用可再生的非自然资源。

常规来说，地区因自然资源集中会吸引人口和产业聚集，形成产业专业化和劳动地域分工，从而产生了比如采矿、纺织等带有产业特色的城镇。自然资源是生产必不可少的要素，但它的非再生性和有限性，决定了其对城镇化的支撑作用是逐步减弱的。中国人口、产业和资源在空间分布具有极大差异性，近年来中国城镇化快速发展，水资源缺乏地区或污染严重地区的城镇化发展将会受到不同程度的制约。为了弱化自然资源对城镇化的支撑作用，江苏省生态城镇化要提倡节约利用自然资源、大力开发利用非自然资源。

六 环境效应约束力

环境效应是指自然过程或人类生产生活活动对生态环境造成破

坏和污染，导致生态环境系统结构和功能发生变化，可分为正效应和负效应。比如企业不经处理将大量废水直接排进河里，促使水质发生了化学变化，导致水生物数量和种类的减少，同时也对人类的生产和生活产生了负向影响，因此，环境效应对城镇化和工业的发展起到了约束作用。

传统城镇化的发展模式不断扩大城镇规模和数量，扩大人类生存空间和改善物质生活条件，不断改变自然环境的结构和功能，严重污染环境，增大生态环境压力。主要表现在大量人口会聚，引起城镇消费规模剧变，加大对自然资源的索取，增多了污染物的排放，增大了城镇化的环境成本；持续占用土地规模，不断挤占绿地等生态资源，压缩环境的净化能力。总之，传统城镇化模式持续加剧人与自然环境之间的矛盾，导致生态环境的逐步恶化，束缚或阻碍城镇化的发展。所以，江苏省城镇化要不断改变传统发展模式，必须立足于生态文明，充分考虑到生态环境的承载能力和生态效益，逐渐降低城镇化的环境成本，最大化城镇建设的正环境效应，最小化或者避免负环境效应的产生，不断提升生态城镇化的持续发展能力。

第十三章　生态城镇化的路径选择

党的十八大以来，对深入推进新型城镇化建设，中国政府做出了一系列重大决策部署。在2014年3月，中国颁布的《国家新型城镇化规划（2014—2020年）》要求“把生态文明理念全面融入城镇化进程；推动形成绿色低碳的生产生活方式和城市建设运营模式”①。在2016年2月，习近平总书记重点强调“城镇化是现代化的必由之路，新型城镇化建设要以人的城镇化为核心，坚持创新、协调、绿色、开放、共享的发展理念”。国家已经明确了生态城镇化将是中国城镇化的发展方向。

生态城镇化推进过程具有系统性、复杂性和综合性，涉及人口城镇化、空间城镇化、经济城镇化、生态环境压力、生态环境状态、生态环境响应六个部分。根据对江苏省、河南省各自省份的城镇化发展，以及城镇化与生态环境耦合协同关系分析，加上两者城镇化和环境压力作用的对比分析，发现江苏省近年来城镇化与生态环境耦合协同发展趋于协调，即为生态城镇化发展较为良好。所以，以江苏省为例，通过结构方程模型的路径分析和有序度分析城镇化与生态环境耦合协同发展的关键因素，加上多年城镇化生态发展的实践经验，本章具体分析并提出生态城镇化的发展路径，详见图13－1。

① 《国家新型城镇化规划（2014—2020年）》，中央人民政府门户网站（2014－3－16），http：//www. gov. cn/gongbao/content/2014/content_ 2644805. htm。

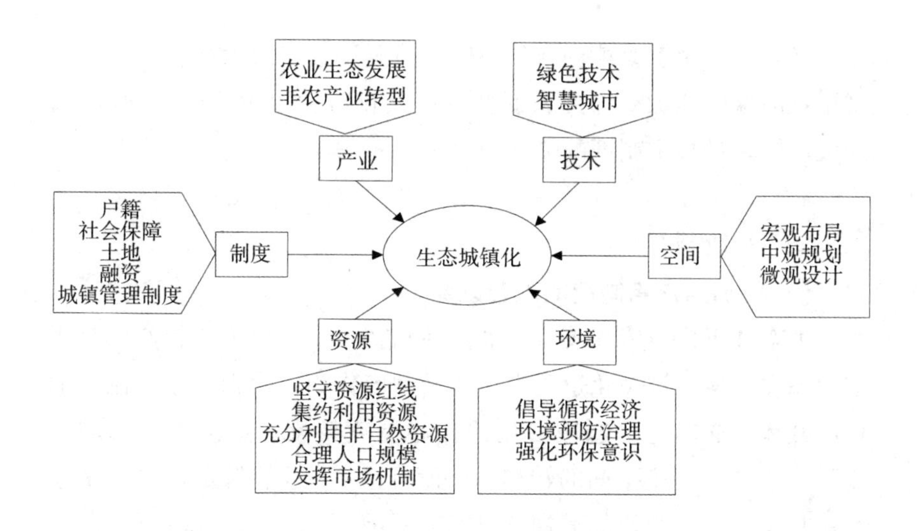

图 13－1　生态城镇化发展路径

第一节　创新制度安排

在社会人际交往过程中形成共同遵守办事规程或行动准则被称为制度，是人类追求一定社会秩序的结果，人们设立制度的目的是为自己的生活构建一个稳定的环境。新制度经济学家将制度划分为正式型与非正式型制度两种。宪法、成文法、正式合约等通常被称为正式型制度。这些制度是人们在有意识的状况下创造出来，然后经过国家、社会团体等组织的评审，正式被确立的成文规则制度；伦理道德、传统文化、价值信念、意识形态和风俗习惯等是人们在长时期社会交往过程中逐渐形成并被社会广泛认可的制约性规则，被称为非正式制度。社会的发展趋势是把以往属于非正式的社会规范，通过法律手段转变为正式的法律规范，使人们在日常生活中有更加明确的规则可以遵守。

生态城镇化的核心动力是制度。创新制度安排即是破除传统制度障碍，遵循以人为本的原则不断改革和创新相关制度，以保障生态城镇化稳步发展。当前中国在制度领域仍然有诸多缺陷，限制了城镇化的发展，要想提高城镇化发展的质量，走生态城镇化发展道路，必须加大制度改革创新的力度，使制度效益最大化，提高生态城镇化的保障能力。因此，创新制度安排应从以下 5 个方面入手，加大城镇化进程中制度的创新力度。

一　户籍制度

（一）加强户籍制度的配套改革

生态城镇化与传统城镇化最大区别在于是否以人为核心，是否将生态文明融入城镇化过程中。户籍制度作为社会保障系列制度的核心载体，必然是生态城镇化的核心制度要素。虽然在“半城镇化”中人口实现了空间的转移，但没有达到社会保障的共同公平享有，只是实现了职业的城镇化，却不是真正的“人口城镇化”。虽然户籍制度改革不太复杂，但是依附在户籍制度上的社会保障制度改革却是十分复杂，因为将会涉及社会利益分配格局的变化。所以，生态城镇化中户籍制度改革迫在眉睫。将目前户籍制度的“二元化”制约结构体系打破，同时使长时期依存于户籍制度的教育、医疗卫生、社会保险及社会公共服务等多项福利政策和公共政策逐步剥离，这项改革是当今中国户籍制度改革的重点内容和核心环节。

党的十八大和十八届三中全会，确定了户籍制度改革的基本路线图，主要是：“加快户籍制度改革，全面解除建制镇和小城市的落户限制，有序减轻中等城市落户要求，合理确定大城市落户条件，严格控制特大城市人口数量。”[①] 2014 年 7 月 30 日，在国务院的《关于进一步加快户籍制度改革的意见》文件中，指出要将居住证制度在全国范围内逐步推广、积分落户制在特大型城市推广、加强保障基本教育公共权利、持续扩大基本公共服务覆盖范围等，促进全国户籍制度体系改革进程不断加快。

2014 年，江苏省有序推进农业人口向市民化转移，全方位施

---

① 《全会决定：全面放开建制镇和小城市落户限制》，中国新闻网（2013 - 11 - 15），http：//www. chinanews. com/gn/2013/11 - 15/5509717. shtml。

行城乡户籍统一登记管理与外来人口居住证制度。在特大城市与大城市城区的核心地带，首先建立以居住证作为基础条件，以居住时间长短、就业时间长短与缴纳城镇社会保险时间长短为基础标准的积分制落户政策，将城镇落户的约束条件全部去除。在省辖市范围内，还在不断推进本地区居民的户口通迁政策。苏州市和无锡市规定，在本市辖区范围内拥有合法、稳定居住地点的公民，将不再受就业的限制，享有在省辖市范围内进行户口通迁的权利。

在中国户籍制度改革中，首先，必须建立以常住地为基准制定新的公民户口登记制度。城镇人口与农村人口的划分标准以居住地为依据，农业人口与非农业人口的划分标准以职业为根据，实现户口登记可以真实反映出公民居住地点和社会分工情况。登记制度把常住地点作为核心标准，把在城镇居住时间长短当作户口登记的核心标准依据，循序渐进地实行户籍制度改革，在城市承载容纳能力范围内，逐步解决符合条件公民的落户问题。

其次，逐步完善户籍制度的相关配套机制。真正实现农村转移人口市民化，核心是解决进城农民最为关心的土地、住房、就业、教育等公共服务方面的问题，建立健全进城落户农民的土地处置、住房、就业、子女教育、社会和医疗保障等配套机制，使进城农民的合法权益得到最大限度保障，解除进城农民的后顾之忧，还要剥离户籍制度的福利分配功能。国家和地方政府制定政策打破城乡分割的局面，逐步实现城乡基本公共服务一体化的目标，增强就近城市对农业转移人口的吸引力，防止逆城镇化潮流的出现，才能确保生态城镇化建设的顺利推进。

再次，还要努力贯彻落实“严格把控大城市，合理有序发展中等城市，积极推进小城市发展”政策，这样有利于人口就近城镇化。现在农业人口流动速度越发加快，数量不断增多，所以要大力挖掘提高大中城市容纳力与承载力，不断增大城市的人口容量，而且要积极推进小城市发展，依托小城镇逐步完成人口转移的目标。所以要逐步消除对小城镇户口的制约条件，使农民可以就近自由进入城镇、自由居住，不受职业限制。2015 年 8 月，《江苏省城镇体系规划（2015—2030年）》正式被国家批复，规定到2030年，全省共将形成2个特大城市、15个大城市、12个中等城市、28个小城市和540个镇的城市等级规模体系。2012年，江苏省提出的城市等级规模体系目标是形成11个人口超百万的特大城市、8个大城市、35个中等城市、7个小城市[①]、730个镇。对比2012年和2015年两个规划的最大不同在于：2015年严格控制特大城市的规模，特大城市由11个减少为2个；增强大城市的人口容量，由8个增加到15个；大幅度调整中、小城市发展的格局，促进协调发展，将35个中等城市减少为12个，7个小城市增长为28个；由原来散点式小城镇改变为有重点发展，将730个镇减少为540个。其中，那些被定位为大城市的，没有了特大城市的限制，将更有利于城市基础设施的建设和人口有序合理的增长。同时被定位为特大城市的，将会全面严格控制落户[②]。

（二）健全市民化成本分担机制

户籍制度是产生“半城镇化”现象的表层原因，而财政支出管理体制其实是造成“半城镇化”现象的根本原因。首先是因为地方政府要为具有本地户籍的公民，优先提供社会保障，这将社会保障范围排除了外来人口；其次，政府因为城镇流动人口的自由迁移，而难以确定公共服务的规模及内容。这种制度存在着社会隐患，因为具有当地户籍的市民，可能在其他地区创造了社会价值，却享受当地的社会各种保障，而没有当地户籍的外来人口，在为当地城市建设做出贡献后，却不能享受当地的社会保障，这些都会增加外来人口对社会的积怨，与以人为本、社会公平的生态城镇化的内涵相悖。

---

① 按照《关于调整城市规模划分标准的通知》，城市划分为五类七档：城区常住人口50万以下的城市为小城市；城区常住人口50万以上100万以下的城市为中等城市；城区常住人口100万以上500万以下的城市为大城市；城区常住人口500万以上1000万以下的城市为特大城市；城区常住人口1000万以上的城市为超大城市。

② 《金陵晚报》：《江苏特大城市“压缩”至2个专家：落户可能严控》，新华网（2015-08-12），http://www.js.xinhua.org/2015-08/12/c_1116231738.htm。

如果外来人口都同时享受同等的社会保障，那将是一笔巨额的费用支出。江苏省现存在潜在转移人口800万，如果都享受同等的社会保障、保障性住房、就业及子女教育等福利，需要支付人均成本约4万元，总成本3200亿元的支出①，对于这笔巨额费用，政府财政将无力承担。所以首先要从全局出发，在中央层面统筹规划，综合考虑社会保障等问题解决，明确规定在市民化成本的各级政府分担比例，以便各地政府在国家制度允许下有序推动改革，统筹协调区域间要素，有利于统筹管理及对比市民化成效，避免人口流动而带来的过度聚集等问题。其次，积极探索新型市民化成本分担机制，合理分配政府、企业、家庭及个人分担成本比例，明确不同主体的责任。最后要健全地方政府财政的来源渠道，建立与地方经济发展相符的税收制度，逐步拓宽财政收入来源，适度增加税收类别，完善城镇税收体系。

二　社会保障制度

目前，中国是以城乡二元户籍制度为主体的社会保障制度。城乡二元化的社会保障制度过分强化了农民土地保障的意愿，它不利于农业集约化的发展，阻碍了农村人口迁往城镇，而且造成了大量已经非农化农民因不能享受同等公共服务，而被迫回迁农村，严重阻碍了生态化城镇的发展。生态城镇化发展需要继续深化社会保障制度的改革，加强社会保障服务的平等化，提高城镇一体化发展的质量。

（一）加快社会保险城乡一体化

经专家测算发现，中国农民如果参保并连续缴费15年，60岁后每月最低领取73元养老金，按照最高标准缴费，最多只能领取每月129元，显然无法满足一个老年人基本日常需求，农民养老保

① 《新华日报》:《江苏获批国家新型城镇化试点，800万农民将进城落户》，新华网（2015－1－31），http://www.js.xinhuanet.com/2015－01/31/c_1114201286.htm。

险保障水平过低[1]。医疗保障金方面，农村居民、城镇职工、城镇居民这三种人群的医疗保障制度就各不相同，所以形成了三种用药目录、三种待遇标准、三种筹资水平。在失业保险方面，现行的《失业保险条例》对农民工和城镇职工的享受待遇和参保缴费都做出了区别规定。

中国根据各地政府财政收入水平的不同，对社会保险城乡一体化进行不同侧重的改革。第一，要实现统筹规划区域内的城乡居民社会医疗保险的筹资水平、用药目录、医保待遇，让农民工在务工地就可以转移或参与城镇居民医疗保险。第二，要修订《失业保险条例》，统一待遇水平和失业保险缴费等政策，实现农民工与城镇职工的失业就业情况登记、免费就业技能培训、领取失业保险金等标准趋于均等化。第三，要逐步增加强制性参与工伤保险的行业，简化工伤保险以及工伤待遇的申请程序，必要时可由司法部门介入，还要切实保障农民工享受到工伤保险待遇。第四，将被征地农民纳入城镇社会保障，建立基本生活保障风险准备金，其资金从适当增加被征地补偿标准或者从土地出让金收入中提取。第五，使低保和社会救助不再与户籍制度相挂钩，转变为以居住地为原则实施社会救助和低保，对家庭确实困难的进城务工人员采取临时救助政策。

江苏省扬州市在 2014 年 5 月，正式颁布施行《流动人口居住证管理暂行办法》。该市各相关部门实施了均等化的社会公共服务措施，使近 60 万流动人口可以享有“基本等同市民待遇”。常州市从 2016 年 1 月 1 日，逐步实施社会保障“同城同标同待遇”，率先实现主城区城乡居民社保一体化，将涉及约 110 万居民。

（二）加快就业制度系统性改革

加快就业制度的改革，深入改革就业与再就业的制度，让扩大就业成了调整经济结构和经济社会协调发展的重要目标。首先要改进农民工的工作环境和工作条件，逐步把对农民工进城就业和创业

---

① 李唐宁：《农民每月最多领取 129 元养老金，难满足养老需求》，人民网（2013 - 11 - 15），http://finance. people. com. cn/insurance/n/2013/1115/c59941 - 23549101. html。

的各种限制取消，不断完善劳动力务工证与暂住证的登记管理。其次，还要制定具有自由流动性的就业保障措施，充分发挥市场经济机制在公平自由竞争环境上的决定性作用，大力推动人才资源的优化配置及管理。再则，要重视劳动技术和能力培训对弱势群体的帮扶，扩大农民工的培训范畴，增强农民工自身的劳动技术与工作水平。截至 2015 年上半年，江苏省农民工进城务工半年以上的约 1150 万人，其中 20 世纪 80 年代后出生的约为 60%，为了提高农民工的技术水平和劳动能力，同年 7 月，政府出台的《关于进一步加强为农民工服务工作的实施意见》明确规定，到 2020 年，全省农村劳动力转移就业比达 75% 以上，有培训愿望的农民工可以免费接受基本技能职业培训，覆盖率达 100%，实现城乡基本公共服务全覆盖①。

（三）完善城镇住房制度

深化住房制度改革，以满足新市民住房需求为主要出发点，以购租并举为主要方向，加快建立购租并举、市场配置与政府保障相结合的住房制度，健全以市场为主满足多层次需求、以政府为主提供基本保障的住房供应体系。进一步扩大住房保障范围，将符合条件的农业转移人口纳入住房保障体系，将公租房保障范围扩大到非户籍人口。加快推广住房保障货币化补贴制度，实现由实物与租赁补贴相结合逐步转向货币化补贴为主。培育发展以住房租赁为主营业务的专业化企业，支持其通过租赁或购买社会闲置住房开展租赁经营，引导住房租赁企业和房地产开发企业经营新建租赁住房。鼓励引导农民进城购房，对农业转移人口购买首套房给予补贴或贷款贴息，鼓励商业银行开展农村居民个人住房贷款业务，加强对农民进城购房的金融支持。

三　土地制度

导致中国农民贫困的最终原因是土地制度的不合理，解决这一

① 《扬子晚报》：《2020 年江苏省所有农民工将免费享受职业培训》，新华网（2015－07－15），http：//www. js. xinhuanet. com/2015－07/15/c_ 1115923969. htm。

问题的办法是变革现行农村土地制度，根据生态城镇化发展要求，需要对农村土地制度进行创新。2016 年 2 月，江苏省作为全国第一个省份，提出了关乎未来生态格局的“三条红线”。这“三条红线”分别为严守城市开发边界、耕地保护、生态保护“红线”。

（一）严格可耕土地保护制度

保护耕地是关乎人类生死存亡的基本条件，也是关乎生态城镇化发展的重要因素。所以，各级政府机关要把坚守耕地红线当作政治任务来抓，坚决贯彻落实执行，并将严格遵守耕地保护制度作为业绩考核的重要指标。江苏省提出的“城市开发边界”，就是为了倒逼政府严格控制土地开发强度，促进空间城镇化模式转型升级，转向为集约用地，并实行了最严格的耕地保护制度，要划定永久基本农田，确定目标为耕地数量不减小、质量不下降，到 2020 年，全省耕地保有量为 7127 万亩[①]。

（二）规范农村土地流转机制

当前中国生态城镇化建设的核心目标是改革农村土地流转机制。在保持家庭联产承包责任制稳定发展的基础之上，由承租、转包、土地使用权入股等方式，保护农民在土地上的收益，这些举措为进入城市的农民带来了稳定的收入保障，也使农村土地集约化、规模化经营有了有利条件，使农业现代化发展有了坚实的基础。在控制建设用地方面，对土地开发利用的国家相关部门要进行严格监督，坚守公开、透明的原则，使土地交易市场规范化。

2014 年，江苏省在土地制度上于采取了“两个最严格”的措施：一是最严格的耕地保护制度；二是最严格的节约集约用地制度，这是优化土地结构，提高土地利用效率的最佳途径。另外还有“两个挂钩”，指的是把探索施行城镇建设用地规模同吸收农业转移人口落户数量挂钩，盘活存量建设用地规模与奖惩机制挂钩。这就意味着，吸纳人口多、发展潜力大的小城镇用地规模将会适度增

① 《江苏将划城市开发边界等生态格局“三条红线”为全国首提》，凤凰网（2016－02－25），http：//finance. ifeng. com/a/20160225/14235345_ 0. shtml。

加。为切实贯彻耕地占补平衡制度，使全市补充耕地指标交易行为得以规范。江苏省国土资源厅、财政厅出台了《江苏省补充耕地指标交易管理暂行办法》《南京市土地指标交易配置暂行办法》等，对土地交易设立易于实施和执行的规定。

2015 年 12 月，财政部发布通知，将选择江苏、浙江、宁夏等 13 个省区展开试点，按照进退合作社自愿自由、利益共享和风险共担的原则，支持村集体组织创立土地股份合作社，鼓励和引导农民以个人土地承包经营权入股[①]。2016 年 4 月，国土资源部批准宿迁市作为全国 6 个试点城市，创新城乡建设用地增减挂钩机制，通过农村土地综合整治，节余的增减挂钩指标在省域范围内可以有偿流转使用，将赋予农民更多财产权，激活农村建设用地，探索建立城建资金反哺农村发展的新机制[②]。

（三）保障失地农民合法权益

保护失地农民的合法权益包括农民土地被征用后，能够得到与土地类型和供求关系等相适宜的经济补偿、有关征地补偿标准和程序等信息的知情权。

1. 提高征地补偿标准

征地补偿标准的提高可以使农民收益得到保障，还可以使征地矛盾出现大幅度降低，并且为农民向城镇稳定迁移打下良好的基础，可以源源不断地将劳动力输往城镇。而且从节约资源角度来看，提高农民的征地补偿标准，可以推进农村土地集约利用的进程，还可以降低农村土地严重浪费现象。

目前对农民施行的征地赔付标准，不但比土地市场交易价值小得多，而且比农民因失去土地所付出的机会成本还要低，有些农民还会因为征地失去以往的主要经济来源，从而产生生活困难的状况。制定征地赔付标准，必须能够补偿农民因征地产生的经济损

---

① 杨仕省：《13 省区试点农民以地入股，村集体资产“股改”进行时》，搜狐财经（2015-12-12），http://business.sohu.com/20151212/n431029442.shtml。

② 徐明泽：《江苏唯一：宿迁增减挂钩节余，土地指标可流转》，人民网（2016-04-08），http://js.people.com.cn/n2/2016/0408/c360302-28101812.html。

失。经济条件较好的地区，可以更进一步将征地赔付标准提高。2013年9月4日，《江苏省征地补偿和被征地农民社会保障办法》已经施行，2015年根据《江苏省土地管理条例》第26、27、28条规定，又出台了征地补偿新标准，适度增加农民征地的经济补偿。

2. 保证征地的知情权

在某些村集体土地被征用过程中，由于村干部和有关部门、开发商等暗箱操作，部分农民并不清楚征地补偿的信息，这是造成征地补偿金降低的最主要原因。所以要保证农民对征地补偿的知情权，可以通过完善相关法规与提高监督力度，确保征用集体土地在程序上的合法地位；培养农民树立保护自我利益的意识，全面保障农民有关征地的合法权益。

2014年8月，江苏省国土厅专门发通知，要求进一步加大征地信息公开力度，规范征地信息公开程序，保障被征地农民合法权益，要全面公开有关征地的政策法规，尤其是失地农民的社会保障和征地补偿标准等，让群众充分了解、认识征地政策，其次主动公开征地审批结果，经省政府批准后，省厅将在3个工作日内，通过政府相关网络，及时公开批准文件，市、县在收到批准文件的2个工作日内，通过网络主动公开文件①。

四 融资机制

城镇化建设过程中对资金的需求量是非常大的，但传统模式下的城镇化建设几乎被地方政府所垄断。有些地方政府财力有限，热衷于通过“债券发行”和“土地出让”的方式来弥补城镇化建设过程中产生的资金缺口，土地资源的粗放使用和有限性以及地方政府日益增加的债务，倒逼城镇化建设投融资机制的转型。根据城镇基础设施的类型，生态城镇化融资模式可以划分为公益性项目、准公益性与经营性融资。

---

① 江苏省国土厅：《强化征地信息公开，保障群众知情权》，新华网（2013-08-28），http://news.xinhuanet.com/local/2013-08/28/c_117124174.htm。

（一）公益性项目融资

与所有人生活工作息息相关的公益性市政基础设施项目，除了加大财政性资金投入力度之外，同时要深化政府和社会资本合作，全面放开城市基础设施建设运营市场，广泛吸收各类资本投入城市基础设施、棚户区改造和教育、医疗、污水处理、垃圾处理设施等多个公共服务设施建设运营。加快理顺市政公用产品和服务价格形成机制，完善政府补贴及监管机制，确保社会资本进入后能够获得合理收益。优化政府投资结构，健全财政转移支付同农业转移人口市民化挂钩的机制，加大对农业转移人口市民化相关配套设施建设的投入。

以城市建设开发的投融资平台为主，以集合基金融资、政府补偿费质押贷款和发债等方式进行融资。支持有条件的地方通过发行地方政府债券拓宽城镇建设融资渠道；深化与国开行、农发行等政策性金融机构的合作，争取其加大对新型城镇化建设领域的信贷支持力度；鼓励引导各商业银行、保险公司等金融机构，围绕服务全省城镇化重点项目建设，加大金融创新力度，积极探索设立城镇化专项投资基金、融资租赁、发行债券、夹层投资、债贷组合等业务，支持重点企业发展，加快推进重点项目建设。支持城镇政府推行基础设施和租赁房资产证券化，提高城镇基础设施项目直接融资比重。

江苏省是全国首批推广并运营 PPP 模式的试点，2015 年 6 月印发了《江苏省 PPP 融资支持基金实施办法（试行）》，发起设立“江苏省 PPP 融资支持基金”，加快推广政府和社会资本合作模式，积极发挥财政资金的引导作用，充分利用社会资本、金融机构等管理优势，推动江苏省公共服务领域投融资机制创新①。PPP 模式就是为了向社会提供服务与公共物品，政府部门同社会商业资本达成“全过程”的合作关系，例如桥梁建设、道路建设、污水处理以及环保节能项目等领域。PPP 模式目的是实现政府和企业利益的共享，能够让那些侧重获得长期稳定投资回报的市场主体，被准许进

① 江苏省财政厅：《关于印发〈江苏省 PPP 融资支持基金实施办法（试行）〉的通知》，江苏省财政厅官网（2015 - 06 - 05），http：//www. jscz. gov. cn/pub/jscz/xwzx/zxyw/ppp/xgxx/201506/t20150605_ 76073. html。

入之前完全由政府提供的公共工程领域与公共服务行业，以长期持有与运营管理，扩大了企业生存及发展空间。

（二）准公益性项目融资

由于项目具有的公益性特点，准公益项目融资要利用财政补贴、返还税收等补偿手段，补贴使得准公益性投资项目收益大于成本，增强企业和个人投资的积极性。政府补贴结合市场机制的方式，改变了这些项目自身资产收益的性质和特征。项目实施有政府主体的参与，可以使得这些项目在一定程度上减少社会资本的投资风险，进一步提高投资者的投资热情。借鉴某些发达国家政府的实践经验，可以用项目特许权协议作为合作的保证，这是由地方政府与私人投资者共同出资，共同分担成本和分享收益的方式。

五　城镇管理体制

（一）提升政府管理职能

生态城镇化要求政府要适当地改变行政管理体制，充分发挥市场机制和市场理念的积极作用。精简地方政府的行政管理层次，使得不同等级的城镇之间能够平等地竞争，充分优化并合理配置资源。

在计划经济体制下，以行政手段代替了市场经济自身的选择权，没有更好促进经济社会的发展，反而导致了社会资源和生产要素的配置失衡，城乡进一步分化及城乡收入差距的逐步扩大。随着中国经济社会的不断发展，政府在经济发展中的作用也发生着改变，由完全的主导角色转变为以宏观调控及引导为主，充分发挥市场的主导作用，鼓励社会力量主动参与城镇化建设。著名的经济学家辜胜阻认为：城镇化发展要充分发挥市场在资源配置中的主导作用，不断形成“市场主导、政府引导、个人参与”的发展新模式[①]。生态城镇化需要对政府和市场的关系进行重新定位，逐步形成“市场主导、政府引导、个人参与”的发展新模式，激发和带动

---

① 辜胜阻：《城镇化要坚持“市场主导，政府引导”发展模式》，人民网（2013-07-16），http://finance.people.com.cn/n/2013/0716/c1004-22207698.html。

社会各方面力量积极参与。2014 年，江苏省无锡市实施了经济发达镇行政管理体制改革试点工作，逐步下放行政审批、许可和执法等共 724 项县级经济社会管理权限，有力增强了试点镇的经济发展、提升社会管理和公共服务的各项水平①，包括增加城镇基础教育资源供给；提高医疗卫生服务质量和效率，增强卫生综合服务能力；加强公共文化体育服务设施以及社区服务综合信息平台规划建设；加强社区养老设施和养老机构建设；完善城市突发公共事件应急指挥体系、保障体系和应急预案，提升处置突发事件和危机管理水平。

（二）完善环境管理体制

在生态城镇化建设中，中央政府负责全局性政策法规的制定，借助经济、政治、道德、法律等各种手段来推动生态城镇化建设，同时也承担着价值观念、伦理道德规范建设的责任；制定出台相关的法规政策，消除地区、行业之间壁垒和部门之间的制度性障碍，为社会各阶层公平参与到生态城镇化建设提供制度保证。地方政府结合本地的资源状况和环境的实际情况，需要通过出台一系列的优惠政策，增强地方的竞争力和吸引力，吸引更多资金和人才会集，引导企业充分利用优势资源绿色生产，挖掘经济发展潜力，着力提高城镇生态发展的水平。

企业和个人污染环境的行为具有明显的负外部性特点，而保护和治理环境具有明显的正外部性②。比如城市通过排放污水会减少企业的排污成本，从而增加企业的收入，但是引起环境的污染，会

---

① 《无锡市全力推进经济发达镇行政管理体制改革试点工作》，江苏省机构编制网（2014 - 07 - 10），http：//www. jssbb. gov. cn/showinfo. action？ infoid = 402885f146266da301471df2e9560042。

② 经济外部性是经济主体（包括厂商或个人）的经济活动对他人和社会造成的非市场化的影响。即社会成员（包括组织和个人）从事经济活动时其成本与后果不完全由该行为人承担。分为正外部性（positive externality）和负外部性（negative externality）。正外部性是某个经济行为个体的活动使他人或社会受益，而受益者无须花费代价，负外部性是某个经济行为个体的活动使他人或社会受损，而造成负外部性的人却没有为此承担成本。

给居民和其他企业带来损失。人作为理性经济人，其行为都是要实现自己效用最大化，而企业是以盈利为目的社会组织单元，追求利益最大化则是其经营目标。所以对于正外部性强的治理污染设施，政府必须采取“政府埋单、私人生产、大众消费”的管理模式。但是对于较小外部性或者不存在外部性的环境保护设施，可以促使其转化为经营性项目，并建立起价格形成机制或者收费制度。1997年，江苏省在全国第一个实施排污总量收费，从2008年起，第一个将废气排污费从每当量0.6元提高到1.2元，污水排污费从每当量0.7元提高到0.9元，使排污收费接近甚至高于治理成本，有力促进了企业由被动治污向主动治污转变。同年省政府批准实施COD和SO_2排污指标收费管理办法，有偿分配和交易试点在太湖流域和电力行业分别展开[①]。在2013年出台了《江苏省二氧化硫排污权有偿使用和交易管理办法（试行)》。

生态城镇化建设需要完善环境治理费用筹集以及收费机制，把经济政策和环境法规融为一体，逐步健全城镇环境管理体系；并且鼓励社区居民积极参与环境治理和保护。2014年，江苏省开展清水、绿地和蓝天工程以及共建美好城乡的行动，通过修复生态环境、节约资源和保护环境等方式，稳步提高城乡低碳、绿色与可持续发展的能力，使碧水蓝天的画面在城乡重现。白马湖风景区位于淮安市南部，经过展开退渔还湖、退圩还湖、生态清淤等一系列的生态修复工程，让湖水清澈、水草丰美的美景在风景区重现，并使得渔民得到了很大实惠。

（三）建立生态补偿机制

完善主体功能区的定位与规划，可以更深层次优化城乡土地的利用结构，可以促使农业地区、城市化地区与生态地区协调可持续发展。但要顺利实施主体功能区作用，必须结合政策制度的保障，即以“鼓励”“限制”和“补偿”措施入手，鼓励与主体功能一致

① 《环境保护体制机制的积极探索和创新》，江苏省统计局网站（2009-12-17），http：//www.jssb.gov.cn/tjxxgk/tjfx/sjfx/200912/t20091222_ 15772.html。

的活动，限制妨碍主体功能实现的行为。所以，生态城镇化建设要重点构建各主体功能区之间的生态补偿机制，从而调整各地区发展的不平衡。生态补偿机制是以区域外部性、空间结构等地学要素为依据，以补偿能力、补偿效益和补偿成本等多种因素为核心，采取财政、税费、市场等多种措施，调整生态保护者、破坏者及受益者三者之间的利益关系，并重点加强政府的调节作用，主要是指中央政府对地方政府、地方政府之间的经济补偿。

江苏省在2014年制定并印发《生态红线区域保护监督管理评估考核细则》，量化5个方面23项考核指标，将生态补偿资金从10亿元提高到15亿元，将新型城镇化建设等规划和意见，均与红线保护规划衔接。全省约50%的城市已经逐步完成规划生态红线保护和制定配套政策的工作。

第二节　生态发展产业

实现生态城镇化的城乡居民一体化，需要产业带动和产业融合，建立优势互补的体制机制，实现工业带动农业、城市带动农村，培育一批具有当地特色的产业群。生态发展产业是指要依靠技术和资源的双重优势，逐步向城镇聚集，形成“321”合理的产业结构，积极促使城镇经济向着专业化及特色化经济趋势发展，逐步实现农业与工业相互依存、农村与城镇相互融合的目标，包括农业的生态化发展和非农产业的转型升级。

一　农业生态化发展

生态城镇化发展要求大力推进传统农业转型，积极发展生态农业。生态农业简称ECO，是按照生态学和经济学原理，运用现代科学技术和现代管理手段，获得较高经济、生态和社会效益的现代化高效农业。

生态农业首先要把包括种植、林、牧、副、渔业的大农业与第二、第三产业结合起来，其次利用传统农业精华和现代科技成果，协调发展与环境、资源利用与保护之间的矛盾，形成生态与经济上两个良性循环，即包括两个方面：积极发展农业现代化和农业生态化。

农业现代化过程中的生产效率提高为工业化发展提供了充足的人力需求；土地资源的集约利用为工业发展提供了必需的空间需求；对农业器具和农用物资的需求为工业发展提供了广大的产品市场。因此，农业现代化对生态城镇化发展至关重要，需要从以下三个方面进行建设：一要将现代信息技术和智能技术应用于农业生产，不断提高农业劳动生产率，不仅要强化城镇化发展的农业基础，而且要加快农村富余劳动力的形成；二要加快农业土地的大规模流转，给农业的机械化和规模化经营提供必要条件，解决分散化小农经济的弊端，提高城镇化的农业支撑能力；三要促进工商资本适度进入农村及农业，努力推动现代农业的发展，推进农业发展集约型结构的构建。

农业生态化主要包括农业生产循环化和组织化。根据生物与环境的协同进化原理，提出了“依源设模，以模定环，以环促流，以流增效”的循环发展模式，设计了“粮（果）→畜→沼→鱼”等食物链生产方式，多层分级利用能量，可使有机废弃物资源化，使光合产物实现再生增殖，发挥减污补肥增效的作用；强调秸秆过腹还田及以沼气为主体的农村能源建设。同时还要大力推进农业组织化，利用自身的资源条件，依托技术优势，以高效生态农业园区为平台，培育和引进加工型农业龙头企业，大力扶持农业专业合作社的健康发展，不断调整优化农业产业结构，建立“龙头企业＋专业合作社组织＋基地＋农户”四位一体的农业产业化经营体系。所以要以县级行政区为基础、以建制镇为支点，搭建农村第一、第二、第三产业融合发展服务平台，建立多形式利益联结机制，推进生产、加工、物流、营销等一体化发展。并且推进特色园区、农产品加工、休闲观光农业等建设，强化体验活动创意、乡土文化开发，大力拓展农业的生态美化、旅游休闲、文化传承、健康养老、科普教育等功能，成为高效生态农业发展新的增长点，提高农业的综合效益。

作为典型的农业大市，江苏省淮安以做大做强“五大百亿元农业主导产业”为主，实施农业现代化十项工程，大力推进农业发展转型升级，发展现代高效农业和生态循环农业。作为第一产业的盱眙龙虾，现拥有20万亩养殖面积，从业人员10万人以上，覆盖率研发、养殖、流通、餐饮和中药材调料等整个产业链，品牌价值高达65亿元，居国内淡水水产品品牌首位[①]。

二　非农产业转型升级

从世界城镇化发展过程来看，非农产业发展是一个国家或者地区快速城镇化的必备条件。中国非农产业经历了多年粗放式发展，其产值比重、吸纳就业能力都有所提高，但是距离发达国家的水平仍有较远的距离，而且这种粗放发展模式也对城镇化支撑能力有所制约。所以，生态城镇发展迫切需要非农产业的转型升级。

非农业生态化发展，第一要根据先进的、适用的新技术改善传统产业，促进资源使用效率的提高，对废弃物循环使用，减少废物排放，以最小的投入获取最大的利益，推动传统产业的集约发展；第二要加强城镇内部的功能区划，促进产业有序集中布局，根据园区集聚上下游产业，促使产业链条形成，打造产业集群，支撑城镇化快速发展；第三要积极设立不同要素密集型产业和谐发展的结构，防止片面单一地发展资本、技术、知识密集型产业，忽视劳动密集型产业的发展，避免产业资本投资倾向对吸纳劳动力产生负面作用；第四要推动制造业通过产业链整合，向“微笑曲线”[②] 两端具有高附加值的上下游延伸进入服务业环节，发展壮大生产性服务

① 《生态立市绿色发展——江苏省淮安市全面打造生态农业强市纪闻》，农民日报数字报（2013－07－29），http：//szb. farmer. com. cn/nmrb/html/2013－07/29/nw. D110000nmrb_20130729_ 1－01. htm？ div＝－1。

② 微笑曲线：宏碁集团创办人施振荣先生，在1992年为“再造宏碁”提出了“微笑曲线”（Smiling Curve）理论。微笑嘴型的一条曲线，两端朝上。中间是制造；左边是研发，属于全球性的竞争；右边是营销，主要是当地性的竞争。当前制造产生的利润低，全球制造也已供过于求，但是研发与营销的附加价值高，因此产业未来应朝微笑曲线的两端发展，也就是在左边加强研展创造智慧财产权，在右边加强客户导向的营销与服务。

业；第五要树立以现代高端服务业发展促进产业转型升级的战略观念，为现代高端服务业发展营造良好的环境，推动教育、信息、金融等现代服务业发展。

产品最终生产经营主体和创新主体是企业，非农产业的转型升级主要受企业创新发展能力的影响。所以，加快企业自主创新能力的提升，是促进生态城镇化发展的根本驱动力。因此，要依靠资源约束和市场竞争倒逼机制的建立，防止企业进行低水平和高消耗的外延规模扩张；要加强对企业创新知识产业的保护力度，提高企业侵权行政处罚的经济成本，同时提高企业侵权行为的法律成本；要加强研发部门、科技组织、金融机构与企业的联合，建设区域整体协同创新格局，推动区域协同创新能力的提高；要努力创造良好的环境和平台，不断吸收高端知识型、科技型、技术型的人力资本；不断培养企业管理人员和经营人员的“软实力”，增强对知识智力产品、服务投入的力度，在知识经济时代下推动企业的转型发展。

2015 年江苏省政府对深入实施产业转型升级问题，作出专题部署，在创新能力、质量效益、经济结构、企业活力、优势特色五个方面做到“强”，即为发现、培育新的经济增长点，淘汰落后产能、化解过剩产能，全面推进科技、市场、管理模式创新，提高资本回报率和劳动生产率；鼓励制造业企业自主创新，提高其核心竞争力；积极构建以服务业为主体的绿色产业体系，重点发展生产性服务业；大力推进互联网经济；推进大众创业和万众创新，开拓江苏转型发展的新空间①。

第三节　创造绿色技术

《世界自然资源保护大纲》提出：“地球不是从祖辈那儿继承来的，而是从子孙后代那里借来的。”从这句话中，可以深刻认识

① 《江苏打好转型升级攻坚战持久战，努力做到“五个强”》，中国江苏网（2015－04－15），http：//jsnews. jschina. com. cn/system/2015/04/15/024354210. shtml。

到绿色技术创新对于中国城镇化建设重要的现实意义。让大自然融入城市，最根本的路径即是要创造绿色技术，即是要以生态文明建设为目标，不断创新生产技术，探索出一条集约高效、资源节约、低碳环保的绿色技术之路。

一　绿色技术创新

绿色技术是指人们能充分节约利用自然资源，并对环境无害的一种技术，又称为生态技术，产生于20世纪70年代，是西方工业化国家的社会生态运动的标志之一，有四个基本特征：第一，不单指某一项技术，而是技术体系；第二，与可持续发展战略密不可分；第三，在不断发展变化；第四，与高新技术关系密切，包括能源技术、生物技术、材料技术、污染治理技术以及环境监测技术等。

绿色技术在产业领域的应用和推广，不断地推动产业的演化。江苏省自2015年7月1日起开始施行《江苏省绿色建筑发展条例》，由政府带动，引导市场跟进，不断推广绿色建筑，并设立专项资金向绿色建筑示范县市区倾斜，鼓励基层通过政策创新，提高绿色建筑的比例。并实施年度考核，全过程的监管，保障绿色建筑全面达标。到2015年底，江苏省城镇新建建筑全部达到一星以上绿色建筑标准。

绿色技术的创新主体是企业，因为绿色技术负载着巨大的经济价值，所以，可以从积极发挥企业主体作用，构建协作创新模式，打造信息服务平台三个方面入手。

（一）发挥绿色技术的企业主体作用

一个区域的技术创新主体可以分为五部分：企业、高等院校、科研机构、政府部门和社会组织团体。企业作为研发成果的主要实践者和应用者，承担着中坚力量，使其在整个区域技术创新体系中发挥着巨大的作用。目前，中国企业大多缺乏自主研发能力等问题，所以在对国内外先进技术进行引进、消化、吸收和再创新基础上，促进企业不断地进行自主创新，增强产业的技术水平以及产品的技术含量。

企业作为科技创新的主体，首先要提高在绿色科技创新上的关注和投入，加快知识创新和技术进步的推动，发展资源的深度开发及再生利用技术，诸如可再生能源利用技术、生态连接技术、清洁生产技术等。其次则是对企业加快智能材料、清洁材料的研发及使用。在生产中，尽量选择低污染或无污染的材料，通过运用新工艺和新技术，使物质能源消耗量降低，从而把有可能带给环境的压力降到最低程度。最主要的是不断促进技术创新发展，逐渐实现增长模式的转变，由依靠资源投入的要素型经济增长转变为依靠技术的创新型增长。

2011 年 12 月，江苏省为确定企业在技术创新中的主体地位，制定了《关于实施创新驱动战略推进科技创新工程加快建设创新型省份的意见》。2015 年 4 月，又出台了《2015 年江苏省重点技术创新项目计划》，进一步强化了企业的主体地位，加快新技术和产品的开发、推广和应用。

（二）构建绿色技术的协作创新模式

由于企业自身力量比较薄弱，要想改进一个区域的技术创新体系，单靠企业自身力量是不够的，关键在于建立一个适当的技术协作创新模式。所以企业本身不仅要加快推进技术改革，还要与国内外各级科研机构和高等院校相联系，对重点技术进行合作攻关，构建产学研的多层次生态产业技术支撑体系，采用技术入股、共同开发项目、委托开发或者信息咨询服务等合作形式，互相学习并取长补短，不仅给企业创造了系统性的技术支持，又能促进企业充分发挥优势，积极推进全社会的绿色产业市场化的前进和发展。还要加大政府部门对企业的引导、激励和保障。政府应根据市场需求，对属于不同领域的科研力量实行专业化整合、采取补贴等方法，促进企业正确使用新引进的先进技术，并引导新产品进入市场等。在资源节约、综合利用以及污染排放方面，对具备先进技术水平的企业进行支持、鼓励和奖励，并大力推广具有标志性的及具有发展前景的先进技术。最后还要不断探索并改进先进科技成果的转化机制，使产业转型具备更加强大和持续的技术支持力。

2012年12月，江苏省为了加快推进以企业为主体的产学研结合技术创新体系，出台了《关于加快企业为主体市场为导向产学研相结合技术创新体系建设的意见》，到2015年，要培育上万家高新技术企业为主体的创新型企业集群。到2020年，要完善企业主导的技术创新体系，培育出一批位居世界前列的创新型领军企业。

（三）打造绿色技术共生的信息平台

信息网络是不同资源、废弃物及副产品的整合及优化配置的关键方式，而且也是不同企业、不同产业间要素流动的主要方式。所以，在区域内建立一个高质量的绿色技术信息服务平台是至关重要的，需要根据经济运行目标对有关信息开展采集与整理，建立区域中包含相关企业、高校院所、产业及科研机构等基本信息数据库、技术方案数据库、产品供求数据库、国家标准规范数据库等，通过数字信息平台的使用，对行业发展动态、政策法规、先进技术等内容进行完善的信息交流，增大信息共享程度。2015年10月，江苏省为了提高公共服务的方便和快捷，政府积极探索“市场运作，社会资本参与”的新型模式，建设覆盖全省范围的循环经济公共服务平台网络①。

二　智慧城镇建设

创造绿色技术具体落实到城市和个人来说，就是“智慧城镇”或者“智慧城市”。这是一种以科技为核心推动力，基于信息技术和物联网基础上的发展模式，区别于以往的工业城市、商业城市。它是随着信息技术的快速发展，以物联网、云计算等核心技术，改变城市原有的物理和信息基础设施不同步的发展模式，将基础设施与城市管理、个人生活与城市管理密集结合；运用先进的技术手段来感知、监测、分析、整合城市资源，运用新一代信息技术，逐步

① 《江苏省加快建设循环经济公共服务平台》，中国发展和改革委员会网站（2015－10－23），http：//www. sdpc. gov. cn/fzgggz/hjbh/hjzhdt/201510/t20151023_ 755663. html。

实现人与人、人与物、物与物三者之间的互通有无，最终实现可以迅速、灵活、准确地反馈人类需求，不断创新城市的管理模式。从社会管理方面来说，“智慧城市”是以公共服务为理念，用智能化技术和全方位服务，为公众参与城市管理和公共决策提供一种快捷手段。智慧城市作用将体现在城市经济发展和城市管理等多个方面，其目的是实现城市的可持续发展、城市居民生活更幸福；也必将改变居民的生产和生活方式，极大支持中国生态城镇化的发展。所以首先要加强信息基础设施建设，做到宽带网络全面覆盖城乡，光纤到户覆盖城镇所有家庭；并且要深化城镇智慧化服务集成应用，开展新型智慧城镇试点示范，建设智慧城镇。

无锡市与腾讯公司签署了《互联网+战略合作协议》，于2015年6月，正式启动“互联网+城市服务”，为650万市民提供快捷、方便的信息生活，成为江苏省第一个微信、腾讯新闻客户端、手机QQ三大“城市服务”同时上线的智慧城市。

第四节　优化空间格局

城镇化载体主要是空间结构的变化，生态城镇化的外部表现在于空间格局的优化。优化空间格局即是以科学合理、融合统一、先行的空间规划为指导，高效利用土地资源，不断优化城镇的空间布局。所以优化空间格局应该站在计划安排的角度，考虑有限的土地资源，从宏观、中观和微观这3个层次尽量减少或避免空间布局不合理现象的发生，吸引更多的人口就近聚集，加快城镇化发展。

一　宏观——优化城镇空间布局

基于中国国情，应该从宏观层面，进一步加强顶层设计，形成“扁平化”的城镇结构体系。由于中国人口众多，地域广袤，若只是依靠大城市来集聚人口，这样容易造成城镇化发展状态失衡化，并且不利于城镇化的可持续发展，所以，有必要基于“小城镇和大中小城市协调发展”战略，从宏观顶层加以设计，充分突出大城市的核心辐射作用，以中小城市为支柱，以小城镇为地基，引导产业活动和人口分梯度、分等级、有序地良性集中，加快形成协调发展的“扁平化”城镇体系结构，充分优化宏观层面的空间布局。2015 年被国家批复的《江苏省城镇体系规划（2015—2030 年）》科学调整了江苏省城镇发展格局，强调大力发展“南京都市圈[①]、徐州都市圈、苏锡常都市圈”和“淮安增长极”，目的是将南京都市圈建设成为全国主要的科技创新基地；将徐州都市圈建设成为陇海兰新经济带的重要增长极；将苏锡常都市圈建设成为更高层次上参与国际分工的先导区、培育淮安为特色增长极，为全省城市化和经济发展方式转型的创新区，详见图 13－2。

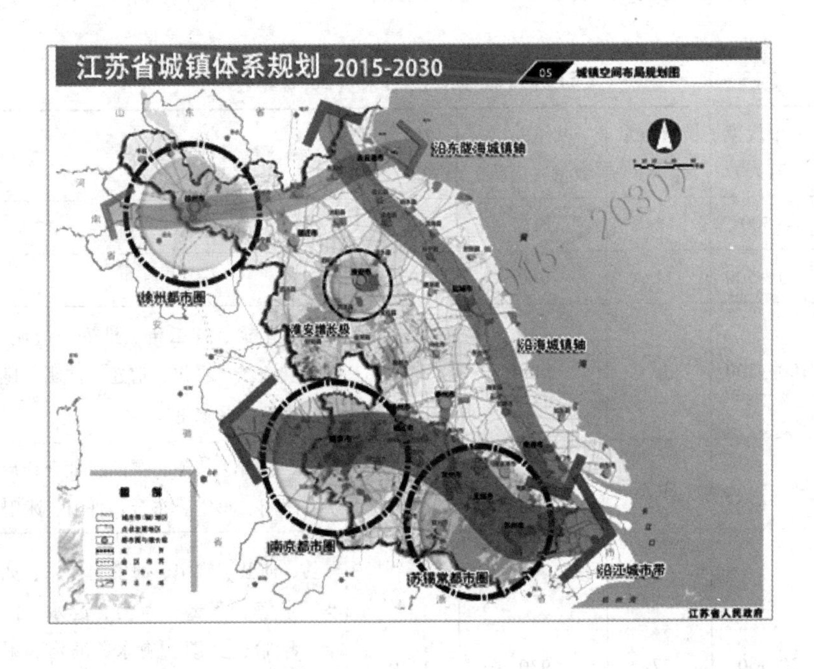

图 13－2　《江苏省城镇体系规划（2015—2030 年）》空间结构规划

① 都市圈又称城市带、城市圈，指在城市群中出现的以大城市为核心，周边城市共同参与分工、合作、一体化的圈域经济现象。

二 中观——形成城镇化体系规模等级

由于中国地域广阔，资源分布差异较大，所以区域经济和社会发展也呈现出千差万别。城镇化发展是一个长期的自然历史发展进程，所以要结合自身区域状况、资源及经济社会发展情况，因地制宜推进生态化城镇化建设。生态城镇化发展，要保证城镇的历史传承，发挥自身的文化特色，不能形成“百城一貌，千镇一面”的局面。

在《江苏省城镇体系规划（2015—2030年）》中，为了有利于省内大、中、小城市协调发展，对城镇等级规模展开重组，对2012年规划进行了调整，将到2030年形成11个人口超百万的特大城市、8个大城市，重新规划为2个特大城市和15个大城市，见表13－1。

表13－1 **江苏省城镇规模结果（2030年）**

城市规模（万人）	城市数量（个）	城镇人口数量（万人）	城镇人口占比（%）	城市名称
≥500	2	1430	19.86	南京、苏州
300—500	2	760	10.56	无锡、常州
100—300	13	2490	34.58	徐州、南通、连云港、淮安、盐城、扬州、镇江、泰州、宿迁、江阴、昆山、常熟、张家港
50—100	11	650	9.03	宜兴、新沂、邳州、溧阳、太仓、启东、海门、阜宁、东台、丹阳、沭阳
20—50	27	930	12.92	丰县、沛县、睢宁、海安、如东、如皋、东海、灌云、灌南、涟水、洪泽、盱眙、金湖、响水、滨海、射阳、建湖、宝应、仪征、高邮、扬中、句容、兴化、靖江、泰兴、泗阳、泗洪
镇	540	940	13.05	（略）

（一）着力推动大中城市建设

生态城镇化要坚持实施中心城市带动战略，致力于优势资源的整合，通过依托各级中心城市形成增长极，拓展区域影响力及区域带动能力，并依据中心城市组织设计区域城镇的空间布局。中国对城镇目前发展现状及交通区位优势进行分析的基础上，提出把北京、上海、广州打造并发展为世界性的国际大都市，通过区域整合把南京、天津、重庆、郑州、沈阳、武汉发展为区域性中心城市，并建设一批大城市带动区域经济结构优化升级，增强区域乃至国家竞争力。到2030年，江苏省将南京、苏州作为特大城市发展，分别作为“南京都市圈”“苏锡常都市圈”中心城市，淮安作为区域经济增长极。

（二）积极发展有特色小城镇

在中国生态城镇化进程中，特色城镇是其必然发展趋势。但中国目前城镇建设陷入了“大城小城一个样，南方北方一个样”，忽略了城镇本身的特色。城镇化发展必须考虑到不同时代背景、现实条件、地理特点等因素，制定出适合各地区的城镇化发展模式。

1. 注重吸收及发扬传统文化

首先要注重城镇发展的历史文化，大力保护城镇自然遗产与历史文化遗产，特别要大力开发城镇的历史古迹、文化传统和民族宗教等资源。城镇的优秀传统文化与现代文明之间的相互碰撞，将会为城镇快速发展增加新的亮点。比如江苏省宿迁市沭阳县以“一镇一特色、一镇一风格”的工作思路，优先发展区位较好、资源丰富的小城镇，形成特色各具的风貌。比如马厂镇以“马厂造”为主，加强古港河滨水生活岸线的功能，以民国和现代建筑风格为主，彰显“红色”旅游文化，打造历史人文旅游品牌，快速实现就地城镇化。

2. 注重结合现实自然地理状况

一个地区经济的发展与当地自然地理条件具有强相关性。对于具备良好自然观光条件的地区，可以通过采取开发式、非迁移型的城镇化模式，不断发掘有历史内涵或风景优美自然景观的价值，以旅游业为主大力发展第三产业，以经济增长推动城镇化的发展。比如，江南水乡古镇是以江苏省苏州市周庄为代表，是中国地域文化中极具完整性、区域性、多样性的典型传统城镇类型。在苏南还有同里、角直、木渎、锦溪也是江南水乡古镇的形象，推向旅游市场，以“小桥流水、粉墙黛瓦、渔歌唱晚”的规划格局和建筑艺术，加上悠久的文化底蕴和古朴的民俗风情，形成了人与自然和谐共生的居住环境，在世界上独树一帜，驰名中外。但是，对于缺乏地理优势的贫困边远地区，可采取投入式非迁移式或自发迁移式的城镇化模式，加大投入，加强城镇建筑质量和风格统一性，形成新的城镇风格，吸引更多的人口迁入。

三　微观——地域差异性发展

（一）设定城市增长边界

精明增长理论源于对美国城市化高速发展导致的社会、经济、环境成本增长过快问题研究。精明增长的管理手段之一是设定城市增长边界（Urban Growth Boundary，UGB）。虽然国内外众多学者对增长边界划定方式的初衷是相同的，但是其理解是不同的。增长边界就是在中心城区外部规划一条边界，边界外的开放空间由农田、草地、森林等绿地系统所构成，边界内的土地可作为城市用地。实际上，城市空间增长边界就是城市发展在土地空间上的一种极限表现，防止城市无限制蔓延和土地利用不节约带来的社会、生态成本的剧增。

生态城镇化重要含义是城镇人口规模与空间扩展的相互协调。2006 年 4 月 1 日中国实施的《城市规划编制办法》明确说明：“在开展城市总体规划时，要研究中心城区的空间增长边界”。国内很多城市将规划区范围实施了四区（禁建区、适建区、限建区、已建区）空间管制，清楚地说明了不同分区的建设强度，十分接近 UGB 的含义。但除了建设用地外，规划区范围通常还包括城市外围绿地。所以 UGB 的划定在一定程度上保护了城区周边的生态环境，同时也是“三规合一”的重要内容之一[①]。江苏南京是全国划定城市增长边界的23座试点城市之一，在2015年，南京市规划、国土部门经过多次研究，确定严格依据土地利用总体规划控制的建设用地规模，基于未来资源环境承载力，并结合城市布局结构、轴线、组团及生态要求，合理确定城市开发边界的形态、表达方式及后续管理规范[②]。

（二）加强基础设施建设

以“满足需求，适度超前、支撑发展”为要求，贯彻落实《国务院关于进一步做好城镇棚户区和城乡危房改造及配套基础设施建设有关工作的意见》（国发〔2015〕37号），继续推进城镇基础设施提质增效工程，致力于完善薄弱环节，如城市道路、供排水等基础设施建设的加强，不断进行老旧城区的改造提升，逐渐完善城市功能，加强城镇综合承载能力，优化人居环境，提高对人口、产业转移和聚集的吸引力，大力推动生态城镇化的发展。2014年6月，江苏省出台了《关于加强城市基础设施建设的实施意见》，要求重点推进基础设施建设，完善城市基础设施建设相关政策措施，加强对城市基础设施建设的统筹协调[③]。

1. *加快推进城镇棚户区、危房及城中村改造*

加强保障性住房建设，加快推进城镇棚户区和城中村改造。建立行政审批快速通道，简化程序，提高效率，对符合相关规定的项目，限期完成审批手续；把城市危房改造纳入棚改政策范围，加强工程质量安全监管，确保改造后的住房符合建设及安全标准；努力

---

① “三规合一”并非指只有一个规划，而是指只有一个城市空间，在规划安排上互相统一，同时加强规划编制体系、规划标准体系、规划协调机制等方面的制度建设，强化规划的实施和管理，使规划真正成为建设和管理的依据和龙头。

② 赵丹丹、马乐乐：《南京等14城市年内划定开发边界，限盲目扩张》，凤凰网（2015－06－05），http://js.ifeng.com/news/province/detail_2015_06/05/3976478_0.shtml。

③ 《江苏省人民政府办公厅关于加强城市基础设施建设的实施意见》，江苏省人民政府网（2014－06－13），http://www.jiangsu.gov.cn/jsgov/tj/bgt/201406/t20140630_439388.html。

做到配套设施与棚户区改造安置住房同步建设；缩短安置周期，让群众尽快住上新房，享有更好的居住环境和物业服务，满足群众多样化居住需求。

2. 加大改造城镇供水、供热、燃气和排水防涝设施

适应城市新区、县城新城区和产业集聚区发展，配套建设相应的城镇供水管网，加大老城区供水管网升级改造的力度，不断推进严重缺水县及重点镇供水设施建设。提倡有条件的城市新区和产业集聚区发展热电联产集中供热，有利于实现降本降耗，节能减排。积极建设城镇的燃气配套设施，利用多种气源，不断优化城镇燃气用气结构。重点治理城镇内涝，加大排水沟渠、地下管网、排水管网雨污分流改造等设施建设的力度，改善城镇排涝、排水体系，形成水系利用和排污相互协调的雨水收集、调蓄、入渗、河湖联调系统，有序推进海绵城镇建设。

3. 不断扩容城镇污水垃圾处理设施

以推进中心城市、县城的污水垃圾处理设施扩容及提升改造为重点，加快省辖市污水处理及污泥无害化处置工程的建设和完善，推进重点人口大镇污水处理设施建设；以“减量化、资源化、无害化”为原则，加大垃圾无害化处理设施建设的力度，改善“村（组）收集、乡（镇）运输、县（市、区）处理”垃圾收集收运体系，进一步推进垃圾分类处理，改进垃圾收运和分类处理体系。

4. 加强建设城镇道路设施

实施道路交通畅通工程，优化街区路网结构，以打通断头路为重点，打通丁字路和封闭街区，加快建设快速路，不断发展支路路网，增强背街小巷的通行能力，大力推行“畅通工程”；优化城镇道路网结构，加快立交桥、城市道路、地下通道等主次干道城镇交通设施建设，提高城镇道路网络连通性和可达性；畅通城镇进出通道，加强综合交通枢纽建设，鼓励依托高铁站、城际站、机场及公路运输场站，加快完善换乘枢纽、停车场等集疏运体系，促进不同运输方式和城镇内外交通之间顺畅衔接，实现“零距离换乘、无缝化衔接”。积极推进充电站、充电桩等新能源汽车充电设施建设，

进一步加大城镇交通设施建设力度。

5. 加强建设新农村

坚持因地制宜、分类指导、分批推进，对产业有基础、发展有条件、空间布局合理的村镇，建设新农村规划引导点。

加强农村基础设施和公共服务设施配套，全面改善农村生产生活条件，逐步实现基本公共服务均等化。加强农村人居环境综合整治，开展美丽乡村示范创建。加强历史文化传统村落保护，保持乡村风貌、民族文化和地域文化特色。

第五节　高效利用资源

生态城镇是一个开放的系统，城镇发展要依靠地区内外的资源，包括自然和非自然资源，所以，资源是城镇化建设、经济发展和社会进步的关键要素。中国拥有较为丰富的资源储量，但人均资源存量比较低，虽然支撑了过去多年粗放式的城镇化发展，但如今水、土地、能源等资源约束的作用越来越明显，资源要素对城镇化的支撑能力也正在渐渐下降，这就对中国城镇化进程中粗放式资源利用方式提出了“高效利用”的要求。高效利用资源即是要集约开发自然资源，高效利用非自然资源，逐渐弱化资源的约束。

一　坚守水资源和可耕土地的红线

（一）继续坚守耕地红线

耕地是中国最为宝贵的资源，绝不能有闪失。要求各级政府严格执行耕地红线任务，将保护耕地作为政府人员的重要业绩考核指标；要集约土地开发，提高土地利用率；要有效控制农村住宅无序扩张，整合乡镇企业用地，加大土地供给量。2014 年 7 月，江苏省政府印发《关于进一步加强耕地保护的意见》，提出要有效控制耕地占用，坚持补充耕地质量，建立耕地保护补偿机制，严格执法监管；2015 年 1 月，省政府又专题研究部署高标准农田建设，要求实现高标准农田建设数字化管理；改变以增量用地方式，盘活存量用地，有效利用闲置用地，提高土地的集约利用水平[①]。

（二）继续坚守水资源红线

当前，存在着水资源使用过度、利用粗放和污染严重等问题，在《国务院关于实行最严格水资源管理制度的意见》提出了水资源管理“三条红线”同年，江苏省也划定三道红线。第一条红线是水资源开发利用控制红线，要求到2030年，控制全省用水总量小于600亿立方米，第二条红线是用水效率控制红线，要求达到世界先进水平，第三条红线是水功能区限制纳污红线，要求水质达标率提高到98%以上[②]。

生态城镇化要严格遵守水资源管理“五个坚持”：第一是坚持以人为本，努力解决人们最现实、最关心的水资源问题。第二是坚持人水和谐，协调好保护治理与开发利用水资源的关系，力争因水制宜、以水定需及量水而行。第三是坚持统筹兼顾，协调好生产、生活和生态用水关系。第四是坚持改革创新，建立健全水资源管理机制和体制，逐步完善水资源管理方式。第五是坚持因地制宜，保证用水制度实施的可行性和有效性。

二　集约利用资源

资源约束促进生态城镇化发展模式从高碳转向低碳。低碳发展就是在城镇化过程中大力发展循环经济，依据减量化、再利用原则，在资源开采、废物产生、生产利用、产品储藏和运输等环节，建立城镇的资源循环再生利用体系，最大限度地节约能源，减少污水、废弃物的排放，尤其要重视对落后产能的淘汰，从企业的各个层面来推进低碳发展模式的实现，提高资源的集约高效使用，促进

---

① 朱新法：《江苏人均耕地仅0.86亩，严守“红线”不能有闪失》，江苏新闻网（2015－05－28），http：//www.chinaenvironment.com/view/ViewNews.aspx？k＝20120723114551500。

② 《江苏划定三道红线，实行最严格水资源管理》，中国环保网（2012－7－23），http：//www.chinaenvironment.com。

城镇生态式发展。在《江苏省城镇化规划（2015—2030年）》中明确提出，要大力发展低碳能源和推进建筑节能，引导能源结构优化。

三　充分利用非自然资源

中国人口众多，自然资源较为匮乏，社会发展需求与自然资源供给之间存在着难以调和的矛盾，并且近年来粗放式城镇化发展，激化了这种矛盾。充分利用自然资源、提高非自然资源对自然资源的替代作用，可以降低自然资源瓶颈的约束力度。所以，生态城镇化发展，首先要通过劳动力和智力要素、技术要素的结合，更多地利用人力资本要素进行生产，大力发展多用劳动力、不用或尽量少用自然资源的产业，例如科技、金融、教育、信息等现代服务业；高新技术产业和战略性新兴产业等现代工业。其次要推动产业转型升级，实现新产业、新增长点及新就业机会的“开拓性创新”，如医疗保健领域及文化产品领域、环境保护领域、家庭及个性化服务业领域等；最后要促进运用劳动力资源替代自然资源的生产方式、技术的开发和运用，使自然资源的使用规模下降。

四　合理确定人口规模

随着城市人口不断增多，加大对资源利用和掠夺，同时对区域生态环境产生更多的压力，因此生态城镇化发展需要根据城市的资源环境承载力，制定不同的人口规模。众所周知，经济学中，人作为理性行为人，主要以效益最大化为决策依据。根据经济学原理，当边际效益等于边际成本时，效益才达到最大化。这个原理可以应用到生态城镇化建设中。

城镇化对生态环境既有积极作用，也有不利影响。首先，城镇化能够加快人口向城镇聚集，从而减小主要河流和山地等生态敏感区的人口承载压力，可作为城镇化的生态收益；其次，城镇人口数量的增长，将改变城镇的消费结构和数量，增多能源消耗和废弃物的排放，增大了对生态环境的破坏，可作为生态成本。若想获得城镇化利益最大化，必须生态效益等于生态成本，等同于城镇人口规模与城镇用地相适配，避免人口过度集中超过了其生态环境实际承载力，造成对生态环境更严重的破坏。根据生态环境的承载能力，确定与其匹配的人口规模，可以逐步实现城镇化发展与生态环境之间的良性循环。江苏省在制定 2015—2030 年城镇化规划的时候，摒弃了“贪大”的理念，合理调整了各城镇的人口发展规模，减少了特大城市的数量。

五　发挥市场机制

在市场经济体制的要素市场中，可以反映出资源稀缺性、有限性，并实现资源的有效配置、合理流动、高效实用。生态城镇化就是要优化配置、高效利用资源，要建立不可再生资源市场和人才、信息、资本、技术等有形或无形要素市场，凭借价格与供求机制，以资源使用最大化为原则，将资源配置到最合适的地方；同时政府需通过一定的机制或政策对其进行监管，征收相应的资源使用税费，以此避免资源的过度开发和利用，最终在市场与政府双重作用下促进资源的优化配置。

第六节　“预防性”环境治理

生态城镇是人、经济、社会与自然环境相互协调所组成的一个整体。在传统模式下，生态文明通常被城镇化发展所忽视，人类为了自身更好地生存和发展，不断追求物质生活条件的改善，扩大生存空间和增大能源消耗，这样会同步改善生态环境系统物质循环和能量转化的功能，造成了更严重的环境污染，增大了生态环境压力。因此，“预防性”环境治理即是要不断强化人们保护生态环境的意识，倡导发展循环经济，提倡绿色消费和绿色生活，从根本上预防污染发生。

2013 年 6 月，江苏省在全国首划生态红线，将 24% 土地列为生态保护区。全省将划分两级 15 类共 748 块生态红线区，总面积达24000平方千米，占江苏省国土面积的24%左右，全省大部分有价值的生态环境系统和自然资源基本进入计划，并针对不同类型的生态红线区域，分级分类制定管控措施，比如一类红线区域，一律不得有任何的开发建设活动，其余区域可有限制适度地进行对环境无影响的开发活动[①]。在《江苏省城镇化规划（2015—2030年）》中明确提出：全省要规划形成“两片、两带、四廊、多核网状”的生态保育空间结构；加强水污染防治，保护重点河湖水环境；综合控制大气污染；加强土壤污染控制；加强置换功能的工业、仓储用地土壤污染治理；推进城乡环境保护基本公共服务均等化等。

一　强化人们的生态环境保护理念

人是城镇化建设最重要的主体，是产品生产和消费主体，同时不断产生大量生活性和生产性的垃圾，所以人应该成为生态环境防护与治理的主体。因此，各有关部门不仅要加强环境治理与保护，还应加大生态文明和环境保护的教育与宣传力度，广泛开展绿色出行、绿色生产、绿色小区、绿色家庭、绿色消费等活动，引导人们转变粗放的生产生活观念，让低碳生活、绿色生活、循环经济的意识深入人心，促进人与自然、经济与自然、社会与自然和谐发展的理念广泛传播，积极推进生态型城镇化的建设进程。

二　积极倡导循环经济发展模式

中国城镇化在过去的发展是粗放的，资源利用效率低下，因而产生大量“三废”物质导致了环境严重的污染，再加上生态环境本身有限的自我修复能力，使生态环境日益变得脆弱，高速的粗放型城镇化发展难以继续。因此，中国生态城镇化发展应坚持“环境友好型与资源节约型”共举的绿色生态的城镇化发展战略，将生态文明理念用于城镇化建设之中，建设生态文明型城镇。要改变过去单

---

① 《江苏在全国首划生态红线，24%土地列为保护区》，人民网（2013－06－04），http：//js. people. com. cn/html/2013/06/03/232294. html。

一的 GDP 考核方式，在绩效考核中必须增加生态环境要素，绩效考核要以绿色 GDP 为参考标；要大力积极发展绿色循环经济，改变城镇化系统内部物质能量流动的单向性，建立生态城镇内物质能量流动的循环系统，提高资源利用效率，尽最大努力减少污染物的产生，减少污染物的排放，增加生态城镇化发展的可持续性。

三 加大“先预防”环境治理力度

环境污染可以说是随处可见，但中国“环境污染红线”仍然没有规定。在 2003 年 8 月 18 日，国家环保总局要求全国各地在 2004 年 1 月之前上报地表水和大气环境容量测算数据，但是到 2015 年 3 月，环保部还没有对各地完成的区域环境容量测算结果进行核定，是“因为各地工作基础和技术标准参差不齐，最终尚未形成完整的区域环境容量核定结果。”环境保护政策不仅要重于治理环境污染，更重要的是预防污染的出现，避免出现“先污染后治理”的错误①。

（一）尽快划定“环境污染红线”

环保部应该尽快启动地表水和大气环境容量测算核定工作，同时及时制订出工作计划，要求各省、自治区、直辖市及相关城市必须严格按计划完成环境容量测算工作，并且以此数据制定各地总量控制指标。环保部在完成各地区的环境容量核定工作后，应建立统一的网络数据平台，全面清晰地公开环境容量核定数据，相关污染源监测数据和地表水、大气环境质量监测数据，保障公众参与监督。

（二）坚持预防环境污染

“预防性”环境治理实质是提前预防污染的发生。实施“预防性”环境治理，预防污染的发生，政府要根据区域范围不同，制定与之匹配的严格排污标准；政府和企业要通过不同方式时时监控污

① 2015 年全国“两会”：《环境容量数据测算 10 年无进展，委员建议尽快核定公开》，腾讯新闻（2015 - 03 - 09），http：//news. qq. com/a/20150309/038290. htm。

染的动态，有效控制污染产生及扩散；政府要对合法举报行为给予精神及物质奖励，增强居民保护环境的意识；积极鼓励非官方组织参与预防环境污染；加强制度创新，大力推广节能减排和绿色生产技术；要通过网站或其他方式，及时向社会公开有关污染的信息，保证公民信息知晓权。2015 年 3 月 1 日，江苏省正式实施《大气污染防治条例》，被称为“史上最严”预防污染的制度，明确规定了企业、政府等相关部门的职责和信息公开等严格程序，并且制定了严格的监管手段和严厉的处罚措施。比如排污单位应监测大气污染物排放情况，记录和保存数据（不得低于三年），并通过网站或其他方式向社会公开。

（三）坚持有效治理污染

“预防性”环境治理关键在于坚持环境污染的有效治理。坚持环境污染的治理关键在于加快城镇环境基础设施的建设，尤其是污水净化厂和处理厂；加强处理工业“三废”；有效治理空气污染；最主要的依照“谁污染，谁治理，谁付费”原则，综合利用政治、法律和经济等多种手段调动全体社会成员，共同参与生态环境的治理。

2014 年 11 月，江苏省徐州市率先试行“环境污染强制责任保险”，政府为了鼓励高风险企业投保，安排各级和各类污染防治资金及环保引导资金时，对投保企业予以倾斜。截至 2015 年 2 月，首批参险试行 108 家企业中，已有 80% 与保险公司签订合同。“环境污染强制责任保险”即是“绿色保险”，指企业缴纳一定数额的保费，由保险公司承担环境污染事故赔偿责任的保险[①]。

① 《徐州在江苏率先试点“环境污染强制责任险”》，中国环保新闻网（2015－02－06），http：//jiangsu. cepnews. com. cn/news_ 411544. html。

第十四章　结论与展望

根据中国城镇化过程出现的最主要矛盾，即城镇化发展规模和资源环境承载力之间的矛盾，以江苏省和河南省为例，从时间序列和空间格局两个视角，共同分析生态城镇化的运行机理；然后以江苏省为例，提出生态城镇化的发展路径。

第一节　主要结论

一　生态城镇化内涵辨析

本书认为生态城镇是基于生态学理论建立的自然和谐、经济高效和社会公平的复合系统。生态城镇化是城市社会—经济—自然复合生态系统整体协调，从而实现一种稳定有序状态的演进过程，即城镇化与生态环境系统交互耦合、协同发展的过程。生态城镇化是发展的过程，而生态城镇是发展的目的。

生态城镇化摒弃了传统城镇发展的认识和做法，把生态化内涵融入城镇化的全过程，即传统城镇化的转型升级。传统城镇化与生态城镇化有五点不同：工业文明价值观和生态文明价值观的不同、追求个人利益和追求区域整体利益的不同、“补救性”措施和“预防性”措施的不同、只追求经济利益和追求经济利益与生态利益共赢的不同、环境存在危机和人与自然和谐共生的不同。

二　生态城镇化运行机理

本书以环境经济学理论为指导，提出城镇化发展对一个地区生态环境起到“优化”或“胁迫”作用。同理，一个地区生态环境会对城镇化发展具有“促进”或“约束”效能。生态城镇化过程中城镇化和生态环境系统就像两个运作的齿轮，要相互协调、循环运行，整个社会才会正常运转和发展。

城镇化发展和生态环境系统的关系将呈现出规律性变化，可分为五个阶段。第一是环境压力初现阶段，工业发展处于前期，城镇化发展缓慢，进入初期，资源短缺和环境污染开始出现，资源环境压力逐步增加；第二是环境压力加速阶段，工业化发展进入中期，城镇化发展也进入中期，但发展速度开始加快，资源及环境问题逐渐突出，压力持续增大；第三是环境压力极大阶段，工业化发展处于后期的前半段，城镇化发展速度加快，仍然处于中期，环境污染治理逐步开展，资源环境压力趋向于最大化；第四是环境压力减弱阶段，工业化发展处于后期的后半段，城镇化发展逐渐减缓，但仍处于中期，环境污染得到控制，资源环境压力逐步减小；第五是环境压力极小阶段。工业发展处于后工业化时期，城镇化发展进入后期，环境污染逐步减小，资源环境压力趋势于极小值。生态城镇化将五个阶段分为生态整治、生态整合、生态文明三个阶段。在生态城镇化发展的不同阶段，城镇生态化发展方式皆不相同。

三　苏豫两省城镇化演化过程及空间格局

（一）江苏省城镇化发展状况

江苏省1996—2015年城镇化发展水平表现出显著的上升趋势，分为1996—2001年、2002—2008年、2009—2015年三个阶段，1996—2001年发展较为缓慢，就年均增速来言，经济城镇化＞空间城镇化＞综合城镇化＞人口城镇化，属于空间—经济导向型城镇化；2002—2008年发展继续加速，空间城镇化＞综合城镇化＞经济城镇化＞人口城镇化，属于空间导向型城镇化；2009—2015年发展继续加速，经济城镇化＞综合城镇化＞人口城镇化＞空间城镇化，属于经济导向型城镇化。整体来看，城镇化是以经济城镇化为主导的，相对忽视了“人”的城镇化，同时结合指标权重，可以说明江苏省经济城镇化具有典型的低效投入推进特征，表示江苏省粗放式经济增长方式和公共服务非均等化情况还存在；同时人口、空间、经济城镇化耦合协同性在不断完善，从高度耦合向极度耦合阶段发展。

人口城镇化、空间城镇化、经济城镇化、综合城镇化在2015年比2003年都有了明显的发展。空间城镇化、经济城镇化与综合城镇化各城市排名顺序变化较大，人口城镇化排名顺序变化不大。可以看出，2003年人口、空间、经济、综合城镇化程度都是从苏南、苏中到苏北，由南向北逐步减小，空间差异逐步加大，城镇化建设的“苏南模式”成了代表性的发展模式。相对2003年而言，2015年城镇化的南北差异呈现出逐步减小的趋势。

（二）河南省城镇化发展状况

河南省人口、经济、空间、综合城镇化水平，均表现出显著的上升趋势，可分为1996—2003年、2004—2009年、2010—2015年三个阶段，1996—2003年发展较为缓慢，就年均增速来言，空间城镇化 > 综合城镇化 > 人口城镇化 > 经济城镇化，属于弱空间导向型城镇化发展方式；2004—2009年发展逐步加速，空间城镇化 > 综合城镇化 > 人口城镇化 > 经济城镇化，属于强空间导向型城镇化发展方式；2010—2015年发展继续加速，经济城镇化 > 综合城镇化 > 人口城镇化 > 空间城镇化，属于经济导向型城镇化发展方式。同时结合指标权重，城镇化是以空间城镇化为主导的，具有典型的低效投入推进特征，资源消耗明显增加；全省对于人口城镇化的配套措施建设较为缓慢，相对忽视了“人”城镇化。人口、空间、经济城镇化耦合协同性也在不断完善，从高度耦合向极度耦合阶段发展。

对比2003年，2015年河南省18个地市城镇化都有了明显的发展，仍然呈现出较大差异的空间格局。人口、综合城镇化各城市排名顺序变化较小，空间、经济城镇化变化较大。其中，郑州市人口、空间、经济、综合城镇化在18个城市中排名第一。从整体水平来说，河南省呈现出以郑州市为核心，速度向四面逐步减弱的过程，而且豫北比豫南发展较快，豫西比豫东发展较快。

四　苏豫两省生态城镇化演化过程及空间格局

（一）江苏省生态城镇化发展状况

江苏省1996—2015年生态城镇化发展过程，城镇化与生态环境耦合协同发展是一个非平稳的波浪形上升过程，表明二者交互耦合状态基本上在一定范围内上下波动，但逐步趋于稳定协调。表示城镇化与生态环境耦合关系在不断改善。两者耦合关系的变化表明江苏城镇化是以牺牲生态环境为前提，随着城镇化的推进，生态环境压力在略微增大，但生态环境恶化加剧的幅度却在逐步缩小。对比2003年，2015年江苏省13个地市城镇化保持了快速发展，城镇化与生态环境发展协同关系趋于协调发展。江苏省生态城镇化发展呈现出南、北、中区域发展特征差异显著。在同等资源环境承载力的基础上，南部地区生态城镇化进程明显快于中部和北部地区，中部地区高于北部地区，呈现典型的梯度发展效应。

（二）河南省生态城镇化发展状况

1996—2015年城镇化与生态环境耦合发展水平是一条上下波动较大的上升曲线，表示两者耦合关系在较大幅度地上下波动，表明河南城镇化是以牺牲生态环境为前提的，并且随着城镇化的推进，生态环境还在不断续恶化。表征河南省生态城镇化处于环境库兹涅茨曲线在初期阶段，在“拐点”之前。对比2003年，2015年河南省城镇化与生态环境发展趋于协同，北部城镇化发展速度放缓，西部城镇化发展仍然较快；总体来看，仍然是西北部城镇化发展超过生态环境承载力，东南部城镇化发展仍滞后于生态环境承载力，呈现出郑州市为核心城市，向四周城市不同扩散的梯度发展效应，西北部城镇化与生态环境协同度高于东南部地区。

五　苏豫两省城镇化与环境压力作用演变的对比分析

1996—2015年河南省城镇化发展与生态环境压力耦合演变趋势，大体呈现出一条快速增长的抛物曲线，说明河南省城镇化发展是以生态资源消耗为主，生态环境压力逐步攀升，系统整体在逐步退化，生态环境保护政策作用并不明显，但未威胁到生态环境系统的自我调节能力。1996—2015 年江苏省城镇化发展与生态环境压力，表现为时升时降的波动曲线，整体显示出上涨趋势，说明江苏省城镇化发展过程中，保护和治理生态环境的作用逐渐增强，生态环境压力虽仍在上涨，但上涨幅度较小。对比发现，江苏省保护治理生态环境力度不断加大，环境污染加剧程度逐步减小，使得环境库兹涅茨曲线弧度变缓，表明在相同的经济发展与城镇化水平下，资源和环境状态较好，“拐点”下降。

六　生态城镇化发展的有序度分析

由江苏省城镇生态发展的有序度分析可知，江苏省政府增加了教育方面财政支出比例，提高了居民基本的卫生医疗水平，必将从根本上提高城镇居民的生活质量。但是城乡居民的生活水平差距仍呈现扩大趋势，第三产业从业人数比重小于且增幅小于以工业为主的第二产业，制约了人口城镇化的发展。江苏省空间城镇化以固定资产投入为主，有资源粗放低效利用的可能，而且基础设施建设仍需要进一步加强；已开始注重绿色建筑和保护环境，加大公共绿地建设，减少城镇化对生态环境的破坏。江苏省经济城镇化是以工业为主的产业结构模式，显示出较为强劲的经济增长。但工业带动经济发展的重要作用逐渐减弱，拉动城镇居民就业能力也开始减小；第三产业正逐渐成为拉动经济发展和提供城市就业岗位的主要领域，但目前所占比重仍然偏低，这表明江苏省产业结构不甚合理，有待进一步提升。

根据结构方程模型路径和有序度分析，可以推导出影响生态城镇化发展的六个因素，分别是相关制度演变、产业转型升级、绿色技术进步、基础设施建设、资源禀赋影响、环境保护作用，从而可以推断出生态城镇化发展的四个主动力和两个约束力，即制度创新推动力、产业发展驱动力、技术进步拉动力、基础设施保障力、资源效能支撑力、环境效应约束力。

七　生态城镇化发展的路径选择

根据城镇化与生态环境协同发展的分析，结合江苏省多年城镇化的实践经验，提出了生态城镇化的六条发展路径。第一是创新制度安排，包括户籍制度、社会保障制度、土地制度、融资机制、城镇管理体制的创新。第二是生态发展产业，包括农业生态化发展和非农产业转型升级。第三是创造绿色技术，包括发挥绿色技术的企业主体作用、构建绿色技术的协作创新模式、打造绿色技术共生的信息平台、建设智慧城镇。第四是优化空间格局，包括从宏观上优化城镇空间布局、从中观上形成城镇化体系规模等级、从微观上地域差异性发展。第五是高效利用资源，包括坚守水资源和可耕土地的红线、集约利用资源、充分利用非自然资源、合理确定人口规模、发挥市场机制促进资源优化配置。第六是“预防性”环境治理，包括强化人们生态环境保护理念、积极倡导循环经济发展模式、加大“先预防”环境治理力度。

第二节　研究展望

一　县域层面深入分析

在继续深入研究中，要有侧重地选取有代表性的地区，深入县域层面对生态城镇化发展水平进行综合评价，通过不同个体的具体对比分析，进一步辨识生态城镇化的内在原理和运行机理，为地区生态城镇化发展提供操作性强的理论。

二　实地调查典型地域

在数据分析的基础上，可选择有典型代表性的地级市或县域进行实地调查，比如可以选择各地环境保护局、住房和城乡建设委员会等相关部门进行访谈法或者问卷调查，利用实地调查的质性分析结论，进一步深入剖析数据变化的规律性，探寻导致数据变化的内在原理和机理，提出更为科学的结论。

附录一

表 1　2003 年江苏省各地市城镇化和生态环境发展水平数值

城市	城镇化				生态环境			
	人口	空间	经济	综合	状态	压力	响应	综合
南京市	0. 0934	0. 1006	0. 0920	0. 2860	0. 0777	0. 0531	0. 0871	0. 2180
无锡市	0. 0999	0. 0955	0. 0992	0. 2945	0. 0680	0. 0666	0. 0839	0. 2185
徐州市	0. 0698	0. 0714	0. 0683	0. 2095	0. 0643	0. 0848	0. 0823	0. 2314
常州市	0. 0893	0. 0835	0. 0842	0. 2570	0. 0825	0. 0651	0. 0770	0. 2246
苏州市	0. 0948	0. 0896	0. 1104	0. 2949	0. 0830	0. 0660	0. 0871	0. 2361
南通市	0. 0739	0. 0719	0. 0726	0. 2184	0. 0725	0. 0827	0. 0706	0. 2258
连云港市	0. 0646	0. 0643	0. 0644	0. 1933	0. 0726	0. 0843	0. 0599	0. 2168
淮安市	0. 0613	0. 0669	0. 0633	0. 1916	0. 0828	0. 0835	0. 0658	0. 2321
盐城市	0. 0701	0. 0651	0. 0654	0. 2007	0. 0808	0. 0899	0. 0705	0. 2412
扬州市	0. 0744	0. 0771	0. 0723	0. 2238	0. 0790	0. 0822	0. 0678	0. 2290
镇江市	0. 0769	0. 0704	0. 0792	0. 2266	0. 0856	0. 0607	0. 0800	0. 2263
泰州市	0. 0694	0. 0727	0. 0691	0. 2112	0. 0694	0. 0894	0. 0929	0. 2516
宿迁市	0. 0621	0. 0710	0. 0595	0. 1927	0. 0818	0. 0917	0. 0753	0. 2488

表2　　2015年江苏省各地市城镇化和生态环境发展水平数值

城市	城镇化				生态环境			
	人口	空间	经济	综合	状态	压力	响应	综合
南京市	0.0952	0.0911	0.0925	0.2788	0.0673	0.0709	0.0629	0.2011
无锡市	0.0958	0.0798	0.0973	0.2729	0.0638	0.0655	0.0814	0.2107
徐州市	0.0707	0.0715	0.0672	0.2094	0.0757	0.0789	0.0891	0.2437
常州市	0.0841	0.0808	0.0870	0.2519	0.0695	0.0703	0.0729	0.2127
苏州市	0.0900	0.0795	0.1086	0.2781	0.0627	0.0561	0.0855	0.2043
南通市	0.0801	0.0898	0.0767	0.2467	0.0810	0.0842	0.0909	0.2561
连云港市	0.0596	0.0694	0.0599	0.1889	0.0726	0.0805	0.0700	0.2231
淮安市	0.0661	0.0644	0.0634	0.1939	0.0920	0.0859	0.0718	0.2498
盐城市	0.0779	0.0724	0.0643	0.2146	0.0988	0.0883	0.0810	0.2680
扬州市	0.0785	0.0938	0.0842	0.2564	0.0826	0.0816	0.0776	0.2418
镇江市	0.0789	0.0784	0.0826	0.2400	0.0786	0.0659	0.0721	0.2166
泰州市	0.0796	0.0893	0.0816	0.2504	0.0762	0.0804	0.0801	0.2367
宿迁市	0.0604	0.0698	0.0567	0.1869	0.0792	0.0914	0.0648	0.2354

表3　　2003年河南省各地市城镇化和生态环境发展水平数值

城市	城镇化				生态环境			
	人口	空间	经济	综合	状况	压力	响应	综合
郑州市	0.0705	0.0755	0.0786	0.2246	0.0298	0.0464	0.0576	0.1338
开封市	0.0487	0.0519	0.0502	0.1509	0.0571	0.0617	0.0605	0.1793
洛阳市	0.0644	0.0592	0.0631	0.1867	0.0529	0.0456	0.0529	0.1514
平顶山市	0.0524	0.0502	0.0550	0.1576	0.0590	0.0550	0.0547	0.1687
安阳市	0.0579	0.0541	0.0564	0.1683	0.0497	0.0491	0.0563	0.1550
鹤壁市	0.0602	0.0615	0.0547	0.1763	0.0572	0.0489	0.0501	0.1562
新乡市	0.0555	0.0554	0.0568	0.1678	0.0542	0.0522	0.0582	0.1646
焦作市	0.0621	0.0619	0.0633	0.1874	0.0571	0.0387	0.0552	0.1510
濮阳市	0.0520	0.0559	0.0511	0.1591	0.0611	0.0564	0.0525	0.1700

续表

城市	城镇化				生态环境			
	人口	空间	经济	综合	状况	压力	响应	综合
许昌市	0.0544	0.0526	0.0574	0.1643	0.0609	0.0625	0.0517	0.1751
漯河市	0.0548	0.0624	0.0523	0.1695	0.0578	0.0609	0.0631	0.1819
三门峡市	0.0576	0.0538	0.0595	0.1709	0.0703	0.0470	0.0588	0.1762
南阳市	0.0510	0.0510	0.0503	0.1524	0.0579	0.0617	0.0514	0.1711
商丘市	0.0513	0.0471	0.0464	0.1447	0.0547	0.0618	0.0457	0.1622
信阳市	0.0514	0.0458	0.0470	0.1442	0.0605	0.0647	0.0508	0.1760
周口市	0.0421	0.0471	0.0459	0.1351	0.0534	0.0659	0.0670	0.1862
驻马店市	0.0469	0.0461	0.0467	0.1398	0.0594	0.0641	0.0561	0.1796
济源市	0.0668	0.0685	0.0653	0.2005	0.0469	0.0575	0.0574	0.1618

表4　　2015年河南省各地市城镇化和生态环境发展水平数值

城市	城镇化				生态环境			
	人口	空间	经济	综合	状况	压力	响应	综合
郑州市	0.0809	0.0671	0.0811	0.2291	0.0490	0.0496	0.0557	0.1543
开封市	0.0526	0.0540	0.0523	0.1589	0.0515	0.0578	0.0566	0.1659
洛阳市	0.0633	0.0594	0.0615	0.1842	0.0561	0.0540	0.0528	0.1629
平顶山市	0.0508	0.0506	0.0539	0.1552	0.0530	0.0540	0.0559	0.1629
安阳市	0.0544	0.0515	0.0539	0.1597	0.0526	0.0547	0.0577	0.1649
鹤壁市	0.0580	0.0589	0.0538	0.1706	0.0492	0.0508	0.0577	0.1577
新乡市	0.0571	0.0529	0.0538	0.1637	0.0542	0.0555	0.0581	0.1678
焦作市	0.0581	0.0583	0.0603	0.1767	0.0503	0.0473	0.0564	0.1541
濮阳市	0.0539	0.0534	0.0531	0.1604	0.0498	0.0595	0.0569	0.1662
许昌市	0.0547	0.0597	0.0591	0.1735	0.0512	0.0589	0.0582	0.1682
漯河市	0.0516	0.0572	0.0520	0.1608	0.0483	0.0595	0.0588	0.1667

续表

城市	城镇化				生态环境			
	人口	空间	经济	综合	状况	压力	响应	综合
三门峡市	0.0625	0.0545	0.0589	0.1758	0.0608	0.0436	0.0458	0.1502
南阳市	0.0466	0.0538	0.0512	0.1515	0.0621	0.0632	0.0556	0.1809
商丘市	0.0504	0.0462	0.0483	0.1449	0.0591	0.0628	0.0541	0.1760
信阳市	0.0484	0.0542	0.0482	0.1508	0.0732	0.0644	0.0589	0.1964
周口市	0.0458	0.0503	0.0473	0.1433	0.0603	0.0642	0.0464	0.1709
驻马店市	0.0494	0.0519	0.0483	0.1496	0.0641	0.0634	0.0552	0.1827
济源市	0.0616	0.0663	0.0633	0.1912	0.0552	0.0370	0.0592	0.1513

表 5　　2002—2015 年江苏省各地市城镇化与生态环境发展水平的面板数据

年份	城市	人口城镇化	土地城镇化	经济城镇化	生态环境状态	生态环境压力	生态环境响应
2002	南京市	0.104274	0.106105	0.097136	0.077674	0.108874	0.083647
	无锡市	0.092638	0.092206	0.098591	0.066794	0.089110	0.081873
	徐州市	0.070079	0.075733	0.068474	0.065331	0.066456	0.080938
	常州市	0.091635	0.081428	0.083747	0.080596	0.092050	0.077285
	苏州市	0.089157	0.085183	0.102023	0.081200	0.090931	0.086180
	南通市	0.073092	0.071500	0.071754	0.073711	0.069247	0.073746
	连云港市	0.068379	0.068581	0.065922	0.073045	0.067839	0.061303
	淮安市	0.059065	0.067015	0.062604	0.082596	0.068041	0.069672
	盐城市	0.070658	0.069956	0.066072	0.081981	0.060636	0.072836
	扬州市	0.073043	0.072656	0.074177	0.079112	0.070477	0.071729
	镇江市	0.078250	0.071747	0.079766	0.084318	0.096566	0.077669
	泰州市	0.069987	0.070863	0.069754	0.070259	0.061164	0.087322
	宿迁市	0.059743	0.067026	0.059978	0.082519	0.058608	0.072694

续表

年份	城市	人口城镇化	土地城镇化	经济城镇化	生态环境状态	生态环境压力	生态环境响应
2003	南京市	0.103375	0.102149	0.092166	0.077544	0.102747	0.085325
	无锡市	0.097032	0.092458	0.096119	0.062119	0.095146	0.085770
	徐州市	0.070413	0.073183	0.068907	0.070475	0.068992	0.072459
	常州市	0.088967	0.081755	0.084070	0.067572	0.092698	0.082519
	苏州市	0.092736	0.087107	0.103182	0.068462	0.102073	0.082311
	南通市	0.070074	0.072506	0.072516	0.070046	0.066574	0.077444
	连云港市	0.068168	0.065500	0.067310	0.079723	0.064538	0.062144
	淮安市	0.063876	0.068429	0.063928	0.092743	0.064318	0.070513
	盐城市	0.068836	0.067056	0.066110	0.089219	0.060979	0.070470
	扬州市	0.073813	0.077678	0.074000	0.081237	0.069250	0.078953
	镇江市	0.076633	0.070587	0.079973	0.077661	0.090872	0.074422
	泰州市	0.067794	0.070041	0.070292	0.070923	0.064823	0.080980
	宿迁市	0.058284	0.071549	0.061429	0.090674	0.056989	0.074271
2004	南京市	0.106990	0.102045	0.091264	0.077612	0.091898	0.083850
	无锡市	0.092595	0.091427	0.097089	0.068632	0.105346	0.082225
	徐州市	0.069768	0.071829	0.069442	0.074785	0.067636	0.074962
	常州市	0.087580	0.080821	0.084070	0.074518	0.088136	0.081736
	苏州市	0.088273	0.089026	0.103583	0.079523	0.110595	0.082789
	南通市	0.072412	0.071723	0.072029	0.077443	0.067222	0.082119
	连云港市	0.068848	0.066392	0.067010	0.081743	0.062391	0.061644
	淮安市	0.062885	0.072673	0.064516	0.082229	0.064939	0.069972
	盐城市	0.071651	0.062396	0.066016	0.078989	0.060651	0.074501
	扬州市	0.073846	0.077379	0.073630	0.070473	0.068512	0.081891
	镇江市	0.075113	0.071997	0.079768	0.080460	0.089947	0.077502
	泰州市	0.068451	0.070996	0.070189	0.070420	0.065456	0.074984
	宿迁市	0.061588	0.071296	0.061394	0.079677	0.057271	0.069845

续表

年份	城市	人口城镇化	土地城镇化	经济城镇化	生态环境状态	生态环境压力	生态环境响应
2005	南京市	0.106480	0.101447	0.091723	0.075744	0.087726	0.084263
	无锡市	0.098206	0.092823	0.096588	0.062891	0.103571	0.080878
	徐州市	0.069316	0.066972	0.068795	0.071404	0.068225	0.081399
	常州市	0.087445	0.079731	0.083562	0.067580	0.094492	0.077150
	苏州市	0.093627	0.089543	0.104578	0.068275	0.110917	0.083369
	南通市	0.071435	0.074851	0.072147	0.071157	0.066534	0.075563
	连云港市	0.066284	0.063131	0.067673	0.084255	0.060856	0.069732
	淮安市	0.062479	0.068950	0.066053	0.090735	0.065757	0.075595
	盐城市	0.068866	0.061788	0.066428	0.095960	0.058995	0.081823
	扬州市	0.073178	0.079178	0.072513	0.079118	0.070439	0.074774
	镇江市	0.073814	0.076386	0.079096	0.071218	0.089511	0.078715
	泰州市	0.067183	0.074363	0.068797	0.072081	0.065993	0.073094
	宿迁市	0.061687	0.070836	0.062048	0.087210	0.056984	0.064025
2006	南京市	0.106215	0.099201	0.091369	0.067308	0.085957	0.085136
	无锡市	0.093733	0.087160	0.096138	0.060927	0.104370	0.081211
	徐州市	0.069588	0.069857	0.068436	0.071444	0.066032	0.084857
	常州市	0.086191	0.082183	0.084015	0.065187	0.090881	0.075135
	苏州市	0.094602	0.092377	0.104012	0.064560	0.107120	0.089310
	南通市	0.075424	0.074352	0.073066	0.072904	0.070913	0.077305
	连云港市	0.065508	0.065410	0.067561	0.094190	0.060650	0.074579
	淮安市	0.063462	0.068572	0.065836	0.096041	0.066415	0.078315
	盐城市	0.066418	0.061521	0.065467	0.097190	0.057982	0.078443
	扬州市	0.074974	0.084628	0.073219	0.079173	0.073039	0.069296
	镇江市	0.077884	0.075149	0.079338	0.070771	0.091180	0.071133
	泰州市	0.070279	0.071494	0.069890	0.075859	0.069616	0.072984
	宿迁市	0.055723	0.068096	0.061655	0.082863	0.055845	0.060692

续表

年份	城市	人口城镇化	土地城镇化	经济城镇化	生态环境状态	生态环境压力	生态环境响应
2007	南京市	0.093252	0.096703	0.092058	0.064564	0.086096	0.077992
	无锡市	0.093885	0.085004	0.097327	0.061200	0.104174	0.084308
	徐州市	0.073118	0.072810	0.068111	0.076022	0.063494	0.086453
	常州市	0.088966	0.081385	0.084313	0.064511	0.093636	0.074833
	苏州市	0.096077	0.092559	0.103807	0.063575	0.108356	0.087572
	南通市	0.083345	0.074304	0.073043	0.071649	0.072940	0.078322
	连云港市	0.062986	0.068156	0.067191	0.094738	0.059928	0.074208
	淮安市	0.063054	0.066264	0.065652	0.096440	0.066541	0.082379
	盐城市	0.064200	0.066999	0.065118	0.091879	0.058253	0.077462
	扬州市	0.077503	0.082223	0.072907	0.078167	0.073927	0.066675
	镇江市	0.077607	0.074543	0.079562	0.071826	0.086115	0.073702
	泰州市	0.071028	0.071111	0.069886	0.073929	0.069750	0.069445
	宿迁市	0.054979	0.067940	0.061026	0.088382	0.056789	0.065949
2008	南京市	0.094132	0.095644	0.092815	0.066364	0.086754	0.082893
	无锡市	0.094528	0.083289	0.097860	0.061325	0.102023	0.092472
	徐州市	0.072919	0.072667	0.068045	0.077878	0.066589	0.080651
	常州市	0.090873	0.082932	0.084877	0.067122	0.095617	0.077127
	苏州市	0.095376	0.093175	0.104464	0.064395	0.100468	0.092211
	南通市	0.084034	0.074849	0.072654	0.072882	0.073406	0.082590
	连云港市	0.063470	0.069604	0.066904	0.087872	0.059362	0.065484
	淮安市	0.063064	0.067007	0.065406	0.096538	0.068368	0.077688
	盐城市	0.060034	0.066118	0.064774	0.084985	0.057073	0.071177
	扬州市	0.077105	0.081529	0.072652	0.077492	0.074336	0.081494
	镇江市	0.075398	0.075238	0.078369	0.072648	0.084730	0.070132
	泰州市	0.070969	0.069147	0.070138	0.073407	0.075947	0.064379
	宿迁市	0.058098	0.068802	0.061043	0.093234	0.055328	0.061496

续表

年份	城市	人口城镇化	土地城镇化	经济城镇化	生态环境状态	生态环境压力	生态环境响应
2009	南京市	0.092793	0.095463	0.092184	0.072191	0.085986	0.072684
	无锡市	0.096778	0.083610	0.096990	0.068912	0.101345	0.091035
	徐州市	0.074684	0.073407	0.067474	0.071499	0.065145	0.087165
	常州市	0.090745	0.082575	0.085416	0.074921	0.097079	0.074462
	苏州市	0.102073	0.091329	0.105488	0.067553	0.099086	0.086832
	南通市	0.081181	0.074508	0.073321	0.076057	0.075640	0.086376
	连云港市	0.059975	0.069697	0.066241	0.077611	0.057536	0.066410
	淮安市	0.062259	0.066761	0.065441	0.084046	0.068756	0.072363
	盐城市	0.060399	0.063941	0.063741	0.091067	0.057756	0.069458
	扬州市	0.077004	0.083689	0.072970	0.082644	0.074428	0.076918
	镇江市	0.072727	0.077258	0.079066	0.084033	0.084135	0.075888
	泰州市	0.073381	0.068964	0.071104	0.072920	0.076027	0.062971
	宿迁市	0.056000	0.068798	0.060564	0.077154	0.057083	0.075414
2010	南京市	0.093385	0.095351	0.092062	0.073277	0.081961	0.073296
	无锡市	0.099647	0.085559	0.097376	0.065131	0.098581	0.086796
	徐州市	0.070208	0.072413	0.067534	0.074469	0.066340	0.087325
	常州市	0.090483	0.084832	0.086332	0.068018	0.092538	0.078768
	苏州市	0.092186	0.088503	0.104115	0.062732	0.106721	0.075452
	南通市	0.082977	0.073085	0.072700	0.074467	0.076447	0.087976
	连云港市	0.060030	0.070757	0.066026	0.078113	0.059846	0.068208
	淮安市	0.063597	0.067474	0.065786	0.088805	0.069087	0.079431
	盐城市	0.062446	0.063353	0.063694	0.092129	0.064256	0.063367
	扬州市	0.078905	0.083164	0.072710	0.084457	0.067702	0.078361
	镇江市	0.071535	0.076796	0.079695	0.077401	0.080207	0.078228
	泰州市	0.075329	0.071042	0.071335	0.072868	0.075871	0.065136
	宿迁市	0.059272	0.067670	0.060635	0.088167	0.060443	0.076959

续表

年份	城市	人口城镇化	土地城镇化	经济城镇化	生态环境状态	生态环境压力	生态环境响应
	南京市	0. 093279	0. 094326	0. 092601	0. 072460	0. 079198	0. 073657
	无锡市	0. 102884	0. 087813	0. 097917	0. 067536	0. 096963	0. 078971
	徐州市	0. 071527	0. 073190	0. 067814	0. 074990	0. 069999	0. 091897
	常州市	0. 089386	0. 082219	0. 086522	0. 070592	0. 087049	0. 073820
	苏州市	0. 097288	0. 089220	0. 103916	0. 062898	0. 097944	0. 079633
	南通市	0. 080922	0. 079092	0. 073246	0. 073909	0. 074536	0. 085723
2011	连云港市	0. 059471	0. 068444	0. 065044	0. 072723	0. 063341	0. 068527
	淮安市	0. 065221	0. 066063	0. 065626	0. 091255	0. 067498	0. 070308
	盐城市	0. 065436	0. 063659	0. 063454	0. 093172	0. 063097	0. 072562
	扬州市	0. 072765	0. 079957	0. 072853	0. 085423	0. 067299	0. 084662
	镇江市	0. 073533	0. 077869	0. 079801	0. 075981	0. 099511	0. 083275
	泰州市	0. 069722	0. 072886	0. 071480	0. 076782	0. 074034	0. 069193
	宿迁市	0. 058566	0. 065262	0. 059724	0. 082295	0. 059531	0. 065946
	南京市	0. 093527	0. 091472	0. 094284	0. 069841	0. 079429	0. 077223
	无锡市	0. 100655	0. 086871	0. 097765	0. 065485	0. 093862	0. 081385
	徐州市	0. 070144	0. 074916	0. 067766	0. 069538	0. 077031	0. 082337
	常州市	0. 087851	0. 084878	0. 086673	0. 069441	0. 086294	0. 084729
	苏州市	0. 096420	0. 090982	0. 105164	0. 061829	0. 101323	0. 078930
	南通市	0. 081475	0. 077791	0. 073461	0. 071205	0. 072491	0. 084900
2012	连云港市	0. 062201	0. 067515	0. 063827	0. 085268	0. 063703	0. 066018
	淮安市	0. 068676	0. 064798	0. 065865	0. 092487	0. 066746	0. 077387
	盐城市	0. 067347	0. 062730	0. 062376	0. 092405	0. 063184	0. 064974
	扬州市	0. 068875	0. 079986	0. 072439	0. 081727	0. 065393	0. 088136
	镇江市	0. 076733	0. 077634	0. 081019	0. 073496	0. 089773	0. 087576
	泰州市	0. 071386	0. 072318	0. 070319	0. 074650	0. 069886	0. 069558
	宿迁市	0. 054708	0. 068109	0. 059041	0. 090511	0. 070885	0. 055532

续表

年份	城市	人口城镇化	土地城镇化	经济城镇化	生态环境状态	生态环境压力	生态环境响应
2013	南京市	0.092843	0.090835	0.094799	0.071390	0.087766	0.077600
	无锡市	0.099836	0.083812	0.097195	0.066281	0.090688	0.082260
	徐州市	0.073501	0.074839	0.067325	0.083042	0.077871	0.084208
	常州市	0.085065	0.085095	0.086927	0.070621	0.084415	0.080923
	苏州市	0.096442	0.089406	0.105860	0.061095	0.101521	0.082176
	南通市	0.082084	0.083752	0.074215	0.075154	0.067184	0.085717
	连云港市	0.060549	0.066669	0.063124	0.084586	0.065849	0.073635
	淮安市	0.071318	0.064026	0.065563	0.088945	0.064792	0.066118
	盐城市	0.067003	0.060654	0.062208	0.089882	0.063425	0.062265
	扬州市	0.066491	0.080431	0.072563	0.082263	0.066566	0.082124
	镇江市	0.079044	0.079315	0.081432	0.072970	0.093180	0.084113
	泰州市	0.069102	0.071565	0.070248	0.070906	0.065239	0.076146
	宿迁市	0.056722	0.069601	0.058542	0.083704	0.071504	0.062175
2014	南京市	0.092745	0.091683	0.093614	0.068430	0.081116	0.065151
	无锡市	0.097073	0.082404	0.095817	0.065316	0.091843	0.075461
	徐州市	0.070902	0.074376	0.068309	0.077835	0.071170	0.091048
	常州市	0.086852	0.083824	0.086005	0.073751	0.089990	0.087547
	苏州市	0.096719	0.082921	0.108039	0.063282	0.102869	0.080674
	南通市	0.080908	0.089783	0.076421	0.078068	0.069392	0.089537
	连云港市	0.060287	0.065897	0.061504	0.074461	0.070936	0.066371
	淮安市	0.068021	0.065018	0.065011	0.094618	0.066069	0.079884
	盐城市	0.067567	0.062612	0.063246	0.091521	0.067610	0.067252
	扬州市	0.070241	0.079371	0.072934	0.080468	0.069202	0.075519
	镇江市	0.080380	0.078826	0.081092	0.073246	0.086883	0.086432
	泰州市	0.069469	0.074966	0.070731	0.071735	0.071345	0.070308
	宿迁市	0.058836	0.068318	0.057279	0.087270	0.061575	0.064817

续表

年份	城市	人口城镇化	土地城镇化	经济城镇化	生态环境状态	生态环境压力	生态环境响应
2015	南京市	0.098207	0.091127	0.094083	0.067281	0.083426	0.062924
	无锡市	0.095838	0.079762	0.096429	0.063783	0.092138	0.081397
	徐州市	0.070681	0.071543	0.065938	0.075690	0.072213	0.089084
	常州市	0.084132	0.080755	0.088826	0.069521	0.090994	0.072856
	苏州市	0.099970	0.079541	0.107878	0.062660	0.102202	0.085507
	南通市	0.080122	0.089809	0.077193	0.081028	0.068505	0.090850
	连云港市	0.059634	0.069388	0.059974	0.072620	0.071565	0.070043
	淮安市	0.066144	0.064415	0.063281	0.092045	0.064891	0.071818
	盐城市	0.067946	0.062375	0.062539	0.098783	0.064883	0.080978
	扬州市	0.068469	0.083824	0.074781	0.082633	0.069919	0.077573
	镇江市	0.078904	0.078441	0.081800	0.078552	0.087214	0.072081
	泰州市	0.069585	0.079259	0.071332	0.076182	0.070615	0.080106
	宿迁市	0.060368	0.069760	0.055947	0.079222	0.061435	0.064784

附录二

1. 初建模型

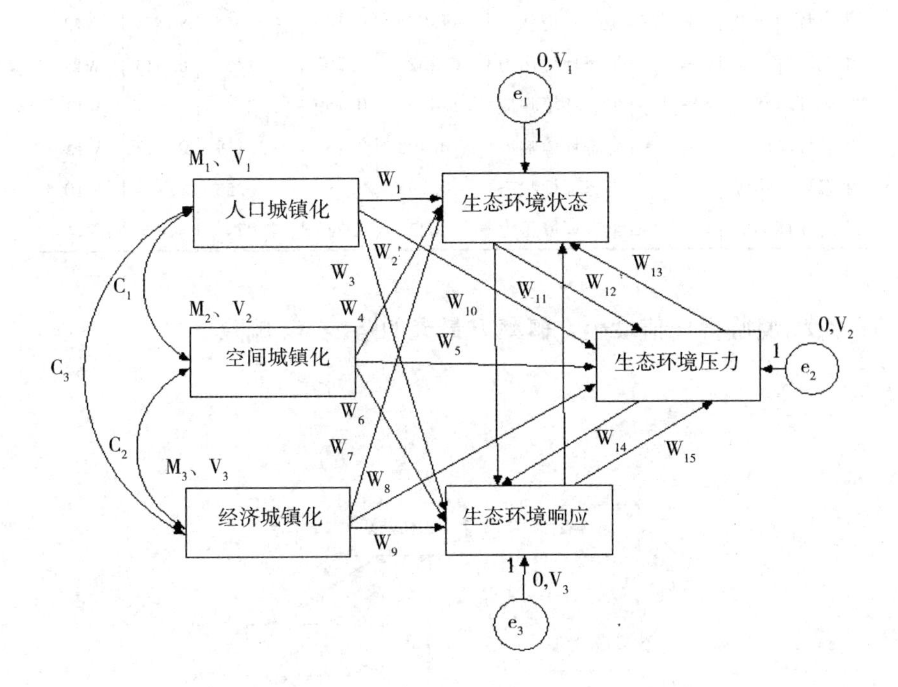

0,V1
e1
1
M1、V1
W1
人口城镇化
生态环境状态
W2'
W3
W13
C1
W4
W12
W10
W11
M2、V2
0,V2
W5
1
空间城镇化
生态环境压力
e2
C3
W6
C2
W14
W7
W15
M3、V3
W8
经济城镇化
生态环境响应
W9
1
0,V3
e3

Regression Weights：（江苏省城镇化和生态环境——Default Model）

			Estimate	S. E.	C. R.	P	Label
生态环境状态	< - - -	人口城镇化	-0. 794	0. 230	-3. 451	* * *	W1
生态环境状态	< - - -	空间城镇化	-0. 337	0. 194	-1. 735	0. 083	W4
生态环境响应	< - - -	空间城镇化	0. 182	0. 205	0. 888	0. 375	W6
生态环境状态	< - - -	经济城镇化	-0. 430	0. 247	-1. 742	0. 082	W7
生态环境压力	< - - -	空间城镇化	-0. 159	0. 148	-1. 072	0. 284	W5
生态环境响应	< - - -	经济城镇化	-1. 289	0. 254	-5. 067	* * *	W9
生态环境压力	< - - -	经济城镇化	0. 636	0. 149	4. 277	* * *	W8
生态环境响应	< - - -	人口城镇化	0. 584	0. 247	-2. 368	0. 018	W3
生态环境压力	< - - -	人口城镇化	-0. 014	0. 177	-0. 081	0. 936	W2
生态环境压力	< - - -	生态环境状态	-1. 075	0. 140	-7. 655	* * *	W12
生态环境状态	< - - -	生态环境压力	0. 432	0. 202	2. 135	0. 033	W13
生态环境状态	< - - -	生态环境响应	1. 479	0. 159	9. 272	* * *	W11
生态环境压力	< - - -	生态环境响应	-0. 408	0. 131	-3. 119	0. 002	W15
生态环境响应	< - - -	生态环境状态	-0. 795	0. 187	-4. 253	* * *	W10
生态环境响应	< - - -	生态环境压力	1. 622	0. 203	7. 974	* * *	W14

2. 将临界比值最小，概率 P 最大的路径 W_2 删除

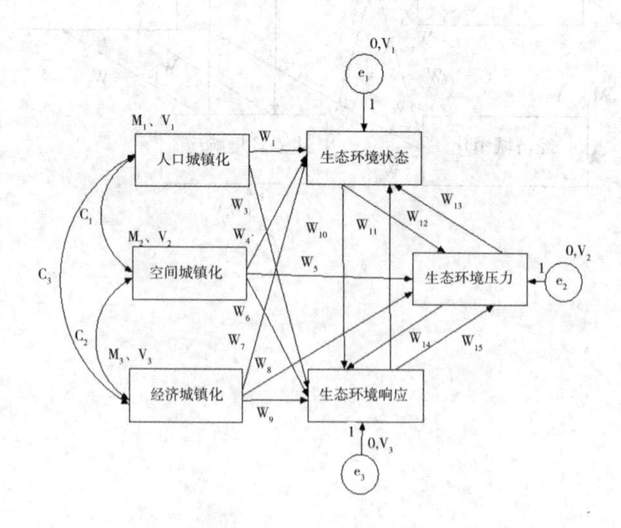

Regression Weights：（江苏省城镇化和生态环境——Default Model）

			Estimate	S. E.	C. R.	P	Label
生态环境状态	<---	人口城镇化	-0. 793	0. 229	-3. 454	* * *	W1
生态环境状态	<---	空间城镇化	-0. 337	0. 194	-1. 736	0. 083	W4
生态环境响应	<---	空间城镇化	0. 182	0. 205	0. 887	0. 375	W6
生态环境状态	<---	经济城镇化	-0. 428	0. 245	-1. 743	0. 081	W7
生态环境压力	<---	空间城镇化	-0. 162	0. 141	-1. 151	0. 250	W5
生态环境响应	<---	经济城镇化	-1. 288	0. 254	-5. 072	* * *	W9
生态环境压力	<---	经济城镇化	0. 628	0. 108	5. 802	* * *	W8
生态环境响应	<---	人口城镇化	0. 584	0. 246	-2. 369	0. 018	W3
生态环境压力	<---	生态环境状态	-1. 072	0. 134	-7. 982	* * *	W12
生态环境状态	<---	生态环境压力	0. 429	0. 199	2. 151	0. 032	W13
生态环境状态	<---	生态环境响应	1. 477	0. 158	9. 334	* * *	W11
生态环境压力	<---	生态环境响应	-0. 409	0. 129	-3. 172	0. 002	W15
生态环境响应	<---	生态环境状态	-0. 796	0. 187	-4. 261	* * *	W10
生态环境响应	<---	生态环境压力	1. 620	0. 202	8. 005	* * *	W14

3. 将临界比值最小，概率 *P* 最大的路径 W_6 删除

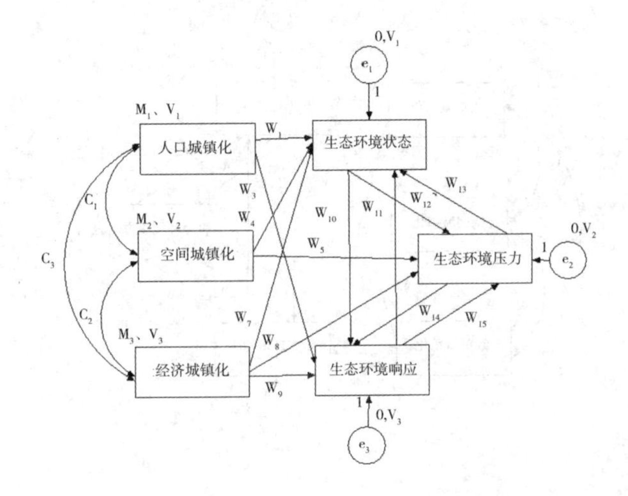

Regression Weights：（**江苏省城镇化和生态环境**——Default Model）

			Estimate	S. E.	C. R.	P	Label
生态环境状态	< - - -	人口城镇化	-0. 792	0. 230	-3. 446	* * *	W1
生态环境状态	< - - -	空间城镇化	-0. 338	0. 194	-1. 742	0. 082	W4
生态环境状态	< - - -	经济城镇化	-0. 422	0. 246	-1. 717	0. 086	W7
生态环境压力	< - - -	空间城镇化	-0. 162	0. 141	-1. 149	0. 251	W5
生态环境响应	< - - -	经济城镇化	-1. 245	0. 249	-5. 000	* * *	W9
生态环境压力	< - - -	经济城镇化	0. 629	0. 108	5. 814	* * *	W8
生态环境响应	< - - -	人口城镇化	0. 509	0. 231	-2. 205	0. 027	W3
生态环境压力	< - - -	生态环境状态	-1. 065	0. 135	-7. 907	* * *	W12
生态环境状态	< - - -	生态环境压力	0. 422	0. 201	2. 100	0. 036	W13
生态环境状态	< - - -	生态环境响应	1. 482	0. 158	9. 398	* * *	W11
生态环境压力	< - - -	生态环境响应	-0. 403	0. 130	-3. 106	0. 002	W15
生态环境响应	< - - -	生态环境状态	-0. 820	0. 185	-4. 443	* * *	W10
生态环境响应	< - - -	生态环境压力	1. 607	0. 203	7. 923	* * *	W14

4. 将临界比值最小，概率 P 最大的路径 W_5 删除

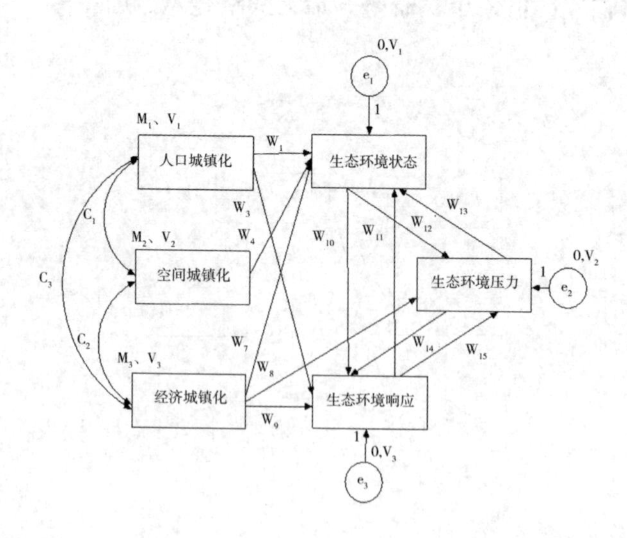

Regression Weights：（江苏省城镇化和生态环境——Default Model）

			Estimate	S. E.	C. R.	P	Label
生态环境状态	< - - -	人口城镇化	-0. 776	0. 229	-3. 392	* * *	W1
生态环境状态	< - - -	空间城镇化	-0. 339	0. 193	-1. 756	0. 079	W4
生态环境状态	< - - -	经济城镇化	-0. 392	0. 246	-1. 590	0. 112	W7
生态环境响应	< - - -	经济城镇化	-1. 243	0. 248	-5. 021	* * *	W9
生态环境压力	< - - -	经济城镇化	0. 559	0. 092	6. 096	* * *	W8
生态环境响应	< - - -	人口城镇化	0. 510	0. 230	-2. 217	0. 027	W3
生态环境压力	< - - -	生态环境状态	-1. 031	0. 133	-7. 735	* * *	W12
生态环境状态	< - - -	生态环境压力	0. 381	0. 203	1. 874	0. 061	W13
生态环境状态	< - - -	生态环境响应	1. 468	0. 157	9. 372	* * *	W11
生态环境压力	< - - -	生态环境响应	-0. 436	0. 126	-3. 472	* * *	W15
生态环境响应	< - - -	生态环境状态	-0. 826	0. 187	-4. 422	* * *	W10
生态环境响应	< - - -	生态环境压力	1. 603	0. 201	7. 978	* * *	W14

5. 将临界比值最小，概率 P 最大的路径 W_7 删除

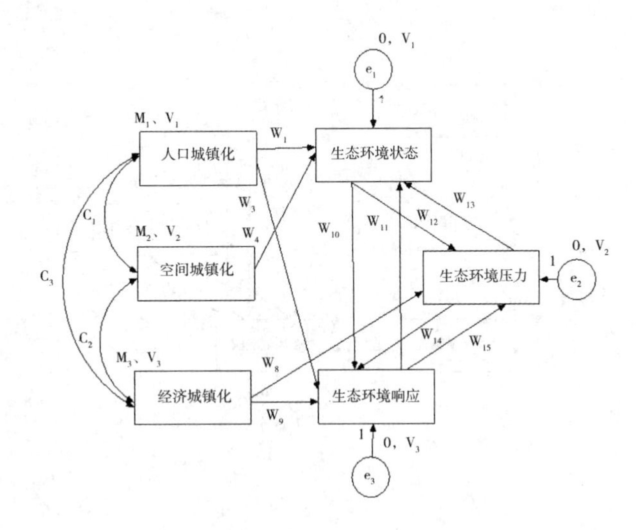

Regression Weights：（江苏省城镇化和生态环境——Default Model）

			Estimate	S. E.	C. R.	P	Label
生态环境状态	<---	人口城镇化	-0. 919	0. 218	-4. 222	***	W1
生态环境状态	<---	空间城镇化	-0. 404	0. 189	-2. 138	0. 033	W4
生态环境响应	<---	经济城镇化	-1. 258	0. 248	-5. 065	***	W9
生态环境压力	<---	经济城镇化	0. 600	0. 094	6. 417	***	W8
生态环境响应	<---	人口城镇化	0. 548	0. 230	-2. 385	0. 017	W3
生态环境压力	<---	生态环境状态	-0. 977	0. 139	-7. 040	***	W12
生态环境状态	<---	生态环境压力	0. 172	0. 171	1. 005	0. 315	W13
生态环境状态	<---	生态环境响应	1. 483	0. 156	9. 516	***	W11
生态环境压力	<---	生态环境响应	-0. 487	0. 119	-4. 079	***	W15
生态环境响应	<---	生态环境状态	-0. 909	0. 180	-5. 047	***	W10
生态环境响应	<---	生态环境压力	1. 608	0. 202	7. 947	***	W14

6. 将临界比值最小，概率 *P* 最大的路径 W_{13} 删除

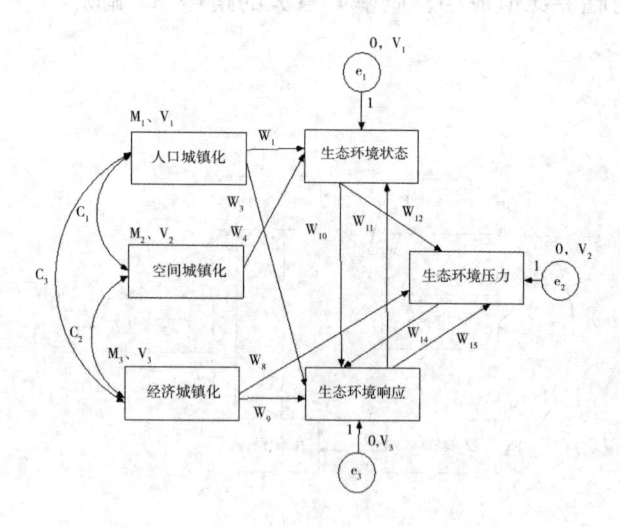

Regression Weights：（江苏省城镇化和生态环境——Default Model）

			Estimate	S. E.	C. R.	P	Label
生态环境状态	< - - -	人口城镇化	-0. 756	0. 144	-5. 231	* * *	W1
生态环境状态	< - - -	空间城镇化	-0. 392	0. 188	-2. 087	0. 037	W4
生态环境响应	< - - -	经济城镇化	-1. 251	0. 249	-5. 023	* * *	W9
生态环境压力	< - - -	经济城镇化	0. 644	0. 086	7. 521	* * *	W8
生态环境响应	< - - -	人口城镇化	0. 574	0. 227	-2. 524	0. 012	W3
生态环境压力	< - - -	生态环境状态	-0. 914	0. 130	-7. 033	* * *	W12
生态环境状态	< - - -	生态环境响应	1. 477	0. 156	9. 472	* * *	W11
生态环境压力	< - - -	生态环境响应	-0. 530	0. 109	-4. 886	* * *	W15
生态环境响应	< - - -	生态环境状态	-0. 984	0. 161	-6. 096	* * *	W10
生态环境响应	< - - -	生态环境压力	1. 586	0. 204	7. 771	* * *	W14

参考文献

孙久文:《城乡协调与区域协调的中国城镇化道路初探》,《城市发展研究》2013 年第 5 期。

周恭伟、刘志军:《城市化称谓分歧述论》,《人口与经济》2009 年第 5 期。

谢扬:中国城镇化战略发展研究《中国城镇化战略发展研究》总报告摘要,《城市规划》2003 年第 2 期。

宋俊岭:《中国城镇化知识 15 讲》,中国城市出版社 2001 年版。

戴为民:《国内外城市化问题研究综述》,《特区经济》2007 年第 5 期。

叶裕民:《中国城市化质量研究》,《中国软科学》2001 年第 7 期。

高佩义:《关于中国城市化道路问题的探讨》,《经济科学》1991 年第 2 期。

刘维奇、焦斌龙:《城市及城市化的重新解读》,《城市问题》2006 年第 6 期。

吴友仁:《关于中国社会主义城市化问题》,《城市规划》1979 年第 5 期。

周一星:《中国城镇的概念和城镇人口的统计口径》,《人口与经济》1989 年第 1 期。

曹荣林:《关于中国人口城镇化指标的几个问题》,《人口与经济》1995 年第 5 期。

杨新房、任丽君:《正确把握农村小城镇建设的发展方向》,《调研世界》2003 年第 1 期。

谢扬：《“中国的小城镇”与“农村城镇化”》，《小城镇建设》2003 年第 4 期。

陈为邦：《关于城市化的几个问题》，《城市发展研究》2000 年第 5 期。

周毅：《城市化释义》，《理论与现代化》2004 年第 1 期。

赵春音：《城市现代化：从城镇化到城市化》，《城市问题》2003 年第 1 期。

冯兰瑞：《城镇化何如城市化》，《经济社会体制比较》2001 年第 7 期。

费孝通：《小城镇，大问题之一：各具特色的吴江小城镇》，《瞭望周刊》1984 年第 2 期。

洪银兴、陈雯：《城市化模式的新发展》，《经济研究》2000 年第 12 期。

陈春林、梅林等：《国外城市化研究脉络评析》，《世界地理研究》2011 年第 1 期。

[法] 弗朗索瓦·佩鲁：《新发展观》，张宁、丰子义译，华夏出版社 1987 年版。

唐耀华：《城市化概念研究与新定义》，《学术论坛》2013 年第 5 期。

简新华：《中国工业化和城镇化的特殊性分析》，《经济纵横》2011 年第 7 期。

姚士谋、吴建楠、朱天明等：《农村人口非农化与中国城镇化问题》，《地域研究与开发》2009 年第 28 期。

张善余：《中国区域城市化发展水平的差异分析》，《人口学刊》2002 年第 5 期。

邬巧飞：《人的城镇化及实现路径研究》，《求实》2015 年第 2 期。

吕萍、周涛、张正峰等：《土地城市化及其度量指标体系的构建与应用》，《中国土地科学》2008 年第 8 期。

鲁德银：《土地城镇化的中国模式剖析》，《商业时代》2010 年第 33 期。

许学强、叶嘉安:《中国城市化的省际差异》,《地理学报》1986 年第 53 期。

刘玉:《中国城市化发展的若干区域特性与矛盾差异》,《城市规划学刊》2007 年第 2 期。

曹广忠、刘涛:《中国城镇化地区贡献的内陆化演变与解释》,《地理学报》2011 年第 66 期。

方创琳:《中国城市群形成发育的新格局及新趋向》,《地理科学》2011 年第 31 期。

顾朝林:《城市群研究进展与展望》,《地理研究》2011 年第 30 期。

宁越敏:《中国都市区和大城市群的界定》,《兼论大城市群在区域经济发展中的作用》,《地理科学》2011 年第 31 期。

王发曾、吕金嵘:《中原城市群城市竞争力的评价与时空演变》,《地理研究》2011 年第 30 期。

田莉:《中国城镇化进程中喜忧参半的土地城市化》,《城市规划》2011 年第 2 期。

[美] 霍利斯·钱纳里、莫伊思·赛尔昆:《发展的型式:1950—1970》,李新华等译,经济科学出版社 1988 年版。

叶裕民:《中国城市化质量研究》,《中国软科学》2001 年第 7 期。

陈金永:《试析社会主义国家城市化的特点》,《中国人口科学》1990 年第 6 期。

安虎森、陈明:《工业化、城市化进程与中国城市化推进的路径选择》,《南开经济研究》2005 年第 1 期。

周一星、曹广忠:《改革开放 20 年来的中国城市化进程》,《城市规划》1999 年第 23 期。

王亚飞、杨寒冰、唐爽:《城镇化、产业结构调整对城乡收入差距的作用机理及动态分析》,《当代经济管理》2015 年第 37 期。

李明月、胡竹枝:《广东省人口城市化与土地城市化速率比对》,《城市问题》2012 年第 4 期。

傅超、刘彦随:《中国城镇化和土地利用非农化关系分析及协调发展策略》,《经济地理》2013 年第 33 期。

李小建、罗庆：《新型城镇化中的协调思想分析》，《中国人口·资源与环境》2014 年第 24 期。

陈凤桂、张虹欧、吴旗韬等：《中国人口城镇化与土地城镇化协调发展研究》，《人文地理》2010 年第 5 期。

赵岑、冯长春：《中国城市化进程中城市人口与城市用地相互关系研究》，《城市发展研究》2010 年第 17 期。

陆大道、宋林飞、任平：《中国城镇化发展模式：如何走向科学发展之路》，《苏州大学学报》（哲学社会科学版）2007 年第 28 期。

熊柴、高宏：《人口城镇化与空间城镇化的不协调问题——基于财政分权的视角》，《财经科学》2012 年第 11 期。

陆大道：《中国的城镇化进程与空间扩张》，《城市规划学刊》2007 年第 4 期。

洪业应：《人口城镇化与经济增长、产业结构关系的实证研究》，《商业时代》2013 年第 8 期。

程莉、周宗社：《人口城镇化与经济城镇化的协调与互动关系研究》，《理论月刊》2014 年第 1 期。

胡伟艳、张安录、渠丽萍：《人口、就业与土地非农化的相互关系研究》，《中国人口·资源与环境》2009 年第 5 期。

陈春：《健康城镇化发展研究》，《国土与自然资源研究》2008 年第 4 期。

边雪、陈昊宇、曹广忠等：《基于人口、产业和用地结构关系的城镇化模式类型及演进特征——以长三角地区为例》，《地理研究》2013 年第 32 期。

孙平军、丁四保：《东北地区“人口—经济—空间”城市化协调性研究》，《地理科学》2012 年第 32 期。

曹文莉、张小林、潘义勇等：《发达地区人口、土地与经济城镇化协调发展度研究》，《中国人口·资源与环境》2012 年第 22 期。

李鑫、李兴校：《江苏省城镇化发展协调度评价与地区差异分析》，《人文地理》2012 年第 3 期。

安虎森、吴浩波：《中国城乡结构调整和城镇化关系研究——一种新经济地理学的视角》，《中国地质大学学报》2013 年第 13 期。
赵永平、徐盈之：《新型城镇化发展水平综合测度与驱动机制研究——基于中国省际 2000—2011 年的经验分析》，《中国地质大学学报》（社会科学版）2014 年第 14 期。
姚士谋、张平宇、余成等：《中国新型城镇化理论与实践问题》，《地理科学》2014 年第 6 期。
吴良镛：《芒福德的学术思想及其对人居环境学建设的启示》，《城市规划》1996 年第 1 期。
何强、井文涌、王翊亭：《环境学导论》，清华大学出版社 1994 年版。
第五届国际生态城市会议：《生态城市建设的深圳宣言》，《城市发展研究》2002 年第 5 期。
吴良镛：《关于山水城市》，《城市发展研究》2001 年第 2 期。
鲍世行：《钱学森与山水城市》，《城市发展研究》2000 年第 7 期。
王如松、刘建国：《生态库原理及其在城市生态学研究中的作用》，《城市环境与城市生态》1988 年第 2 期。
沈清基：《城市生态与城市环境》，同济大学出版社 1998 年版。
黄光宇、陈勇：《生态城市概念及其规划设计方法研究》，《城市规划》1997 年第 6 期。
宋永昌看、戚仁海、由文辉等：《生态城市的指标体系与评价方法》，《城市环境与城市生态》1999 年第 5 期。
梁鹤年：《城市理想与理想城市》，《城市规划》1999 年第 7 期。
吴人坚：《生态城市建设的原理与途径》，复旦大学出版社 2000 年版。
郭秀锐、杨居荣、毛显强：《城市生态系统健康评价初探》，《中国环境科学》2002 年第 22 期。
王云、陈美玲、陈志端：《低碳生态城市控制性详细规划的指标体系构建与分析》，《城市发展研究》2014 年第 21 期。
陈志端：《新型城镇化背景下的绿色生态城市发展》，《城市发展研究》2015 年第 22 期。

黄金川、方创琳：《城市化与生态环境交互耦合机制与规律性分析》，《地理研究》2003 年第 23 期。

郑宇、冯德显：《城市化进程中水土资源可持续利用分析》，《地理科学进展》2002 年第 21 期。

刘耀彬、李仁东、宋学锋：《中国区域城市化与生态环境耦合的关联分析》，《地理学报》2005 年第 60 期。

乔标、方创琳、黄金川：《干旱区城市化与生态环境交互耦合的规律性及其验证》，《生态学报》2006 年第 26 期。

孙平军：《1994—2011 年江苏省城市化与生态环境非协调性耦合关系的判别》，《长江流域资源与环境》2014 年第 23 期。

陈明星、陆大道、刘慧：《中国城市化与经济发展水平关系的省际格局》，《地理学报》2010 年第 65 期。

石培基、李鸣骥：《宁夏中部生态脆弱区生态城镇化发展模式研究》，《干旱区资源与环境》2006 年第 20 期。

邓大松、黄清峰：《中国生态城镇化的现状评估与战略选择》，《环境保护》2013 年第 41 期。

陆大道：《区域发展及其空间结构》，科学出版社 1995 年版。

李小建：《经济地理学》，高等教育出版社 2006 年版。

陈计旺：《地域分工与区域经济协调发展》，经济管理出版社 2001 年版。

姚士谋、冯长春、王成新等：《中国城镇化及其资源环境基础》，科学出版社 2010 年版。

刘力钢：《资源型城市可持续发展战略》，经济管理出版社 2006 年版。

郑国：《城市发展阶段理论研究进展与展望》，《城市发展研究》2010 年第 17 期。

荣宏庆：《中国新型城镇化建设与生态环境保护探析》，《改革与战略》2013 年第 29 期。

张越、韩明清、甄峰：《对中国城市郊区化的再认识》，《城市规划汇刊》1998 年第 6 期。

黄肇义、杨东援：《国内外生态城市理论研究综述》，《城市规划》2001 年第 1 期。
黄光宇、陈勇：《论城市生态化与生态城市》，《城市环境与城市生态》1999 年第 6 期。
陈凤桂、张虹踏、吴旗韬等：《中国人口城镇化与土地城镇化协调发展研究》，《人文地理》2010 年第 5 期。
李晓燕、陈红：《城市生态交通规划的理论框架》，《长安大学学报》2006 年第 26 期。
杨云彦：《人口、资源与环境经济学》，中国经济出版社 1999 年版。
钟茂初、张学刚：《环境库兹涅茨曲线理论及研究的批评综论》，《中国人口·资源与环境》2010 年第 20 期。
陈华文、刘康兵：《"经济增长与环境质量" 关于环境库兹涅茨曲线的经验分析》，《复旦学报》（社会科学版）2004 年第 2 期。
张帆：《环境与自然资源经济学》，上海人民出版社 1998 年版。
陈明星、陆大道、张华：《中国城市化水平的综合测度及其动力因子分析》，《地理学报》2009 年第 64 期。
孙平军、丁四保、修春亮：《北京市人口—经济—空间城市化耦合协同性分析》，《城市规划》2012 年第 5 期。
刘奇葆：《以新型工业化与城镇化为动力加快转变经济发展方式》，《求是》2012 年第 5 期。
刘传江：《中国城市化的制度安排与创新》，武汉大学出版社 1999 年版。
刘传江：《论城市化的生成机制》，《经济评论》1998 年第 5 期。
张敦富、孙久文：《中国区域城市化道路研究》，中国轻工业出版社 2008 年版。
高云虹：《中国城市化动力机制分析》，《广东商学院学报》2003 年第 3 期。
陈金永、蔡昉：《中国户籍制度改革和城乡人口迁移》，《中国劳动经济学》2004 年第 1 期。
费孝通：《中国城镇化道路》，内蒙古人民出版社 2010 年版。

陶然、徐志刚:《城市化、农地制度与迁移人口社会保障》,《经济研究》2005 年第 12 期。

李铁:《城镇化是一次全面深刻的社会变革》,中国发展出版社 2013 年版。

新玉言:《新型城镇化——格局规划与资源配置》,国家行政学院出版社 2013 年版。

王昱、丁四保、王荣成:《主体功能区划及其生态补偿机制的地理学依据》,《地域研究与开发》2009 年第 28 期。

陈自芳:《构建集约型经济体系》,人民出版社 2012 年版。

张少彤、王芳:《智慧城市的发展特点与趋势》,《电子政务》2013 年第 4 期。

邱爱军:《中国城镇化发展与智慧城市的建设》,《低碳世界》2012 年第 7 期。

Berg L. V. D. , *A Study of Growth and Decline*, Oxford: Pergamon, 1982, p. 15.

Register R . , *Eco – city Berkeley: Building Cities for a Healthier Future* , North Atlantic Books, 1987, p. 13.

Friedman J. R. , "Regional Development Policy: A Case Study of Venezuela", *Urban Studies*, Vol. 4, No. 2, June 1967.

Harvey D. , " Explanation in Geography ", *Geographical Journal*, Vol. 136, No. 2, February 1970.

Gottmann J. , "Megalopolis or the Urbanization of the North Eastern Seaboard", *Eeonomic Geography*, Vol. 33, No. 3, July 1957.

Ray M. , Northam , *Urban Geography* , New York: John Wiley & Sons, 1975, p. 2.

Grossman G. , Krueger A. , "Economic Growth and the Environmental", *Quarterly Journal of Economics*, Vol. 110, No. 2, June 1955.

Wirth L. , "Urbanism as a Way of Life", *American Journal of Sociology*, Vol. 44, No. 1, July 1938.

Nancy B. , Grimm J. , Morgan Grove, Steward T. A. , "Integrated Approaches to Long – term Studies of Urban Ecological System", *Bioscience*, Vol. 50, No. 7, July 2000.

Roseland M. , *Dimensions of the Future: An Eco – city Overview. Eco – city Dimension*, British Columbia: New Society Publishers, 1997, p. 1.

Marjorie C. , "General System Theory: Foundations, Development, Applications", *Systems Man & Cybernetics IEEE Transactions on*, Vol. 4, No. 6, June 1993.

Grossman G. , "Environmental Impacts of a North American Free Trade Agreemrait", *National Bureau Economic Research Working Paper*, 1991, p. 3914.

Shafik, "Economic Growth and Environmtal Quality: Time Series and cross Country Evidence Background", *Paper for World Development Report 1992*, World Bank, 1992, p. 15.

Selden T. , Song D. , "Environmental Quality and Development: Is there a Kuznets Curve for Air Pollution Estimates", *Journal of Environmental Economics and Management*, Vol. 27, No. 2, January 1994.

后　　记

2012年，我开始攻读农林经济管理专业博士，在研究方向的选择上，曾让我思考和犹豫了很长时间。此时，恰逢党的十八大胜利召开，在认真学习十八大报告后，我发现十八大报告提及城镇化多达七次，其中两次最为重要，第一次出现在全面建设小康社会经济目标的相关章节中，工业化、信息化、城镇化和农业现代化成为全面建设小康社会的载体；第二次出现在经济结构调整和发展方式转变的相关章节中，可以看出城镇化在我国全面实现小康社会的实践中占据越来越重要的地位。这时，我初步确定了将城镇化问题作为我的研究方向。

在此期间，我有幸参与了杨玉珍老师的“中西部快速城镇化地区生态—环境—经济耦合协同发展”国家社科基金项目的研究，积累了较为丰富的理论基础和学术思维，同时刘新平导师的“农牧系统耦合原理与资源循环利用及协同机制”国家自然科学基金项目研究，也拓展了我关于耦合协同发展的研究思路和方法。据此，我正式将博士论文确定为以江苏省为例研究生态城镇化运行机理及其路径。

在圆满完成博士论文顺利毕业后，我继续沿着城镇化生态发展的思路，进一步开展研究。其间，有幸得到长江学者马恒运教授的指导。我运用宏观和微观分析相结合的方法，在整体剖析全国城镇化发展现状的基础上，对比分析江苏省和河南省城镇化与生态环境耦合协同发展状况，从序参量角度入手，探索如何依据地域特点，全面建设生态城镇的健康可持续发展道路。在此基础上，我参与完成了国家社科项目的研究，主持的省教育厅人文社科规划项目也获得阶段性成果，发表了五篇论文，其中四篇 CSSCI 期刊，一篇 CSCD 和中文核心。

对于四年多的研究，我非常感谢刘新平老师和马恒运老师，他们厚实的理论修养、深邃的思想观点和一丝不苟的工作态度，都使我深受震撼和鼓舞；感谢杨玉珍老师，她独到的学术观点和严谨的作风，使我受益颇多。他们都以其精深的见解和精益求精的态度给予了我细心指导，不仅拨去我写作中的迷雾，而且给予了我认真研究的动力。因为有了他们，我才不会害怕和退缩，才能勇敢地面对压力与挑战。在此，我衷心地表示感谢！

未来，我会沿着这条艰辛而又幸福的学术道路继续走下去。

冯霞

2017 年 3 月